JN320705

植物物理学の基礎

片岡 孝義 編著

養賢堂

目　次

序　章 …………………………………………………………………… 1
1. 野嶋数馬著「成長法則の探求」 ………………………………………… 1
2. 編著の経緯 ………………………………………………………………… 2
3. 資　料 ……………………………………………………………………… 2
4. 法則探求の方法 …………………………………………………………… 3
5. 原著者の略歴 ……………………………………………………………… 3

1章　植物の成長にかかわる関数式 …………………………………… 5
1. 密　度 ……………………………………………………………………… 5
   1.1 密度 (1) 式 …………………………………………………………… 5
   1.2 倍化 (1) 式 …………………………………………………………… 8
   1.3 密度 (2) 式と倍化 (2) 式 …………………………………………… 10
   1.4 密度 (3) 式 (分配式) ………………………………………………… 11
2. 崩　壊 …………………………………………………………………… 11
   2.1 崩壊 (距離) 式 ……………………………………………………… 11
   2.2 崩壊 (時間) 式 ……………………………………………………… 13
   2.3 (崩壊量) 単純飽和式 ……………………………………………… 13
3. 成長速度 ………………………………………………………………… 15
   3.1 S成長速度式 ………………………………………………………… 15
   3.2 $x - \log \frac{\Delta y}{y}$ の図の描き方 …………………………… 19
4. 形質の変異，分布 ……………………………………………………… 23
   4.1 S分布式の4型 ……………………………………………………… 23
   4.2 S分布式の求め方 …………………………………………………… 25
5. 温度―成長速度 ………………………………………………………… 27
   5.1 光合成の反応式 …………………………………………………… 27
   5.2 呼吸の反応式 ……………………………………………………… 28

(2)　目　次

 5.3 成長温度速度式（$V_θ$）································29
6．呼　吸···30
 6.1 呼吸（1）式··30
 6.2 呼吸（2）式··31
7．エントロピーとエクトロピー·····················32
 7.1 エントロピー式··32
 7.2 エクトロピー式··33

2章　植物の成長現象の解析································34

1．密　度···34
 1.1 既往の密度式の検討·································34
 1.2 密度（1）式適用の問題点························36
 1.3 密度（1）式の適用事例····························41
 1.4 密度（2）式の適用事例と倍化（2）式·····47
 1.5 密度（3）式の適用事例····························50
 1.6 まとめ··51
2．崩　壊···52
 2.1 崩壊式の適用事例·····································52
 2.2 べき関数の崩壊式·····································54
 2.3 まとめ··54
3．成長速度··54
 3.1 S成長速度式が適用できる形質················54
 3.2 既往の成長速度式の検討··························60
 3.3 まとめ··61
4．形質の変異，分布·······································61
 4.1 各種形質へのS分布式の適用···················61
 4.2 偏った変異，分布·····································69
 4.3 正規分布に対するS分布式の適合性········72
 4.4 まとめ··73
5．成長期間と成長量·······································74

- 5.1 1次関数とべき関数 ………………………………………………………… 74
- 5.2 べき関数の適用事例 ………………………………………………………… 75
- 5.3 播種期と成熟までの日数（T_m） ………………………………………… 79
- 5.4 まとめ ………………………………………………………………………… 83

6. 温　　度 ……………………………………………………………………… 83
- 6.1 イネの成長温度速度式 ……………………………………………………… 83
- 6.2 Q_{10} ………………………………………………………………………… 87
- 6.3 活性化エネルギーAの大きさ ……………………………………………… 89
- 6.4 イネの出穂期における低気温障害 ………………………………………… 91
- 6.5 V_θと成長速度 …………………………………………………………… 92
- 6.6 V_θ式を求める方法 ……………………………………………………… 96
- 6.7 積算温度 ……………………………………………………………………… 97
- 6.8 まとめ ………………………………………………………………………… 97

7. 呼　　吸 ……………………………………………………………………… 98
- 7.1 呼吸式の適用事例 …………………………………………………………… 98
- 7.2 呼吸エネルギー ……………………………………………………………… 99
- 7.3 水中溶存酸素濃度 …………………………………………………………… 103
- 7.4 まとめ ………………………………………………………………………… 104

8. 光 ……………………………………………………………………………… 105
- 8.1 光の反射，吸収，透過の量的関係 ………………………………………… 105
- 8.2 植物空間の高さ，深さと成長量 …………………………………………… 110
- 8.3 短波光線の作用 ……………………………………………………………… 115
- 8.4 感光性，光周率 ……………………………………………………………… 117
- 8.5 まとめ ………………………………………………………………………… 127

9. 光合成 ………………………………………………………………………… 128
- 9.1 光合成速度 …………………………………………………………………… 128
- 9.2 光合成の飽和 ………………………………………………………………… 134
- 9.3 2環境因子が変化する場合の光合成量 …………………………………… 136
- 9.4 酸素の光合成減速作用 ……………………………………………………… 137

9.5 発芽速度と光合成速度……………………………………………141
　9.6 光合成における「昼寝」現象……………………………………143
　9.7 葉緑素密度と光合成速度…………………………………………148
　9.8 成長期間中の光合成速度の変化…………………………………149
　9.9 2種混合集合の成長における相互作用…………………………151
　9.10 葉面積と光合成……………………………………………………153
　9.11 有害ガスによる光合成の阻害……………………………………158
　9.12 まとめ………………………………………………………………160

10. 物質の流れと光合成, エネルギーの流れ………………………………161
　10.1 物流速度と運動エネルギー………………………………………161
　10.2 分子の移動速度……………………………………………………161
　10.3 浸透圧………………………………………………………………170
　10.4 物質の流れ…………………………………………………………173
　10.5 細胞質運動, いわゆる原形質流動………………………………177
　10.6 水と光合成物質の移動……………………………………………182
　10.7 CH_2Oの縮合重合と移動速度……………………………………192
　10.8 蒸発散, 蒸発………………………………………………………194
　10.9 葉の水分含量と光合成……………………………………………196
　10.10 要水量………………………………………………………………197
　10.11 維管束数の成長と物質の移動速度………………………………202
　10.12 根からの物質の吸収・移動………………………………………205
　10.13 まとめ………………………………………………………………210

11. 反　復………………………………………………………………………212
　11.1 連作による収量の低下……………………………………………212
　11.2 自殖による収量の低下……………………………………………214
　11.3 まとめ………………………………………………………………215

12. 寿　命………………………………………………………………………215
　12.1 寿命の分布…………………………………………………………215
　12.2 遺伝子の休眠―覚醒仮説…………………………………………217

12.3 生物の保存：寿命の延長 ……………………………………………… 217
　　12.4 超長寿の植物 …………………………………………………………… 220
　　12.5 まとめ …………………………………………………………………… 221

3章　成長現象の関数化の効用 …………………………………………… 222
　1．植物界における競争説の否定 …………………………………………… 222
　2．形質変異への正規分布式適用に対する疑問 …………………………… 222
　3．イネの成長温度速度式（$V_θ$）の作成 ………………………………… 223
　4．イネの障害型冷害のメカニズムの解明 ………………………………… 224
　5．高水温における溶存酸素量の推定 ……………………………………… 226
　6．不接触測定法の提案 ……………………………………………………… 228
　7．短波光線の害に関する標的理論の誤り ………………………………… 229
　8．光合成速度の昼寝現象の要因解明 ……………………………………… 231
　9．浸透圧式の簡明化 ………………………………………………………… 232
　10．光子要求数＝1という新説 ……………………………………………… 233
　11．光合成のメカニズムの新説 ……………………………………………… 236
　12．物質の吸収・移動の新理論 ……………………………………………… 237
　13．ヒイラギの老木の葉 ……………………………………………………… 237

終章　成長関数式とその普遍性 …………………………………………… 239
　1．成長関数式の種類 ………………………………………………………… 239
　2．成長関数式の普遍性 ……………………………………………………… 240

索引 …………………………………………………………………………………… 243

序　章

1．野嶋數馬著「成長法則の探求」

　本著は標記の著書の解説版で編著である．

　元農林水産省農事試験場次長の野嶋數馬氏（1913～'97）は1991年8月に大著「成長法則の探求」を表した．

　植物の成長については，食糧生産の増大という立場から農業植物に重点が置かれて研究されてきており，研究報告，著書等が多数世に出されている．しかし，その内容は成長という現象を単に時間的に追跡して言葉で記述したり，生理学的に記述したりしたものが多く，一般に定性的に記述されている．

　ところで，成長は量的変化のことであるから，その記述には本来定量的記述が要求されるものである．原著者はこの見地に立って，成長を定量的に，従って関数式で表そうとしたが，その立論は物理学に立っており，いわゆる関数生物学とは全く異なるものである．故に，原著者は，著書は将来発展すると思われる生物物理学の一端を担うものであり，今はその導入部に差しかかっている段階であると述べている．

　その著書では通常の物理学と同じように記述はすべて関数式で表されているが，結果として成長は指数関数，対数関数，べき（累乗）関数などの少数の関数で表される現象であることが明らかにされた．その結果，植物の成長現象にかかわる旧来の定説が否定されたり，常識化されている知識と相反したりすることが多く指摘された．そのため原著者は「必ずや多くの異論が出てくるに違いない．そのことは本著の最も望むところであって，それを通じてなされる，きたんない批判によって本著の内容が改良され一層充実したものに成長してゆくことを期待する．」と記している．

2．編著の経緯

　この「成長法則の探求」は単行本（B5版，425ページ）の体裁をとっているが，内容は原著論文であって解説書ではないので，自家出版を余儀なくされた．この著書の編集，発刊の仕事は，原著者の後輩であって永年指導を受けた私が担当した．著書の広告はしなかったし，発刊の知らせも研究機関の一部に送付しただけであったので，配布数は多くはなかった．大学の研究会誌で紹介されたこともあったが，意外に内容について反響は余りなかった．私たちはその原因として，著書が事実上は原著論文であって解説的に記述されていないこと，論文の核心部分が微積分を含む数式で構成されていて理解しにくいこと，ページ数が多いことなどがあると考えた．そこで，改めて解説的なもの，つまり解説版を作成することを意図し，私が実務に当たることを任された．

　原著発刊の18年後にようやく発刊されることになった，この解説版は，原著を単に圧縮したものであるにもかかわらず，私の編著の形にして責任の在りかを示すことにした．

　原著では動物も取り扱われているが，編著者は動物については余り知識が無いので，この編著では取り扱わない．なお，編著では原著にない資料をわずかながら追加した．

　従って，編著の表題は内容に合わせて『植物の成長現象の関数式―野嶋數馬著「成長法則の探求」から―』とすべきであるが，表記を短くするために後半を割愛し改題した．

3．資　料

　資料の出典には専門的な報告書ばかりでなく，入門書や大衆誌なども多く含まれている．多くの場合にデータは図示されており，しかも観測点が示されていない場合が多い．従って，原著者がそれらのデータを読み取るときに

生じた誤差のほかに孫引きの誤差が含まれている場合もあったと思われ，用いた数値にはある程度の誤差が含まれていることを知っておかなければならない．

　図には単位の記載の無いものがあるが，法則性を探求するのであるから，単位の表示が必要のない場合には省略されており，任意数が用いられている．

　なお，出典は原著に記載されている資料については省略し，編著で追加した資料についてのみ示す．

4．法則探求の方法

　成長とは，狭くは時間と成長量との関係を指すようであるが，今は，もっと広く環境と成長量との関係すべてを指すことにする．環境要素を併せて単に環境と呼ぶことにすれば，成長は，環境が細胞を通って体内に入り，その一部が体外へ出る一つの流れだと考える．入出の差額が体内に残留した量で，これが成長量である．成長にはエネルギーが必要であり，これは体内に成長物質の結合エネルギーとして残留するから，成長は物質の流れと共にエネルギーの流れとしても捕えなければならない．植物体内のミクロな変化はそっくり暗箱（black box）の中に封入しておき，流れの入りと出の関係だけに注目することにすれば，成長の量的関係は余程簡単になるであろう．

　記述を簡単にするために既知の物理学，物理化学の法則の中に適用できるものがあれば利用する．成長という現象は複雑であろうが，迷路に踏み込まないように注意しながら，簡単なものから複雑なものへと進むことが必要であろう．

5．原著者の略歴

　野嶋數馬（Kazuma Nojima），1913（大正2年）～'97（平成9年），福岡県生まれ．

　1937年，東京帝国大学農学部農学科（育種学教室）卒業．同年，農林省農事

試験場鴻巣試験地に，以後新潟県農事試験場堀之内試験地（雪害），農林省農事試験場作物部などにおいて水稲栽培等の研究に従事．その内，水田中耕の研究において中耕はいかなる場合にも効果があるとする通説を否定した．この研究によって農学博士，日本作物学会賞受賞．

その間，コロンボ・プラン（スリランカ）に協力し，アジア開発銀行（フィリピン）において東南アジア各地の農業開発事業に従事し，1974年，農林水産省退官後も引き続いて国際協力事業団においてインドネシアの農業開発に従事し，"農業技術とは何か"ということを学術的に考究し続けた．それらの功積によって勲三等瑞宝賞受賞．

その後，1991年に永年の研究を集大成して大著「成長法則の探求」を発刊し，1993年に「週間ダイヤモンド」誌に論説「炭酸ガス＝温室効果による地球温暖化説を否定する」を投稿，発表するなど，埼玉県鴻巣市の自宅において生物物理学の創始と展開に専念した．

野嶋數馬 氏

1章　植物の成長にかかわる関数式

1．密　度

1.1　密度（1）式

1）密度と集合

　2個体以上が存在し，その個体の間に**相互作用**があるときに限って**集合**と呼ぶことにする．相互作用のない孤立個体の集まりでは全体の収量は個体数に比例し，事新しく法則性を探求するまでもない．従って，本著で取り扱う問題はすべて集合を対象としているので，その都度，相互作用の有無を見分けなければならないが，その方法は簡単ではない．

　例えば，砂浜に沿って松の木が集まっている光景を思い浮べる．個々の木がある距離離れていると相互作用をしているかどうか直ちにはわからないから，松の木の集合とは言いきれない．また，小さな植物や土中の生物が多くあれば松の木との間に相互作用がある場合がある．岩石やその他の無機物・有機物との間にも相互作用はあるだろう．すなわち，集合の単位または範囲をどのようにとるかによって相互作用の有無，程度が変わってくる．

　一体，文字どおりの孤立個体というものがあるだろうか．私たちが通常接する対象物は大抵集合を作っているが，次のような場合には孤立個体と見なしてよいような個体の集まりを見ることができる．身近な例を挙げれば畑にまいた種子や幼植物の集まりである．もし1粒ずつ相当離してまけば，成長のある時期までは孤立していることは明らかである．しかし，時間が経過すると相互作用が始まることは相互に陰を作り合うことからわかる．だが，その時期はいつかということになると，ただ眺めているだけでは容易にわからない．そこで次のような工夫をする．

(6) 1章 植物の成長にかかわる関数式

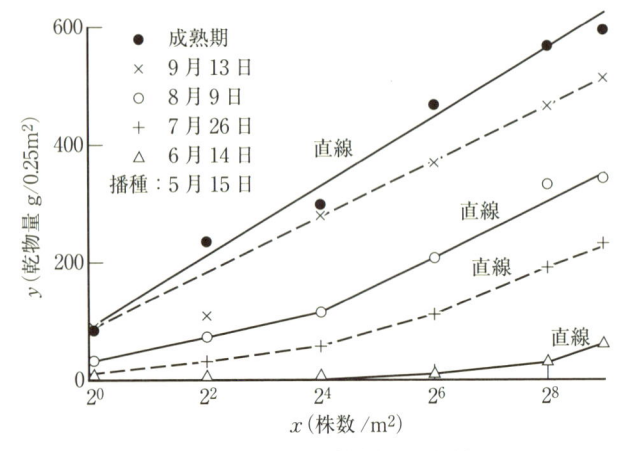

図1-1 イネ：播種密度と成長量

集合では成長量と密度とは直線的な比例関係にないことは明らかであるから，これを利用する．そこで問題は，この非直線がどのような曲線であるかということになる．

† 図1-1 イネ：播種密度と成長量 †

図には播種から収穫までの成長量の変化が示されている．ここで，播種密度xが2^nのn，すなわち$\log_2 2^n$ ($= n\log_2 2 = n \times 1$) という対数にとってある理由は次の2) 項で説明する．図で曲線の所は孤立個体の集まりで，「直線」の所が集合であり，その分かれ目の所が集合の始まりである．時間の経過に従って集合開始密度が低密度に及んでゆく様子がわかる．このことから，播種（栽植）密度が非常に低いか成長期間が非常に短いか，あるいはその両方が重なった場合には畑でも単なる個体の集まりに過ぎないことがあり得ることがわかる．

2) 密度(1)式の提出

密度=濃度に関する資料は非常に多いが，まず栽植密度の問題を取り上げる．

栽植密度をxとし，集合内の個体が一様に分布しているとき，一定面積の中の成長量=集合の収量yはどのように変化するか，このときの環境量は一定とする．野外の実験では環境量は一定不変ではなく，温度，日照量，日長など

は1日の中で変動し，季節的にも変化している．しかし，成長期間が一定なら，どの密度でも受けている環境量は同量であるから，播種期が同一で成長期間が同じ実験では環境量一定として取り扱うことができる．

　環境分子と集合分子の衝突の機会は等確率で，環境量が一定であれば集合の密度xの逆数$\frac{1}{x}$に比例する．密度が大きいほど集合が受け取る環境量は多くなるから，反応の方向は正である．この事は，例えばイネの$1m^2$当たり栽植密度が10本よりも20本の場合の方が日光を多く受け取ることを思い浮べたら容易に理解できる．故に，集合の反応量yの密度$x = a$における変化率（微分係数）は$\frac{k}{a}$（kは比例定数）である．この値は，密度がaから1（微小量）だけ増加したときのyの増加量を表すと考えれば理解しやすいであろう．従って，集合の成長量yの導関数$\frac{dy}{dx}$は，前記のaを変数xに変えて次のように表される．

$$\frac{dy}{dx} = k\frac{1}{x}, \quad k>0 \quad (1)$$

これを積分すると，

$$y = k\log_e x + C \text{（Cは積分定数）} \quad (2)$$

つまり，微分すると式(1)となる等式を求めて導関数記号の付かない式(2)を得る．

　植物の成長に関与する環境の種類は多数あるので，「他の条件が同じなら」という条件を常に伴っている．この事を表すためには偏微分式を用いるべきであるが，馴染みの深い常微分式を用いることにする．また対数も自然対数（底$= e ≒ 2.718$）よりも常用対数（底$= 10$）で表す方が便利であるから，$\log_e x = 2.303 \log_{10} x = 2.303 \log x$を用いて式(2)を書き改める．

$$y = k\log x + C \quad (3), \quad C, k \text{は改められた．}$$

　今後式(1)の形から直接式(3)の形に書き改めることがあるので断っておく．このときkの値が変わる．

　式(3)を**密度（1）式**と呼ぶ．

1.2 倍化(1)式

ここで,それほど頻繁に使う式ではないが,後に出てくる関数式を理解する上で必要な倍化(1)式に触れておく.

† 図1−2 イネ:条数密度,条内密度と子実収量 †

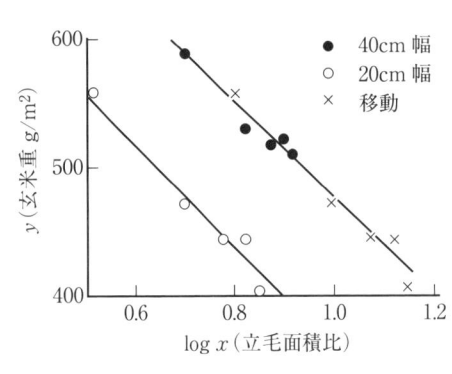

図1−2 イネ:条数密度,条内密度と子実収量

条間を20 cmと40 cmの2段階とし,条内密度(立毛面積比)を種々変化させて収量を調べたデータである.条内密度をどのようにして変えたかわからないが,条内密度について密度(1)式を適用すると条間別に直線が得られる.次に,この2直線を一つにまとめる方法を考える.

条数密度を見ると,条間20 cm:条間40 cmの条数密度比は2:1で,条間20 cmの条数密度は条間40 cmの2倍になっているから,$\log 2 = 0.301$だけ直線が離れているはずである.故に,どちらかの直線をそれだけ移動させれば2直線は一つになる.図では20 cm区を40 cm区へ移動させてある.両方の観測点はよく重なっている.

以上によって,基準とする密度(今は20 cm区)をx_1とすれば,その相対的位置x(今は40 cm区に移動させた位置)は次のとおりである.

$$\log x = \log x_1 + \log \frac{x_1}{x} \quad (1)$$

図では$\log x = \log x_1 + 0.301$である.

$\frac{x_1}{x}$は今は条数比であるが,後になって一般に密度比に拡張される.密度比は密度の倍数を表しているので,これを**倍化(1)式**と呼ぶことにする.ただし,これはxに関する倍化(1)式である.

次に,yに関する倍化(1)式について検討する.

† 図1−3 アカクローバーとオーチャード:等密度混合集合の収量 †

マメ科のアカクローバーとイネ科のオーチャードの2種それぞれの密度を

等密度に保ったまま混合したときの混合集合の収量について検討する．

2種を単独でまいたときの収量をそれぞれ y_1, y_2, 混合してまいたときの収量を y_{12} とする．混合したときの密度は2倍になっているが，そのときの y_{12} について x に関する倍化（1）式の考え方に基づいて次式が得られる．

$$y_{12} = \frac{y_1+y_2}{2}(1+\log 2) \quad (2)$$

これが y に関する**倍化（1）式**である．$\log 2$ は両植物の密度を合わせて密度が倍増した効果を表している．この実験では〔N〕，〔P〕，〔K〕の施用量の違った試験区が設けられている．本著では物質を表す場合には〔N〕，〔P〕，〔K〕などと記す．例えば〔N〕は窒素量であったり窒素肥料量であったりする．肥料の種類別，施用量別に上式の計算をし，その結果を観測値と比較すると，図に示すように直線を示した．ただし，$k=0.94$ で，値が1より若干小さいが，これは誤差と見なしてよいであろう．すなわち勾配1の直線式であり，式（2）が正しいことを示している．そうすると，混播による収量の増加は密度が高くなった効果だけである．換言すれば，マメ科植物の混播によって集合の収量が増すことはないという事であるから，マメ科植物の代わりに非マメ科植物を混播しても同じ結果になるはずである．従って，式（2）は一般的に成り立つ．

ここで付言すると，マメ科植物の成熟後にイネ科植物を栽培すると死んだ**根粒菌**（粒は元は瘤）の肥料的効果が現れるが，これが拡大解釈されて，マメ科植物と混播しさえすれば有利になるという考え方が広く定着しているようである．これが誤りであることは上述のとおりである．このような知見は植物の成長現象の関数化によって得られるもので，言わば「関数化の効用」であり，その注目すべき事例は3章に列挙されている．

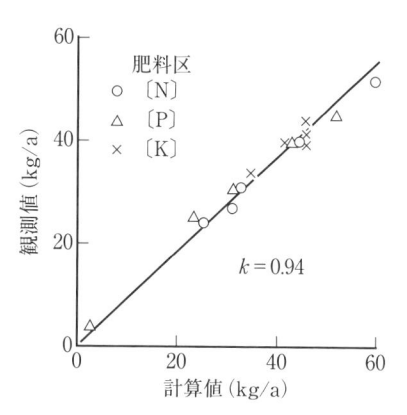

図1−3 アカクローバーとオーチャード：等密度混合集合の収量

1.3 密度（2）式と倍化（2）式

　密度（1）式では個体を点として取り扱ってきた．今，この点に2個以上の個体を固めて植えると，どうなるか．点播がその例である．このときには，もはや点ではなく面となる．点間の間隔は一定に保ちつつ個体数を増加していくと，この面が広がってゆく．このとき，境界線の引きようがないから，厳密な意味での密度は表しようがない．しかし，個体数xが増加するほど個体間の相互作用が大きくなり，混み合い程度が強くなるので，密度が高くなるときと同じような相互作用が働いている事も否定できない．すなわち環境因子と植物との衝突はxに反比例する．同時に面積が広くなるに従って面の中へ流入してくる環境量も多くなり，それは成長量yに比例する．故に次式が得られる．

$$\frac{dy}{dx} = k\frac{y}{x}$$

これは変化率が平均成長量に比例するという事を表している．式を変形して積分すると，

$$\frac{1}{y} \cdot \frac{dy}{dx} = k\frac{1}{x}$$

$$\log y = k \log x + C \quad (1)$$

　この式を**密度（2）式**と呼ぶことにする．今のところ関数形から見て**べき関数**と呼ぶべきであるが，次にこれが密度式であるという説明をする．

† 図1-4　イネ：点播の一株重　†

　資料では点密度6段階，点当たり苗数8段階，合計48段階の密度実験区があるが，図では点当たり苗数m別の8実験区の平均値で表されている．$\log y = 0.039 \log m + 1.684$が得られ，密度（2）式が成り立っている．

　密度（2）式に対応する倍化式として次の**倍加（2）式**が得られ

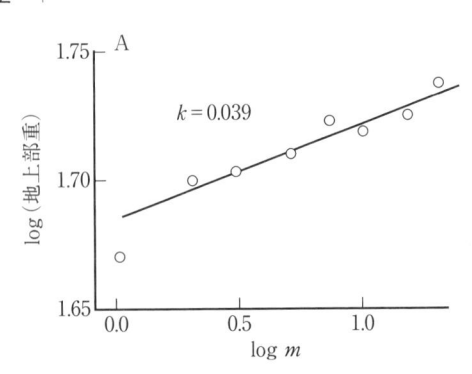

図1-4　イネ：点播の一株重

る（後出, 2章1.4）. 2種類の収量を y_1, y_2, 密度を x_1, x_2 とし, $\frac{x_1}{x_2}$ を R_x とすれば,
$$\log y_1 = k_1 \log R_x + C_1 \quad (2)$$

1.4 密度（3）式（分配式）

2種類の植物の混合集合内で2種類の密度が共に変化する場合の2種類の成長量について考える.

前項で示した倍化（2）式によって, x_1 が一定で x_2 が大きくなるとき,
$$\log y_2 = k_2 \log \frac{x_2}{x_1} + C_2 = -k_2 \log \frac{x_1}{x_2} + C_2 \quad (a)$$
x_2 が一定で, x_1 が大きくなるとき,
$$\log y_1 = k_1 \log \frac{x_1}{x_2} + C_1 \quad (b)$$
従って, x_1 と x_2 が共に変化するときは,（b）-（a）を作れば次式が得られる.
$$\log y_1 - \log y_2 = (k_1 + k_2) \log \frac{x_1}{x_2} + (C_1 - C_2)$$
$\log y_1 - \log y_2 = \log \frac{y_1}{y_2} = \log R_y$ とすると, 上式は次式のように書くことができる.
$$\log R_y = k \log R_x + C$$
この式を**密度（3）式**と呼ぶことにするが, この式は相互作用量が比で表される2種類間の**分配式**であるとも言える.

2. 崩　壊

2.1 崩壊（距離）式

生物界では合成の一方で分解が起こっているので, どのように分解が進むのか知っておく必要がある.

分解とは分子の集合が崩壊することであるから, 一般的な呼び方として崩壊ということにする. 分子の集合を y として, 変化率が変化量に比例して減少してゆく反応を考える.
$$\frac{dy}{dx} = -ky, \quad x: 距離$$
この両辺を y で割ってから積分した形を導き, $C = C' + \log_e y_0$ とおき,

$$\frac{dy}{dx} \cdot \frac{1}{y} = \frac{dy}{dx} \cdot \frac{d}{dy}\log_e y = \frac{d}{dx}\log_e y = -k$$
$$\log_e y = -kx + C = -kx + C' + \log_e y_0$$

この対数関数を指数関数に変えて，

$y = y_0 e^{-kx}$ (1)， y_0：分子の集合の初値

式 (1) は崩壊と距離との関係を示す**崩壊（距離）式**である．次に例を示す．

† 図1－5 イネ：光の透過 †

光は光子（粒子）の集合である．これが一様な分子の集合である物質中を通過する時に，光子数は物質分子と衝突するごとに k の割合で吸収され，残存光子数は減少してゆく．普通，この式は **Lambert － Beer の法則**（L － B 式）としてよく知られており，次のように書く．

$I = I_0 e^{-kx}$

本著では光が光子の集合であることを表すために，次のように書き改める．

$P = P_0 e^{-kx}$， P：光子数＝光の強度

今，イネの個体の集合中を光が通過する場合を考える．イネは大きさの異なる茎と葉の集合であり，空間には物質が一様に分布しているとは言えない．また，太陽の高さや入射角は1日のうちでも，季節的にも変化している．今，成長の時間単位を「日」にとるときには，この光の通過はやはり「日」単位で見なければならない．そうすると，入射角が180°変化するので，植物体の不均一な分布もかなり均一化されて，近似的にはL － B式が適用できるかもしれない．ここに紹介するのはFriendの方法によって1日の総日射量を観測したものである．仮にL － B式に従うものとする．光は上から下へ向かって走っているけれども，今は植被の上面の位置がはっきりしていないので，x を下から上へとる．

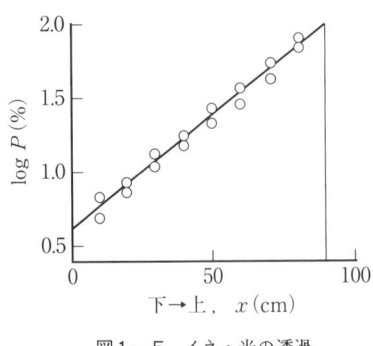

図はよくL － B式に適合している．これから光量が100％になる植被上面は90 cmの所であることが明確にわかる．もし，ある時刻に測定すると，このように

図1－5 イネ：光の透過

良くはL−B式に適合しない．

2.2 崩壊（時間）式

次のように，崩壊速度が変化量に比例して減少する反応を考える．

$\frac{dy}{dt} = -ky$, t：時間

$y = y_0 e^{-kt}$　　(2)

この式は化学では**一次反応速度式**と呼ばれているもので，よく知られている．これは崩壊と時間との関係を示す**崩壊（時間）式**である．次に例を示す．

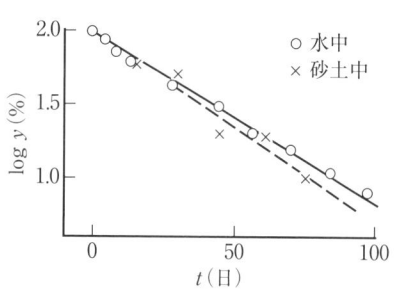

† 図1−6　窒素肥料〔N〕の崩壊　†

窒素肥料〔N〕の分子集合が分解してゆく様子が示されている．

以上の2崩壊式の形が等しいことから，時間と距離とは**互換性**があることがわかる．つまり分子は等速で移動しているのである．

図1−6　窒素肥料〔N〕の崩壊

2.3 （崩壊量）単純飽和式

崩壊（時間）式について係数を1とした単純な形，$y = e^{-t}$は初値の1から減少して0に漸近する曲線になる．崩壊式は残存量を示しているが，崩壊量はこの場合$y = 1 - e^{-t}$となり，上の曲線を裏返ししたものになる．このような曲線を取り上げる．

† 図1−7　りん酸：溶脱量（％）　†

〔P〕＝ KPO₃含有粒状複合肥料（粒径2〜4mm）の溶脱速度をガラス製ライシメータ（土壌滲透管）を用いて測定したものである．

時間と溶脱量との関係は図Aに示すとおりになっている．これは飽和曲線である．崩壊（時間）式から次のような式を考えることができる．

$y = y_\infty (1 - e^{-kt})$, y：崩壊量，y_∞：終値

この式のe^{-kt}はyに比例するので，微分式を考えると，

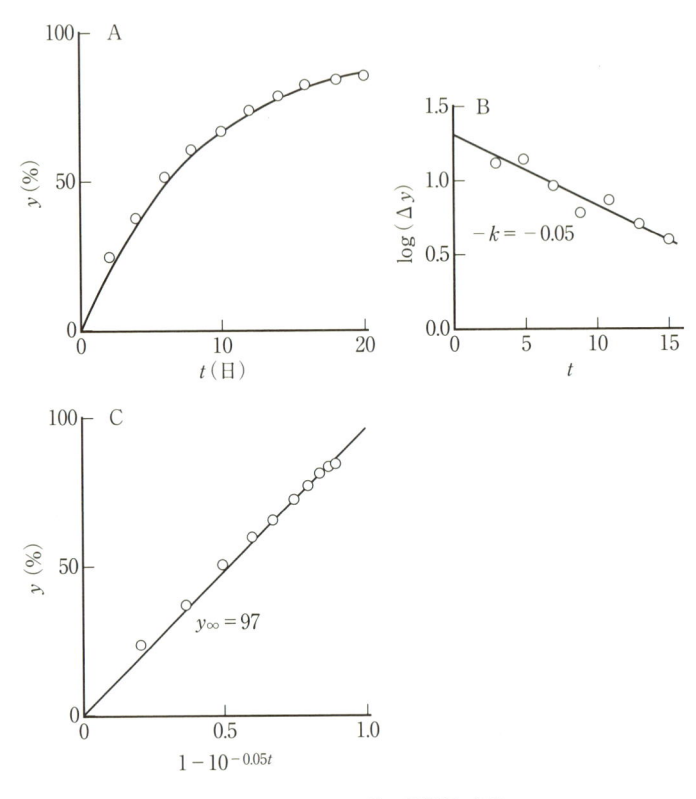

図1-7 りん酸：溶脱量（%）

$$\frac{dy}{dt} = ke^{-kt}$$

tをtから$t+1$まで動かすと，yの増分Δyは，

$$\Delta y = y_{t+1} - y_t$$

Δtはtの増分1であるから，$\dfrac{\Delta y}{\Delta t}$を$\Delta y$と書くと，

$$\Delta y \propto e^{-kt}$$

本著では相似記号∝は比例することを示す．

対数をとると，

$$\log_e(\Delta y) = -kt + C, \quad C：定数$$

常用対数に変えると，

$\log (\Delta y) = -kt + C$, 定数 C は改められた.

これは $\log (\Delta y)$ が t の1次式であることを示すから, 図 B によって $-k = -0.05$ を求める. 次に $1 - 10^{-0.05t}$ の値を求めて y との関係を図示すると図 C のとおりで, 比例係数 97 が得られる. これは上式の y_∞ の値であるが, 100% になっていない. 3% は誤差であろうか, 土に吸着されて不溶になったのであろうか. 次式が得られる.

$$y (\%) = 97 (1 - 10^{-0.05t})$$

飽和式であるが, 飽和式であるということは反応速度が崩壊式に従っているということである. なお, 飽和式には別に (3.1) 対数飽和式があるので, この式を (崩壊量) **単純飽和式** と呼ぶことにする. 崩壊量であることが自明のときにはかっこ内は省略してよい.

このように, 崩壊する物質の残存量で見ると崩壊式で, 崩壊量で見ると単純飽和式になる. 崩壊 (時間) 式に対応した崩壊量の一般式は,

$$y = y_\infty (1 - e^{-kt}) \quad (1)$$

t と x の互換性によって, 崩壊 (距離) 式に対応した崩壊量の一般式は,

$$y = y_\infty (1 - e^{-kx}) \quad (2)$$

3. 成長速度

3.1 S 成長速度式

今, 単細胞分裂菌の増殖, すなわち数量成長を考える. 何も制約がなければ成長は次式のとおりに進行する. 細胞数を y とすると,

$$\frac{dy}{dt} = ky \quad (1)$$

両辺を y で割ると,

$$\frac{dy}{dt} \cdot \frac{1}{y} = \frac{dy}{dt} \cdot \frac{d}{dy} \log_e y = \frac{d}{dt} \log_e y = k$$

両辺を積分して, $C = C' + \log_e y_0$ ($y_0 : y$ の初値) とおくと,

$$\log_e y = kt + C = kt + C' + \log_e y_0$$

指数式に変えると,

$$y = y_0 e^{kt}$$

これは指数関数であるから，yは時間とともに無限大となり，事実に反するから，何らかの制限項がなければならない．それは次の形をしている．崩壊(時間)式と同じ形で，

$$\frac{dy}{dt} = -ky, \quad y = y_0 e^{-kt} \quad (2)$$

すなわち，細胞が2個に分裂したとき，その近傍では環境量，すなわち成長用物質量が減る．この量は菌が感知することのできるもので，その減量速度はyに比例する．これは細胞間の相互作用にほかならず，式(2)がその事を表している．従って，式(1)におけるyは式(2)におけるyでなければならないから，得られる速度式は，

$$\frac{dy}{dt} = Kye^{-kt} \quad (3), \quad \text{S 成長速度式}$$

$$\frac{1}{y} \cdot \frac{dy}{dt} = Ke^{-kt}$$

下の式は平均1個の成長速度を表しているが，それが崩壊するのである．あるいは平均細胞の分裂機能が時間とともに崩壊すると言ってもよい．

下の式を積分すると，

$$\log_e y = -\frac{K}{k}e^{-kt} + KC, \quad C: \text{積分定数}$$

ここで，$KC = \frac{K}{y} = \log_e y_\infty$，$C = \frac{1}{k}$とおけば，

$$\log_e y = \log_e y_\infty (1 - e^{-kt}) \quad (4) \quad \text{または，}$$

$$\log_e y = \log_e y_\infty (1 - e^{-kt}) + C \quad (5)$$

正しくは微分式(3)がS成長速度式であるけれども，積分式(4)，(5)もS成長速度式と呼ぶことにする．式は1個の細胞から出発したものである．実際に行われる実験ではある菌数から出発するので，式(5)では切片Cが加えられている．このCが大きくなるとS字形の前半が見えなくなるので，外観上S字ではないと見誤り，別の関数式を適用してみたくなったりする．

なお，式(5)においてt_∞を代入すれば，左辺は$\log_e y_\infty$となり，右辺の$\log_e y_\infty$と紛らわしいので，左辺のy_∞を真のy_∞，右辺のそれを見掛けのy_∞と呼んで区別することにする．

さて，S成長速度式にもy_∞という項が出てくる．しかし，y_∞はt_∞に到達す

る限界量だと言ってのけるわけにはゆかない．t_∞ということは実際にはあり得ないことである．そこで，実際に到達し得る最大成長量，すなわち飽和量を y_{max}，この時期を t_m とすると，これらは式から知ることはできない．そこで次のようにして，その近似値を推定する．その方法は初期成長速度と集合の成長速度とが同じになる時期を求めることにする．

単細胞分裂菌の典型的成長では，$t=0$ において $y=1$ である．t_m において成長が停止する直前に，集合が1個細胞しか生成し得ない時期がある．それが t_m に起きると仮定すると，式 (3) から次式が成り立つ．

$$1 = y_{max} e^{-kt_m}$$

対数をとると，

$$0 = -k\,t_m + \log_e y_{max}$$
$$t_m = \frac{\log_e y_{max}}{k}$$

y_{max} は不明であるから，仮に $y_{max} \fallingdotseq y_\infty$ とおき，常用対数を用いれば，k を改めて，

$$t_m = \frac{\log y_\infty}{k}, \quad y_\infty : 真の\, y_\infty \quad (6)$$

この t_m は正しく飽和点を示しているわけではない．上式ではなお初速と同じ速度で成長を続けているわけであるから，真に成長が停止するのは，少くともさらに1時間単位が経過した時期，すなわち t_m+1 の時期である（次の図 A 参照）．しかし，ここでは式が簡便であることから式 (6) で求める t_m をそのまま使うことにする．

次に，典型的な分裂菌の数量成長が S 成長速度式に適合する例を示し，定数の定め方について説明する．

† 図 1 – 8 ある種の菌：数量成長 †

ある分裂菌の数量成長量を比濁計の読み取り数値で表してある．図 A はその経時的経過を示したもので，S字曲線を描いている．これが S 成長速度式であることを明らかにするためには，式の定数を決定しなければならない．それには式の微分式，すなわち次の速度式を利用する．

$$\frac{1}{y} \cdot \frac{dy}{dt} = K e^{-kt}$$

ここで，

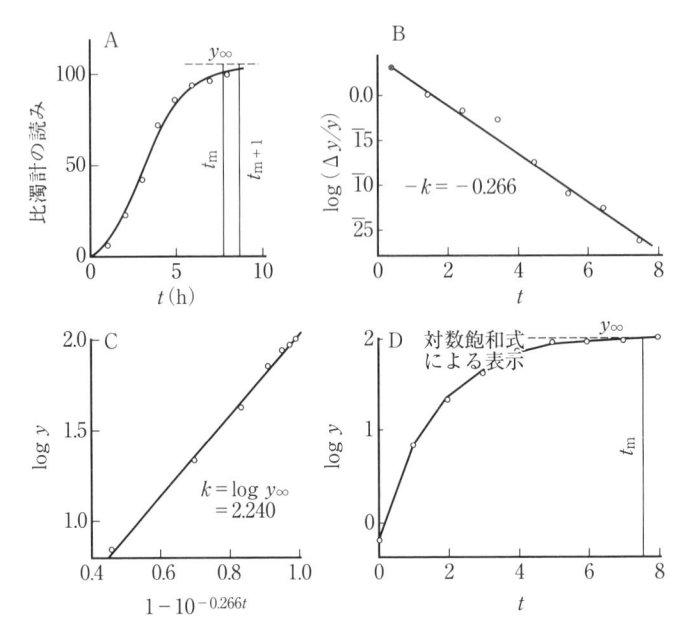

図1-8 ある種の菌：数量成長

$$\frac{1}{y} \cdot \frac{dy}{dt} \fallingdotseq \frac{1}{y} \cdot \frac{\Delta y}{\Delta t} \text{とおく.}$$

y の値を t の順に並べておく．

$$\Delta y = y_{t+1} - y_t$$

$y = \dfrac{1}{2}(y_{t+1} + y_t)$ によって Δy と y を求める．

記号を簡単にして $\dfrac{1}{y} \cdot \dfrac{\Delta y}{\Delta t}$ を $\dfrac{\Delta y}{y}$ と書くことにすれば，上の速度式から，

$$\frac{\Delta y}{y} \propto e^{-kt}$$

対数式を求めると，

$$\log_e \frac{\Delta y}{y} = -kt + C \quad (7)$$

この式は左辺と t の値を両軸にとると，直線のグラフになることを示している．図Bにそれが示されている．この図の描き方はさらに次項で説明する．この図の勾配が $-k$ である．この値で $1-10^{-kt}$ を計算し，$\log y$ との関係を図Cのように表すと，このときの勾配は見掛けの y_∞ の対数である．よって，求める式 (5) は，

$$\log y = 2.24 (1 - 10^{-0.266t}) - 0.22$$

切片の − 0.22 は初密度を表しており，常用対数表から実数を求めると 0.60 である．上式から計算して曲線を描くと図 A の実線のようになる．観測値との適合の良いことがわかる．t_m を式 (6) によって求めると，$\log y_\infty = 2.24 - 0.22 = 2.02$ であるから，真の t_m は，

$$t_m = \frac{2.02}{0.266} = 7.6 \text{ (h)}$$

図 D に t_m が示されている．

なお，S 成長速度式は**指数関数**であって，単純飽和式 (2.3) における変化量 y を対数にした形であるから，もし誤解が生じないならば**対数飽和式**と呼んでも差し支えないであろう．

以後，特に必要とするときのほかは，いちいち積分式の式 (5) を求めることは省略し，図 1 − 8B で直線が示されて微分式が満足されていれば，式は満足されていることにする．

3.2　$x - \log \frac{\Delta y}{y}$ の図の描き方

まず，図 1 − 9B に添えてある ⊗ 印の点の説明をする．

理想的な S 成長速度式においては初密度は 1 である．次の時期の数が大きければ，この 1 個は無視できて，初密度を 0 と見なすことができる．そうすると，次の時期の数がどのような数であっても $\frac{\Delta y}{y} = 2$ であるから (表 1 − 1B 参照)，$\log 2 = 0.301$ は近似的にあたかも定点のように取り扱うことができる．故に，点 (0.5, 0.3) に ⊗ 印を示すことによって S 成長速度式の適合性を判断することができる．それよりも重要なことは，この事によって**始点**を推定することができることである (このすぐ後に述べる近似的始点を参照のこと)．

図 1 − 8B は t を x に読み替えると，横軸 x − 縦軸 $\log \frac{\Delta y}{y}$ の図であり，その描き方はそこでも説明してあるので理解できるであろうが，ここで数値を用いて図を一つ描いてみよう．

表 1 − 1A の数値は水田雑草ヒルムシロの鱗茎重分布の資料の数値を一部省略したもので，図 1 − 9A も添えておく．

計算するために，まず表 1 − 1B を作成する．このとき，真の始点は不明であるから，暫定的に始点を定めて $x = 0$ とおく．もし，この始点が正しいなら

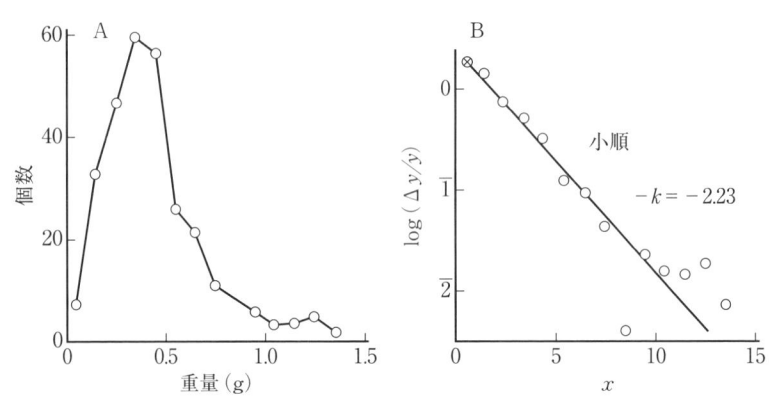

図1-9 ヒルムシロ：鱗茎の重量分布

図1-9Bのように，得られた直線は$\bar{x} = 0.5$において$\log 2 = 0.301$の点，⊗点を通るはずである．

次に，近似的始点（$x = 0$）の求め方を説明する．

$x - \log \dfrac{\Delta y}{y}$の図は，実験誤差が大きいデータで作図すると，図1-10に示すように，得られる直線が理論的に期待される⊗点を通らないことが起こる．この場合に⊗点の近くを通るような直線を求める簡便な方法がある．

その方法は図に示すように，まず理論的⊗点を直線が0.3の横線と交わ

表1-1A ヒルムシロ：鱗茎の重量分布

重量 (g)	個数	重量	個数	重量	個数
0.1	7	0.6	26	1.1	4
0.2	33	0.7	22	1.2	4
0.3	47	0.8	11	1.3	5
0.4	60	0.9	1	1.4	2
0.5	57	1.0	6		

表1-1B $\log (\Delta y/y)$の計算

$\Delta y = y_{t+1} - y_t$		$\bar{y} = y = \dfrac{1}{2}(y_t + y_{t+1})$		$\bar{x} = \dfrac{1}{2}(x_t + x_{t+1})$			
x	y	Δy	$\bar{y} = y$	$\Delta y / y$	$\log (\Delta y/y)$	$\bar{x}$	備考
0	0	> 7	3.5	2.0	0.30	0.5	←この点を図上で⊗で示す．
1	7	> 33	23.5	1.4	0.15	1.5	
2	40						
⋮	⋮	⋮	⋮	⋮	⋮	⋮	

3. 成長速度

る所へ移す．これを⊗点の近似点とすると，これから$\frac{\Delta x}{2} = 0.5$だけ（この場合には左へ）離れた点を求める．このときのxの値が⊗点の近似点に対応する$x = 0$の近似点，すなわち新しい始点であるから，改めてこれから測った新しいxとyを用いて計算し直して作図すると，より良い図形が得られる．得られる直線は$\overline{x} = \frac{0+1}{2} = 0.5$において⊗点のかなり近くを通り，同時に真の勾配に近いkの値が求められる．

次に，練習のために，編者者の手元にある，水稲の早期・普通期栽培における水田雑草ホタルイの発生本数の増加状況を調べた数値（未発表）にS成長速度式を適用してみよう．発生本数の推移（表1-2A）を見ると，気温の変動などが影響したためかばらつきが認められるので移動平均値を用いることにした．対数飽和式を求めるため，まず表1-2Bのような計算によって$\log\frac{\Delta y}{y}$を求め，tとこの値との間で求められる直線式からkの値を求める．次いで前記の移動平均値のtを用いて$1-10^{-kt}$の値を求め，この値と$\log y$の間で求められる直線式から$\log y_\infty$の値を求める．この場合に求められる定数は初密度を表すが，発生本数の場合の初密度は0であるか

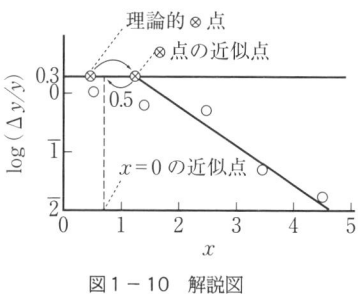

図1-10 解説図

表1-2A ホタルイ：発生本数の推移

早期栽培		普通期栽培	
日数	本数	日数	本数
0	0	0	0
2	0	2	0
5	12	6	29
9	50	11	76
14	61	15	89
21	150	18	91
26	170	25	91
35	170	32	91
		39	91

表1-2B 発生本数の移動平均値による$\log(\Delta y/y)$の計算（早期栽培）

日数	本数	Δy	$\overline{y}=y$	$\Delta y/y$	$\log(\Delta y/y)$	$\overline{t}=t$	本数（％）
1.0	0.0	>6.0	3.0	2.000	0.30	2.3	0.0
3.5	6.0	>25.0	18.5	1.351	0.13	5.3	3.5
7.0	31.0	>24.5	43.3	0.566	-0.25	9.3	18.2
11.5	55.5	>50.0	80.5	0.621	-0.21	14.5	32.6
17.5	105.5	>54.5	132.8	0.410	-0.39	20.5	62.1
23.5	160.0	>10.0	165.0	0.061	-1.21	27.0	94.1
30.5	170.0						100.0

ら，定数はここでは誤差である．このようにして得られた対数飽和式を表 1 − 2C に示す．式の定数は大きい数値でないことが望ましい．ホタルイの早期では定数は 0.07 で実数は 1.2 本であり，実測の最大値に対する比率は 0.7％であるが，普通期では定数が負で実数で − 10 本，11％の大きい誤差が表れている．

移動平均値の最大値を示した t の値を対数飽和式に代入して y の値を求め，この値に対する比率で発生本数の増加を表した曲線を図 1 − 11 に示す．この図では発生本数の移動平均値と対数飽和式から得られた曲線との間に多少のずれが見られるが，この種の野外実験では避けられないずれであろう．

さて，図と表 1 − 2C とを対比すると明かなように，対数飽和式の k の値は発生本数の増加曲線の特徴を端的に示しており，この値が大きいほど増加が急速に進む．従って，k の値が大きいほど最大値に達するまでの日数が短い．今，この点を検討するため，対数飽和式の $\log y_\infty (1-10^{-kt})$ の項に注目する．最大値には前記の定数も関与するが，t の推移によって $1-10^{-kt}$ の値が 0 から 1 へ推移する．この値が 1 になる t が t_∞ であるが，t_∞ は実際には考えられない

表 1 − 2C　成長速度式（対数飽和式）

作期	対数飽和式	$\log y_\infty \times 0.995$ に対応する t の値
早期	$\log y = 0.07 + 2.229(1-10^{-0.053t})$	43.4
普通期	$\log y = -1.02 + 2.967(1-10^{-0.142t})$	16.2

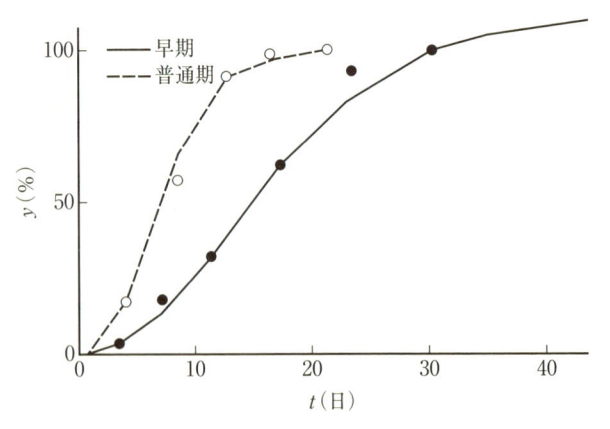

図 1 − 11　ホタルイ：発生本数の推移

から，この値が0.995になるときのtの値を求め，これを表Cに付記した．kの値が大きいほど，このtの値が小さいことが示されている．つまり，kの値が大きいほど発生本数は急速に増加し，最大値にほぼ近い本数に到達するまでの日数が短い．このような検討によって，対数飽和式のkの値を比較するだけで発生本数の増加曲線を比較できることが理解された．

4. 形質の変異，分布

4.1 S分布式の4型

私たちが遭遇する生物は常にある種のばらつきを持っている．非生物界でも一般に見られる現象であるが，生物界では**彷徨変異**（fluctuation）とか**環境変異**とかと言われている．後者の言い方からすると環境量のばらつきが生物に反映しているように思われるが，そのほかに生物それ自身が変異性を持っていることが以下に示される．

ばらつきを表す理論式には**正規分布式**が最も多く用いられている．それによると，ばらつきは平均値を中心として左右対称に分布する．推計学ではこの分布を**分散**と言うが，今は混同を避けるために本著では単に**変異，分布**と呼ぶことにする．生物の集合では知られる限り対称分布をしている例はない．これまでも非対称性が著しいときには別の分布式，例えば**ポアソン**（poisson）**分布式**，**二項分布式**などが用意されている．

ある集合において，ある形質を一つだけ取り出して，同じ量を持つものの出現する数を**度数**または**頻度**（frequency）と言う．このときの単位は個体である．しかし，実際には個体の中における形質も変異性を示す．例えば，イネ科植物では1個体に多数の茎があり，その出現時期，長さ，重さなどに変異性がある．それらはすべて生成・形成時期が同じでないものを見ているのである．故にfluctuationという用語は必ずしも適切ではなくなる．また，個体単位の変異を見ると，個体の集まりの元は種子であり，それぞれの種子の生成時期は同じでない．本来，変異があると言うときには，その形質が同時期，

同条件のものであるという暗黙の了解がある．正規分布はそのような分布を対象としているのであるから，違った条件下で生成された形質の集合に適用するのは，初めから無理なのである．

今，イネ科植物の一つの穂から1粒だけ任意に取り出してまけば多数の種子が生成される．この種子全部をまけば親が持っていた変異と全く同じ形の変異を示す．故に変異性そのものは遺伝的なものであるが，何代繰り返しても形質の量が集積して増大することはない．

私たちの実験では多数の変異性を持つ種子の集合を用いるから実験材料は初めから個体の変異性を持った集合であり，それから成長した個体の集合も当然変異性を示す．このようにして，どこまでも変異性から逃れることができないから，この変異性は環境に基づくものではない（2章4.3参照）．もちろん，環境の変異によるばらつきが全く無いと言っているのではない．それは時々生物の持つ変異性を乱す原因となる．多種の生物の反応式にばらつきが起こるのはこれが原因である．

さて，変異が生成時期の差に基づくことが確かであるなら変異の関数形はS成長速度式と同形であろうというのが一つの推理である．実際，得られた変異分布式の一つはS成長速度式に似ている．

$\frac{dy}{dx} = Kye^{-kx}$　S分布（1）式，dx：度数，y：xまでに出現した総度数，dx：分級（クラス）の単位，x：級

ところが，もう一つ別の形があるらしい事がわかった．それは次の形をしている．

$\frac{dy}{dx} = Kye^{-kx^2}$　S分布（2）式

式は一方が閉じている．この点を**始点**と呼ぶ．他方は開いている単頂曲線である．S分布（1）式はS成長速度式のtをxに置き換えた形になっている．しかし，この式も理論的に求められたものではない．この式における，なだらかな部分（すそ）を取り去るために変形したのがS分布（2）式であり，一層理論的ではない経験式である．実例を調べてゆけば次第に式に対する理解が深まるであろう．

さて，変異，分布を見るために分級に従って度数を並べなければならない．

その並べ方にどのような法則性があるかわからないが，始点の付近では曲線の立ち上がりが急であり，開いた方ではなだらかに下降してゆく特徴があるので，多くの場合に並べ方はわかる．その並べ方を簡単に言い表すために，次のような約束をしておく．

始点を常に図の左側に持ってくることにして，

小順の始点：短い，少ない，低い，軽い，早期，……

大順の始点：長い，多い，高い，重い，晩期，……

従って，S分布式には式2×順2の4型があることになる．この事を明らかにするために，70ほどの多数の例が調べられた．このような方法を**帰納法**と言い，証明が直接的でないという弱点を多数例によって補強するのである．

4.2　S分布式の求め方

ここで，S分布(1)式とS分布(2)式の事例を示す．

† 図1-12　ヒルムシロ：鱗茎の重量分布式を求める　†

本章3.2で用いたデータである（図1-9）．図1-9Bで求めた $k = -2.23$ を用いて作図し，次式を得る．

$\log y = 2.59 (1 - 10^{-2.23x}) - 0.136$，S分布(1)式，小順

以下，図1-9Bで直線性が良ければS分布式は適合するとし，式の数値を

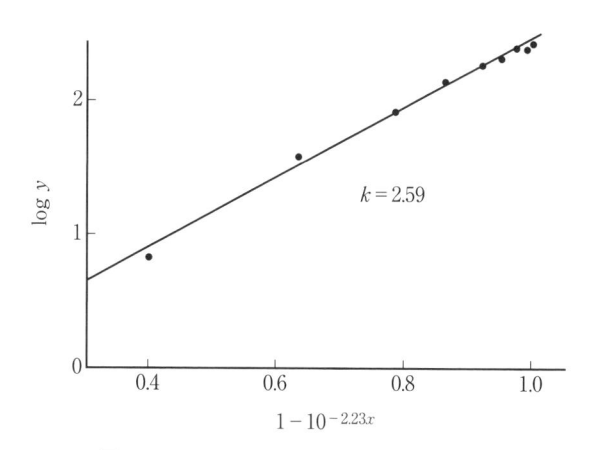

図1-12　ヒルムシロ：鱗茎の重量分布式を求める

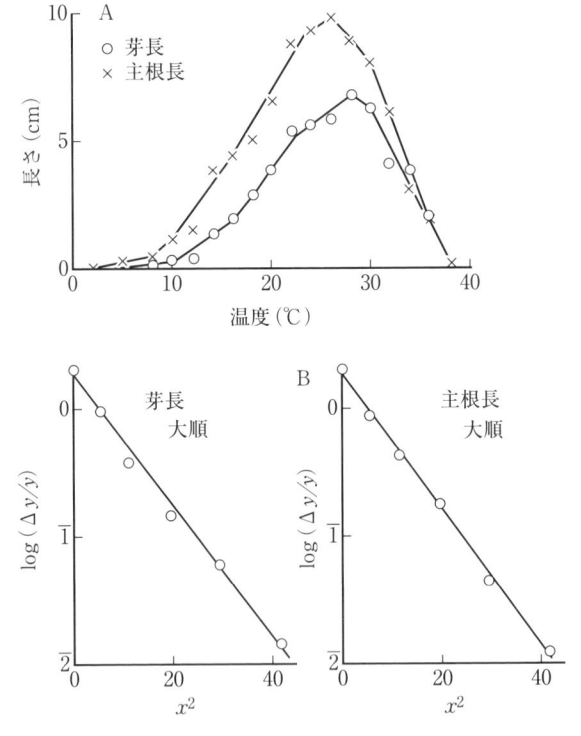

† 図 1 − 13　ダイコン：温度と幼芽・主根の成長量　†

　種子を催芽の状態まで成長させてから砂耕に移し，2℃刻みの温度で3日間，暗中で成長させて，芽長，主根長を調べたものである．この成長は暗中のものであり，伸長と関係する微量物質が幾つか知られているが，例えば aux-in の作用などを見ているのかもしれない．一見して大順であるので死の温度を38℃と仮定し，5℃刻みで分級すると図BのようにS分布(2)式，大順である．

図 1 − 13　ダイコン：温度と幼芽・主根の成長量

5. 温度―成長速度

5.1 光合成の反応式

　まず，植物の成長温度について述べる．

　温度はエネルギーそのものではないが，温度によって分子運動量が定まるので，**熱運動エネルギー**として捕えることができる．生物では温度が低ければ成長は遅くなり，遂には停止する．反対に温度が高ければ成長は速くなるが，高過ぎれば成長は遅くなり，遂には停止し，この状態が長く続けば生物は死ぬので，これは**高温致死温度**と呼ばれる．

　このことから，成長が最も速い温度があることは明らかで，これを最大速度温度（maximum），生物では**最適温度**（optimum）と呼ぶ．植物は比較的低温に適しているもの，高温に適しているもの，様々であるが，**発芽開始温度**は大多数が0～10℃くらいの狭い幅の中にあり，一方，高温致死温度は例外的なものを除けば50℃くらいである．ただし，生存ということになれば温度領域はもっと広くなり，特に低温へ向かって広がっている．

　次に，光合成は次のように書くことができる．

$$CO_2 + H_2O + 反応エネルギー \rightarrow CH_2O + O_2$$

反応エネルギーは明反応の過程で光から得られる．植物の成長を重量で表すと構成物質＝成長物質の原子の重量を見ているのであって，同時に，その増加量は原子の**結合エネルギー**の増加として捕えられる．ここでは詳しくは述べないが，温度と成長との関係はエネルギー量の変化の面から見なければならない事を指摘しておく．

　さて，上式の左辺はCO_2とH_2Oの流入速度に比例し，それは同時に右辺のCH_2OとO_2の体内における移動速度に等しい事を表している．この当たり前のようなことが非常に重要な点である．

　まず，CO_2の流入場所は**葉緑体**であり，速度と温度とを関係づけるものは熱力学の法則であって，**分子運動エネルギー**は次のように温度と結び付

いている．

$\frac{1}{2}mv^2 = \frac{1}{2}kT$, m：分子の質量, v：運動速度, k：ボルツマン（Boltzmann）定数, T：絶対温度

故に, 分子運動エネルギーは T に比例するが, 体内へ物質が流入する際にはある大きさの抵抗があると思われるので, 今は比例するとしか表しようがない．

分子運動エネルギー $\propto T$

なお, 本著では光合成反応における最初の生成物を, Baeyer, Warburg らの説を支持して, CH_2O (formaldehyde) としている（**ホルムアルデヒド説**）．実際には縮合重合して単糖類となっている．本著では記述を簡単にするために単糖類をすべて**グルコース**, $(CH_2O)_6$ と呼ぶことにする．

5.2 呼吸の反応式

一方, 植物では $(CH_2O)_6$, ここではグルコースを表すが, その分解, すなわち呼吸が起こっている．これによって**自由エネルギー**が生成され, それは体内で起こる諸反応のエネルギーとして使われる．そのような諸反応が起こるためには成長物質が反応場所に輸送されなければならず, また光合成反応が停止しないためにも反応生成物を反応場所から他へ運び出さなければならない．すなわち, **輸送エネルギー**が必要であり, それは輸送物質量に比例する．光合成の過程で起こるグルコースの**縮合重合エネルギー**も CH_2O 量に比例するので, 結局, 呼吸量は CH_2O の輸送エネルギーに比例する．この仮定によって, 呼吸は次式で表される．

$R = ry$, 温度一定, R：呼吸量, r：**呼吸率**, y：成長物質量

上式は極めて簡単であるが, 重要である．何故なら, 一般に呼吸とは何かということがはっきり示されていないからである．

5.3 成長温度速度式（V_θ）

さて，呼吸は呼吸基質グルコースが崩壊するのであるから，次の **Arrhenius 式**に従う．

$y = y_0 e^{-A/RT}$, y：基質の濃度，y_0：初濃度，R：**気体定数**で1.987cal/mol，T：絶対温度，A：**活性化エネルギー**（単位，cal/mol）

呼吸基質は光合成で生成されたグルコースであるから，成長速度式＝光合成速度式は以上の反応を組み合わせた次式のようなものになる．

$V_\theta = KT (1 - e^{-A/RT})$

添字のθは温度による変化量であることを示す．この式を少し変形して，もっと使いやすい形にする．

通常使っている温度θと絶体温度Tとの間に$T = 273 + \theta$の関係があるが，ある温度領域に限れば近似的に次の関係がある．

$\dfrac{1}{T} \propto -\theta$

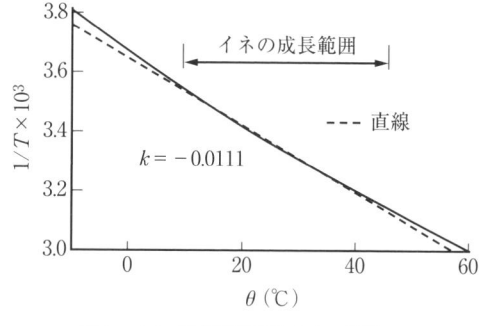

図1-14 絶対温度Tとθとの関係

この関係は図1-14に示してある．成長温度領域が50℃くらいなら，両者の間に近似的に直線関係がある．

以上の事から，一般に絶対温度が用いられる物理化学反応は常温付近では自由に普通の温度に変換することができる．そのほかにも少し変形を加えて，**成長温度速度式**として次式が得られた．

$V_\theta = Ka\theta (1 - e^{k(a\theta - 1)})$，$\theta$：**成長開始温度以上の温度**，$a : \dfrac{1}{\theta_{\infty} - \theta_0}$ で定義される定数，ここでθ_0は成長開始温度，θ_{∞}は高温で成長が停止する**成長停止温度**，K：比例定数，k：呼吸量を決定する定数，

$a\theta - 1$：θ_{∞}において$V_\theta = 0$になる条件

なお，生物の成長開始温度θ_0以上の温度θ（℃）を本著では，**生物温度**と

呼ぶことにする．ただし，これは生物の種類の固有値である．

ここで，さらに上式を説明しておく．初めのθはCO_2の流入速度を表しているが，前述のようにCO_2の流入速度と生成されるグルコースの移動速度は等しいから，式ではθはグルコースの生成速度を表している．故に，かっこ内の1はグルコースの量であり，$e^{k(a\theta-1)}$はグルコースの呼吸分解速度を表している事になる．

ここで付言するが，この式は本著の原著者が上記の呼吸項の決定などで大変苦心して求めた成長反応式である．

6. 呼　吸

6.1 呼吸（1）式

前節で述べたように，光合成期間中には縮合重合エネルギーはCH_2O量に比例し，呼吸量はCH_2Oの輸送エネルギーに比例する．この仮定によって呼吸は次式で表される．

$R = ry$，温度一定，R：呼吸量，r：呼吸率，y：成長物質量

呼吸は呼吸基質グルコースが崩壊するので，次の **Arrhenius 式** に従う．

$y = y_0 e^{-A/RT}$，y：基質の濃度，y_0：初濃度，R：気体定数（呼吸量も同符号を使っているので注意を要する）$1.987 \fallingdotseq 2\mathrm{cal/mol}$・$T$，$T$：絶対温度，$A$：活性化エネルギー

この式は成長停止または呼吸基質が流入していないときの呼吸であり，本著では **呼吸（1）式** と呼んでいる．

呼吸（1）式：R（呼吸量）$= e^{k\theta}$，または$e^{-A/RT}$

データを調べてみる．

† 図1－15　果物：貯蔵温度と呼吸量　†

果物を違った温度で貯蔵したときの呼吸をCO_2の排出量で見たものである．果物は成長しないから呼吸は呼吸（1）式である．

さて，体内では呼吸によって生成される自由エネルギーを必要とする反応

が起こっているとしなければならないが，今は体内で何が起こっているかわからない．

図によれば，呼吸係数 k の値は種類によって同じでない．種類によって何が違っていて k の値が違っているのであろうか．呼吸の測定に当たって共通した問題点は次のとおりである．

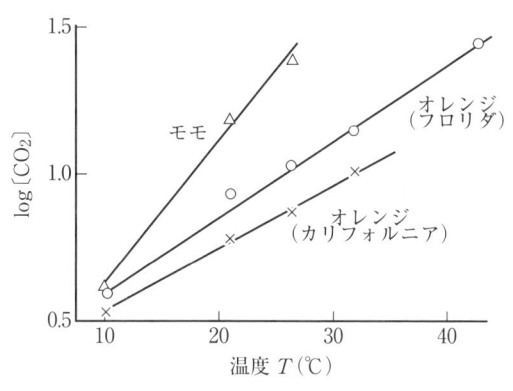

図1-15 果物：貯蔵温度と呼吸量

1) 一般的には $R \propto W^{2/3}$，R：呼吸量，W：体重．呼吸量は体重の $\frac{2}{3}$ 乗 ($W^{2/3}$) 当たりで表さなければならない（**体重の $\frac{2}{3}$ 乗法則**）．体重の違うものの呼吸の差は単に個体重が違うことによるかもしれないからである．

2) 果物の熟度，収穫後の経過時間，保存法，病虫害，外傷など数値の変動要因は多い．

3) 以上のような点を正した上でなお呼吸に差があったとき，初めてそれは何故かという検討が始まる．

6.2 呼吸（2）式

呼吸にはもう一つあって，成長中または呼吸基質が流入している時の呼吸であり，**呼吸（2）式**と呼んでいる．

呼吸（2）式：$R = \theta\, e^{k\theta}$，または $Te^{-A/RT}$

データを調べてみる．

† 図1-16 サツマイモの葉：光合成速度と呼吸速度 †

呼吸は生成物の輸送量に比例するのであるから，光合成中に測定しなければならず，それが

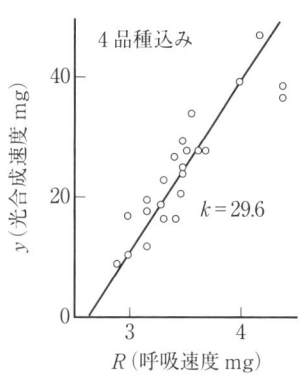

図1-16 サツマイモの葉：光合成速度と呼吸速度

技術的に容易でないために，暗中で測定できる暗呼吸が測定される．今，用いている資料ではどのようにして呼吸を測定したのかわからないが，光合成中に光を遮断して直ちに測定したのであれば，それは光合成中の呼吸量に比例していると見なすことができるかもしれない．

さて，資料にある図を転写すると図のように直線関係が見られる．観測は7～10月の長期間にわたっているから，その間の環境，特に温度の変動がばらつきを大きくしているが，光合成量 y と呼吸量 R とは正しく比例している．呼吸式 $R = ry$ に $y = 29.6R$ を代入して，

$$r = \frac{R}{y} = \frac{R}{29.6R} = \frac{1}{29.6} = 0.034$$

7. エントロピーとエクトロピー

7.1 エントロピー式

エントロピー (entropy) は系の無秩序の度合を示すものと定義されている．エントロピー式には幾つかあるが，**Boltzmann の原理**と呼ばれる式は次の対数式である．

$S = k \log W$, S：平衡状態における系のエントロピー，k：**Boltzmann定数**，W：孤立系のとる微視状態の数

さて，好気的呼吸反応，すなわちグルコースの温度—分解反応式は触媒である酵素の存在の下で，すなわち体内では次の式に従う（本章6）．

$y = y_0 \, e^{-A/RT}$ (1), A：活性化エネルギー cal/mol, R：気体定数 1.987 cal/mol・T, T：絶対温度

ここに，y_0 はグルコース（結晶）の量を表し，秩序の高い状態量であり，$e^{-A/RT}$ は Arrhenius の**活性化エネルギー式**で，y はグルコースの分解した量，すなわち秩序の低い状態量である．

上式を一般式に書き改めると，

$y_2 = y_1 \, e^{-A/RT}$ (2)

ここで Boltzmann のエントロピー式を適用して対数をとれば，エントロ

ピー量 S は，
$$\log_e y_2 = \log_e y_1 - \frac{A}{RT} = S \quad (3)$$
y_2 は秩序の程度の低い状態量であるからエントロピー量 S である．故に，
$$\log_e y_2 - \log_e y_1 = \log_e \frac{y_2}{y_1} = -\frac{A}{RT} = \Delta S \quad (4)$$
式 (4) はエントロピーの差異を表しているので，ΔS と記号を付けておく．

7.2 エクトロピー式

負のエントロピーとは秩序の度合を指していると思われ，**エクトロピー** (ectropy) と言われる．

従って，エクトロピーの差異 $-\Delta S$ は，
$$\log_e y_1 - \log_e y_2 = \log_e \frac{y_1}{y_2} = \frac{A}{RT} = -\Delta S \quad (4')$$

2章 植物の成長現象の解析

1. 密　度

1.1 既往の密度式の検討

　密度式として今までに幾つかの式が提出されているが，最も多く見られるのは次式であって，**逆数式**と呼ばれている．

　　$\frac{1}{w} = Ax + B$, w：個体重量，x：密度，A，B：定数

　この式で何故に個体重の逆数をとるのか，その根拠は何も説明されていないが，とにかく，このようにすると個体重が良く表されるという．検討するためには資料の図から $\frac{1}{w}$ を読み取り，続いて w を計算して $y=wx$ を求めなければならない．そのようにして得られた結果を次に示す．

† 図2-1　ナタネ：栽植密度と収量　†

　$\log x$ と y との間に1次式の関係があり，密度(1)式が成り立っている．

　ここで逆数式の収量を求めておく．

$$w = \frac{1}{Ax+B} \qquad y = wx = \frac{x}{Ax+B}$$

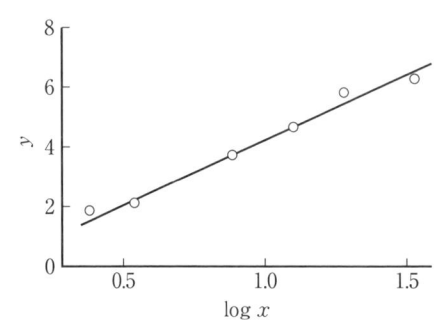

図2-1　ナタネ：栽植密度と収量

　次に，$\frac{1}{x}$ と $\frac{1}{w}$ とが直線関係にあるという資料を検討してみよう．この場合の密度 x は肥料の濃度である．栽植密度と個体の受ける肥料の量は反比例し，肥料の濃度と個体の受ける肥料の濃度は比例することから，この場合も前記の逆数式の変形と見なされる．

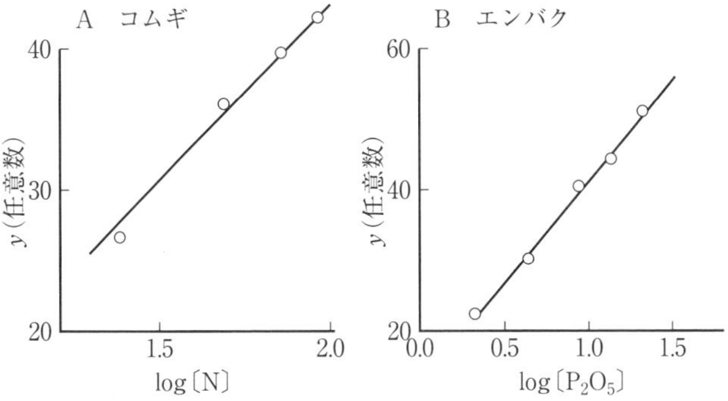
A　コムギ
B　エンバク
y（任意数）
40
30
20
1.5
2.0
log〔N〕
60
40
20
0.0
0.5
1.0
1.5
log〔P_2O_5〕

図2－2　肥料の濃度と収量

† 図2－2 ：肥料の濃度と収量 †

この場合，栽植密度は一定であるから $w \propto y$ である．

図に示すように直線性は良く，密度 (1) 式は成り立っている．ただし，この場合には問題がある．栽植密度の場合には成長中，密度は不変であるから問題はないが，肥料の場合には施用された量は成長中変化しており，一般に時間が経つと減少する．しかし，相似的に変化しているなら，いつの時点の濃度をとっても全体の相対的濃度を代表する．故に初濃度をもって代表させることができる．

また，土の中には施用した肥料のほかに肥料に相当するものが存在していたはずで，施肥量＋土中の肥料相当分をもって土中の肥料の量とすべきではないか．しかし，その必要はない．何故なら施用量と収量の変化量との関係は施肥区と不施肥区との差額である．

$y - y_0 = C + k \log x$，y_0：不施肥区の収量，一定

故に，$y = C' + k \log x$

前記のように，この資料では次の式が成り立つというのであるが，これが何故に密度 (1) 式に適合するのであろうか．

$$\frac{1}{w} = k\frac{1}{x} + C$$

これは次のように書き直すことができる．

$$w = \frac{x}{k+Cx}$$

故に，$w (\propto y)$ は x が小さいときには x に比例し，x が大きいと $\frac{1}{C}$ に近付く．従ってごく大まかに見れば対数曲線（図2-3）に似たところがある．図2-1の逆数式から求めた収量も同じ式であった．既往の密度式はいずれも結局は密度（1）式を形造っている $\log x$ に近似するところから，それらの式が一応成り立っているかのように見えていたのであろう．

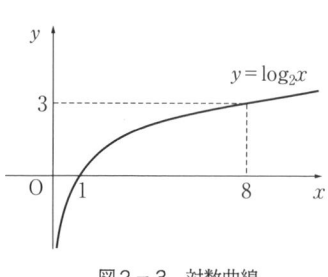

図2-3 対数曲線

1.2 密度（1）式適用の問題点

密度（1）式における収量は集合の収量＝**全重**であるが，多くの資料では地下部重は不明で地上部重であり，果実，桑葉，茶葉など植物のごく一部分の**部分重**であることも多い．従って，部分重と全重の関係がわかっていなければならないが，次の図2-4で部分重∝全重の関係があることが明らかにされる．

† 図2-4 トウモロコシ：栽植密度と収量 †

この実験では2品種が用いられている．F-8は茎数，ひいては穂数が多く，GCBはその逆である．

まず図Aに密度と収量の関係をF-8について示してある．密度が高くなるに従って収量が飽和する曲線である．両品種について密度（1）式を適用すると図Bのようになり，地上部重 Y，子実重 y 共に適合しているが，x の大きい所で線が折れ曲がっている．この事は後で考えることにし，y と Y の関係を求める．F-8については，

$Y = 62.0 + 29 \log x$

$y = 36.5 + 17 \log x$

これから $\log x$ を消去すると，

$y = 0.586 Y + 0.155$

図Cに y と Y の関係が直線で示されている．上式において $Y = 0$ とおくと，$y = 0.155$ で，0にならない．これはあり得ないことであるから，実験誤差と

1. 密 度　（37）

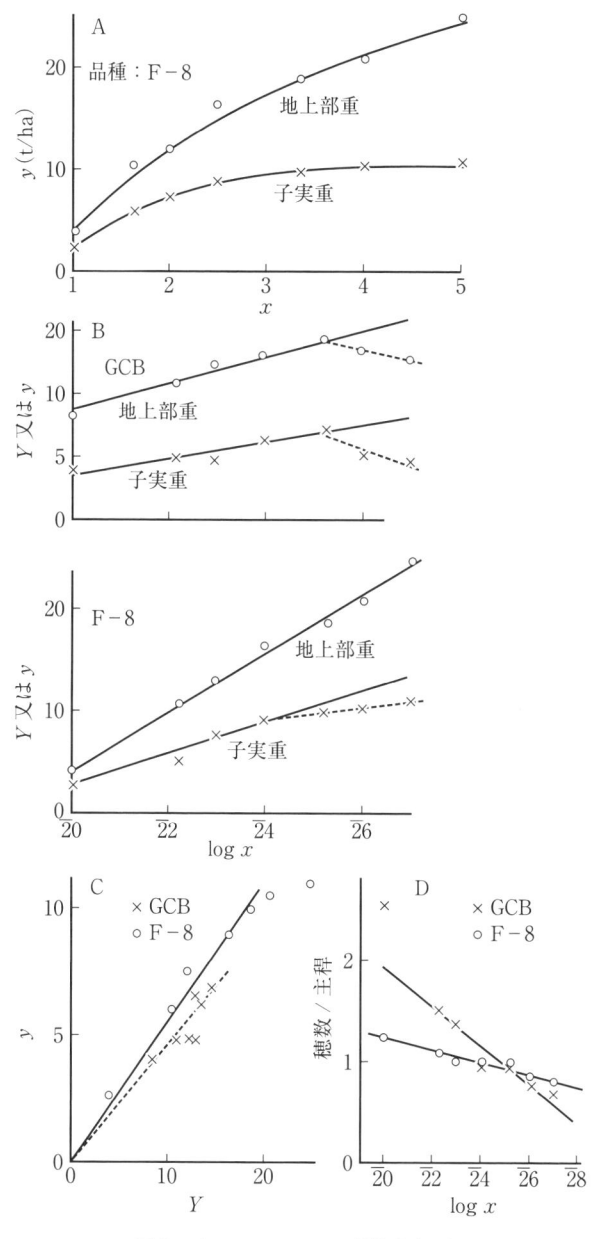

図2-4　トウモロコシ：栽植密度と収量

見なすべきであろう．図Cでは直線は0に収束するように描かれている．これによって，

　　部分重（子実重）∝部分重（地上部重）∝全重

よって，栽植密度実験においてはどのような部分重にも密度(1)式が適用できる．

さて，直線の折れ曲がり一般についてはここでは検討しないが，差し当たっての **折れ曲がり** である飽和に触れておく．

密度(1)式を見ればわかるように，xが大きくなればyは限りなく大きくなる．しかし，経験的にも思考試験においても，そういう事は起こりそうもない．実際にはある密度以上においてはyは一定となる．飽和とか頭打ちになったとかと言われる．何故にそのような事が起こるのか．

飽和点においては成長用物質の流入量が無くなるので，成長用物質を増加させれば飽和点はxの大きい方へ移動する．例えば，窒素施用量が多いほど飽和点は出現しにくくなる．

ここで植物体の外観に現れる形質の変化を眺めてみよう．図Dに$\frac{穂数}{主桿}$と密度の関係が示されている．$\frac{穂数}{主桿}=1$となる密度を求めると，図Bにおける折曲点とほぼ一致している．これは偶然とは言えない．1株が1個の穂をも持たないということは集合の成員としては失格であるから，集合成員数すなわち密度はそれだけ減少したことになり，従って全重，特に子実重は$\log x$に比例しなくなるはずである．これは人為的に高密度が強制されたために起こった，いわゆる **自己間引き** 現象である．なお，この実験では倒伏や枯葉が見られたが，その程度と折曲点とは関係のなかった事が調べられている．

失格について他の資料も見てみよう．

† 図2−5 トウモロコシ：施用〔N〕量と収量 †

どの〔N〕量でも栽植密度が高くなれば折れ曲がりが起こっているが，〔N〕が多くなるに従って折曲点は高密度に移動している．故に，多〔N〕に起こり勝ちな，いわゆる過繁茂または強い相互遮光によるものでないことは明らかである．少〔N〕に折れ曲がりが低密度で起こるのは葉緑体密度の低下によるものと考えざるを得ない．

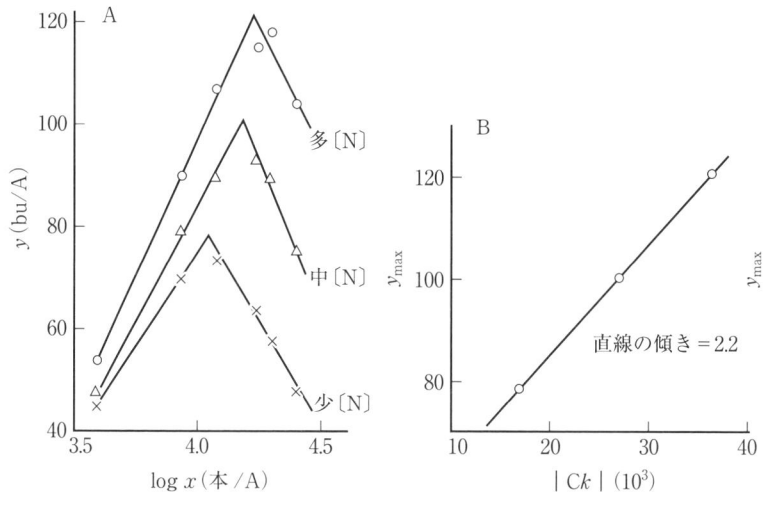

図2−5 トウモロコシ：施用〔N〕量と収量

そこで，折れ曲がりは別に考えることにして，右上がりの直線を式にすると，

式 $(y = k \log x + C)$	$\mid Ck \mid$	y_{max}
少〔N〕： $y = 75 \log x - 225$	16875	78.5
中〔N〕： $y = 93 \log x - 288$	26784	100.5
多〔N〕： $y = 108 \log x - 335$	36180	120.5

図Bのように，yの最大値y_{max}を決定しているのは$\mid Ck \mid$の大きさである．$\mid Ck \mid$が大きい事は環境量，例えばCO_2の植物体内への流入速度が大であることである．

図から，

$$y_{max} = 2.2 \times 10^{-3} \mid Ck \mid + 41$$

さて，y_{max}における1株当たりの収量を求めてみると，少〔N〕から順に6.98, 6.66, 7.00×10^{-3}buで一定の傾向を示していないから，このばらつきは誤差と見なすと，平均は6.9×10^{-3}bu/株である．他の環境条件では違った値をとるであろうが，一定の条件下では一定である．故にこの量のことを一

株子実重が**量子化**されていると言うことがある．勿論，物理学の量子とは関係がない．この量子化された量が密度を高めてゆくことによって維持できなくなったとき折曲点が現れると考えるのである．

† 図 2-6　コムギ：播種密度と形質量の変化 †

図 A は密度 (1) 式によって作図してある．図 B では様々な形質が調べられているが，この図から子実重の折曲点と最も関係がありそうな形質を探す．子実重の折曲点はおよそ $\log x = 1.3$ であり，これとよく符合している形質は

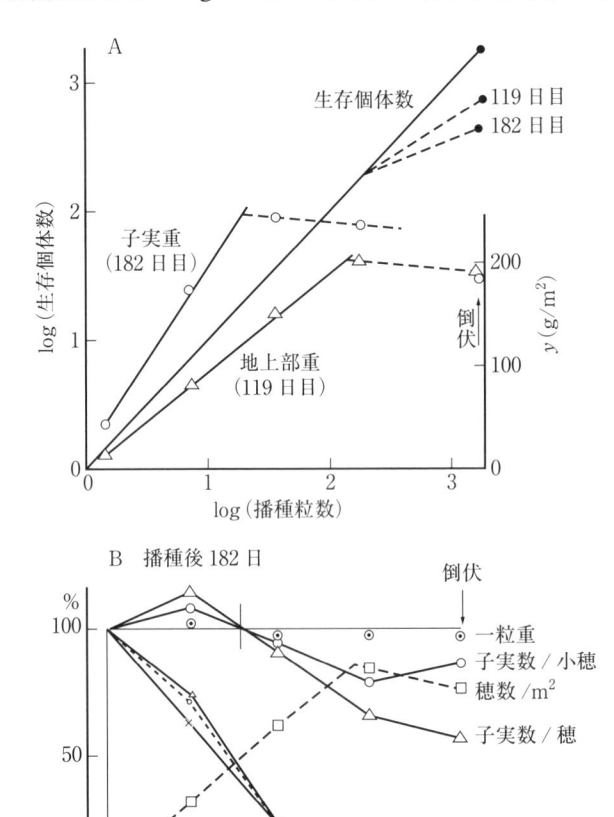

図 2-6　コムギ：播種密度と形質量の変化

$\frac{子実数}{小穂}$, $\frac{子実数}{穂}$ である．平均一粒重はほぼ一定，すなわち量子化されているから，これらはそれぞれ $\frac{子実重}{小穂}$, $\frac{子実重}{穂}$ に等しい．故に，$\frac{子実重}{穂}$ ≒ 平均一穂重が低下し始める密度では子実重が低下し始めることがわかる．つまり，平均一穂重が量子化された量以下になり始めるときに，集合の収量が低下し始める．これは失格穂の始まりと言えないこともない．

1.3 密度(1)式の適用事例

幾つかの適用事例を示してみよう．

† 図2-7 イネ：化学物質濃度と平均反応速度 †

本著の原著者，野嶋らの実験であり，本著で扱う成長反応式が初めて適用された論文（雑草研究3, 1964）のデータである．

密度(1)式が適用できるのは実は反応時間＝成長時間が一定であるという

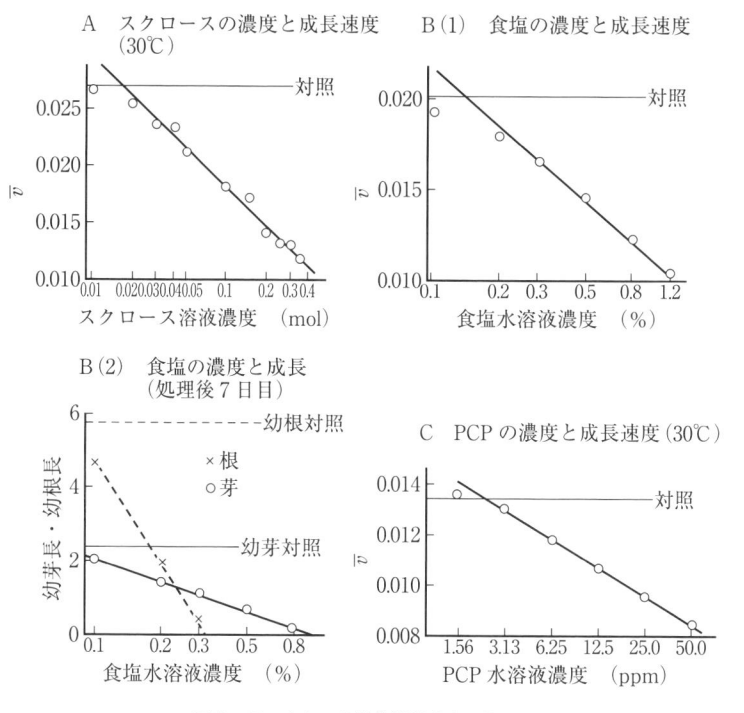

図2-7 イネ：化学物質濃度と平均反応速度

条件が付いているのであるが，通常このことは省略されている．今，平均反応速度を $\bar{v}$ とすれば，

$$y = \bar{v}t, \quad y：成長量, \quad t：時間$$

生物では速度の代わりに成長量がある一定量に達するまでの時間で表す場合が多い．上式において $y = 一定$ とおくと，

$$\frac{y}{t} \propto \frac{1}{t} = \bar{v}$$

$\bar{v}$ は植物体と環境分子との平均衝突回数を表しており，衝突回数は密度 (1) 式に従うから，

$$\bar{v} = \frac{1}{発芽までの日数} = C + k \log x$$

図 A では，浸透圧によってイネの種子の吸水が妨げられ，成長速度が抑制されている．図 B では，食塩の害が示され，実際の成長量との比較ができる．$y = \bar{v}t$ において t が一定（7日）であるときの y が示されている．

図 C では，除草剤 PCP の効果が示されている．

以上によって，発芽までの日数の逆数をとれば種々の物質の物理化学反応速度を知ることができる．この事によって，ある種の実験は非常に簡略化される．実を言えば成長式における成長量は重量でなければならないが，これは成長量が構成されている分子数に比例するからである．発芽という量は芽の長さが一定量に達することである．まだ，長さを重量に置き換えることはできない．しかし，芽の長さが一定量に達するまでの時間が芽の動き出すまでの時間に比例していると見なされるなら，これは確かに反応速度に比例していると言える．

なお，密度 (1) 式では y を 100％無害，100％有害のいずれともすることができる．故に，容易に完全無害または完全有害の濃度を知ることができる．

次に，**酵素**が関与する反応に対する適用事例を示す．生物では酵素が関与する反応が多いが，それは，次の **Michaelis−Menten 式**（**M−M 式**）によって説明するのが定説となっている．

$$v = \frac{V[S]}{K_m + [S]}, \quad K_m：酵素と基質の解離定数, \quad [S]：基質の量, \quad V：一定濃度の酵素の存在下での最大反応速度$$

† 図2-8 インベルターゼによるスクロース分解速度 †

資料の説明ではM-M式に適合するか否か判然としないと言っているデータである．図では密度(1)式によく適合している．

† 図2-9 チマーゼ：CO_2の生成速度 †

基質は不明である．反応量はCO_2生成速度で，密度(1)式に適合している．補酵素を多く加えると速度が速くなっている．

† 図2-10 フマラーゼ：フマール酸の生成速度 †

5mmolのりん酸の存在の下に「一定量の酵素」でL-リンゴ酸を脱水してフマール酸が生成される速度である．図のように，ある濃度以上で頭打ちになり，平衡に達している．故に密度(1)式は全反応を記述できないが，それは何故か．問題は一定量の酵素という点にあるのではないだろうか．

表2-1は上と同じ資料に載っているもので，アミラーゼ酵素の濃度とでんぷんから生成される糖（主としてマルトース）の量との関係を調べたものである．勿論，この反応はM-M式に適合するとして紹介されているが，生成量と酵素量との比を求めてみると一定値となっている．すなわち酵素分子は生成物分子と定比で対応している．そうでない

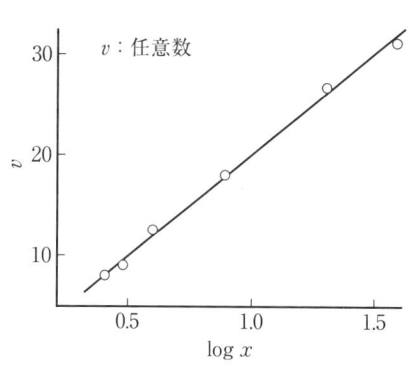

図2-8 インベルターゼによるスクロース分解速度

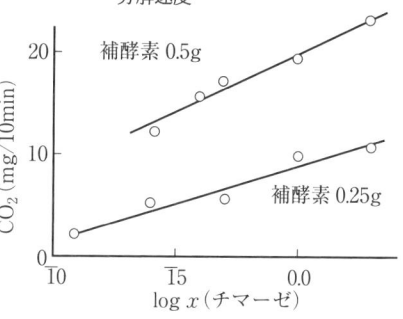

図2-9 チマーゼ：CO_2の生成速度

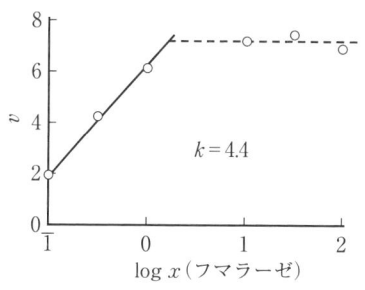

図2-10 フマラーゼ：フマール酸の生成速度

表2-1

y: マルトース	x: アミラーゼ相対濃度	$y/x \times 10^3$
0.164	12.5	13.1
0.36	25	14.4
0.495	37.5	13.2
0.70	50	14.0
1.01	75	13.5
1.35	100	13.5

図2-11 アミラーゼ：でんぷんの濃度とマルトース生成速度

なら基質量に対応した酵素量またはそれ以上の量を与えなければ酵素量が制限因子となって反応速度は頭打ちとなるはずである．

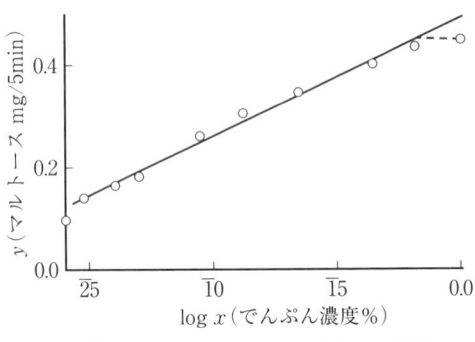

† 図2-11 アミラーゼ：でんぷんの濃度とマルトース生成速度 †

　一定量の酵素アミラーゼを加えた場合に生成されるマルトースの生成速度を調べたものである．密度(1)式で表すと図のように良い直線性を示すが，高濃度の所で飽和が出現しそうに見える．

　このように見てくると，M－M式で説明されている反応も密度(1)式で十分に説明できる．むしろ，M－M式の条件「一定量の酵素量の下で」という点に問題がある．故に，十分な酵素量の下では密度(1)式が成り立つのではないだろうか．

　次に，栽植様式について検討してみよう．

† 図2-12 播種，栽植様式 †

　農業植物は平坦な土地に栽培されるので平面上には人為的に様々な集合の形を作ることができる．この事を**栽植様式**または**播種様式**と呼んでいる．集合の形は数限りなくあり得るけれども農業で見られる例を図に示してある．密度(1)式では，この様式については何も触れなかったが，実は形が一定である事を暗に前提としていたのである．密度(1)式が連続関数であり，かつ，等確率を条件としている事から当然のことである．

　図A，Bは個体当たりの環境量が同じで，方向による差が無く，一様分布である．図C，Dは個体が受ける環境量は同じであるが，方向による差が有る．

1. 密度　（45）

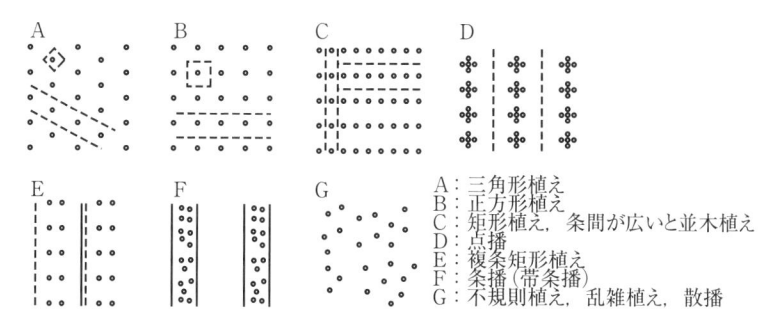

A：三角形植え
B：正方形植え
C：矩形植え，条間が広いと並木植え
D：点播
E：複条矩形植え
F：条播（帯条播）
G：不規則植え，乱雑植え，散播

図2-12　播種，栽植様式

図E～Gは個体が受ける環境量が同じでない．

　さて，A，Bについては問題はない．それ以外の形では，そのままでは式の適用ができないが，グルーピングの仕方によって等しい個体の集合を作ることができる．その方法は幾つもあるが，その中の数例が破線で囲って示してある．このようにしてグルーピングによって式の適用が可能になる．

　ここでは矩形植えについて栽植様式と成長量との関係を考えてみよう．

　密度を一定とし，正方形の一辺を長くしてゆけば面積当たりの収量が低下してゆく事は思考試験によっても推察がつく．

　今，矩形の両辺の長さをa，bとすれば各辺とも線密度であるから全重量収量yは密度（1）式によって次式で与えられることは理解できるであろう．

$$y = \sqrt{(k\log a + C)(k\log b + C)}, \quad k > 0$$

ここで密度一定，すなわち$ab = 1$とおき，$a > b$，すなわち$a > 1$とすれば，$b = \dfrac{1}{a}$を代入すると，$\log b = \log a^{-1} = -\log a$であるから，上式は，

$$y = \sqrt{C^2 - (k\log a)^2} \quad \text{(i)}$$

$$y^2 = C^2 - (k\log a)^2 \quad \text{(ii)}$$

$$\sqrt{C^2 - y^2} = k\log a > 0 \quad \text{(iii)}$$

　なお，$a > b$としたのは，$a > 1$としないと，$k\log a$は負となり，不適となるからである．

　ここでCは$a = b = 1$のときのyであるから，正方形植えの収量が最大であり，正方形植えと矩形植えの収量差は$k\log a$であることが示されている．そ

表2−2

y bu/acre	様式 inch × inch	a	log a	$(\log a)^2$	$\sqrt{1640-y^2}$
398	8 × 2	2	0.301	0.09	7.5
365	16 × 1	4	0.602	0.36	17.5
320	32 × 0.5	8	0.903	0.81	24.8

図2−13 イネ：栽植様式と地上部重量収量

図2−14 ダイズ：栽植様式と子実重収量

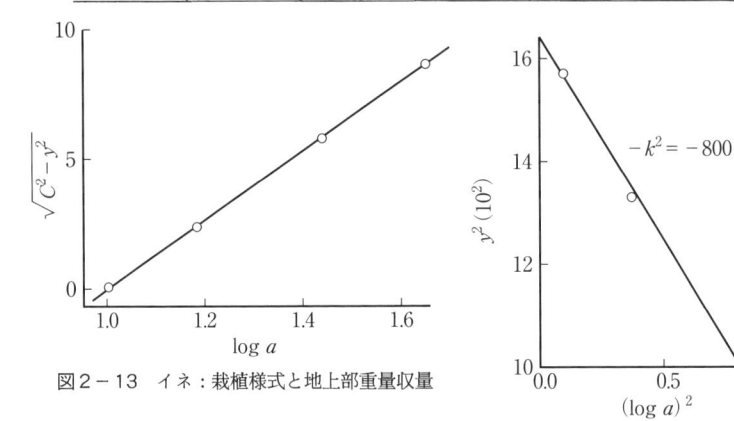

こで実際のデータを用いて式の妥当性を調べてみる．

† 図2−13 イネ：栽植様式と地上部重量収量 †

3段階の密度の直播実験であるが，平均値を求めて示すと図のとおりで，良い直線性を示している．

† 図2−14 ダイズ：栽植様式と子実重収量 †

データは表2−2のとおりである．栽植様式4×4の線密度はa，bとも1であるから，8×2区の線密度は$b = \dfrac{1}{2}$，$a = 2$である．正方形植えのデータが無いからCの値を求めなければならない．上記の式(ii)を利用すれば図が得られる．直線性は非常に良い．図から，

$C^2 = 1640$，$C = 40.5$，$k^2 = 800$

直線式を求めると，

$y^2 = 40.5^2 - (28.3 \log a)^2$，$k = 28.3$

尺度 inch で，8×2の短形植えと4×4の正方形植えとの収量差は，$(\log a)^2$

$= 0.09$ を代入して y を求めると,

$$C - y = 40.5 - \sqrt{1640 - 0.09 \times 800} = 40.5 - 39.6 = 0.9 \text{ (bu)}$$

$\dfrac{0.9}{40.5} \fallingdotseq 2\%$ であることがわかる.

1.4 密度 (2) 式の適用事例と倍化 (2) 式

次に, **2 種混合集合**内における種類別成長量について考える.

混合集合内では同種の個体間には勿論, 異種の個体間にも相互作用が働いている. 2 種混合にも幾つかの形があるが, まず, 第一の植物の密度は一定で, 第二の植物の密度が変化したとき, 第二の植物の成長量はどのように変化するかという問題を取り上げる.

成長量の変化率は密度 x に逆比例する. 他方, 第一の植物によって第二の植物への成長用物質の流入は妨げられるけれども, 第二の植物の密度が増すに従って第二の植物への流入は増加し, それは第二の植物の成長量 y に比例する. 故に,

$$\frac{dy}{dx} = k\frac{y}{x}$$

積分すると, 密度 (2) 式, $\log y = \log x + C$ (1) である. 次にその例を示す.

† 図 2 − 15 イネ | 野生ヒエ:野生ヒエの密度と野生ヒエの収量 †

以後, 2 種混合集合を上のように縦線を引いて表すことにする.

イネの密度 16, 20, 25/m^2, 野生ヒエの密度 5, 10, 20/m^2 の組み合わせで作られている集合においてヒエの地上部重の変化を調べる. 今, 得られた式によってヒエの密度とヒエの収量との関係は密度 (2) 式に従うことが図 A に示されている.

次に, 得られた 3 本の直線を 1 本にまとめるために既述の倍化 (1) 式を適用する. イネの密度 20, 25 のときのヒエの密度 x の相対的位置を x', x'' とし, 便宜的にイネの最低密度 16 を基準にとれば,

$$\log x' = \log x - \log\frac{20}{16} \qquad \log x'' = \log x - \log\frac{25}{16}$$

$$\log\frac{20}{16} = \log 1.25 = 0.097 \qquad \log\frac{25}{16} = \log 1.56 = 0.193$$

すなわち, それぞれ上に求めた量だけ左へずらせばイネの密度 16 の直線に重なることになる. x', x'' の計算は表 2 − 3 に示してある. その結果が図 B に

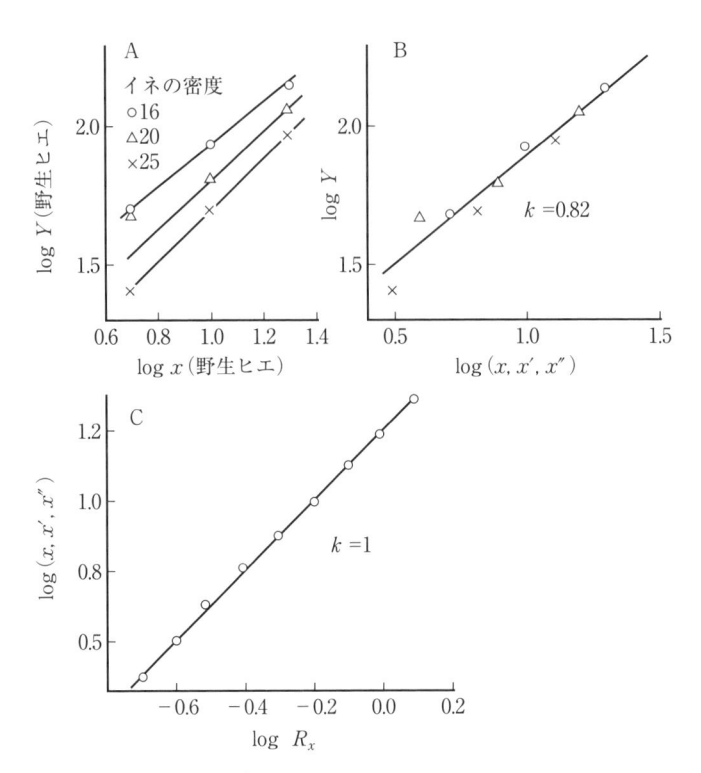

図2-15 イネ｜野生ヒエ：野生ヒエの密度と野生ヒエの収量

示されており，直線性は悪くない．次式が得られた．

$\log Y = 0.82 \log (x, x', x'') + 1.09$

ここで，$\dfrac{\text{ヒエの密度}}{\text{イネの密度}}$ を R_x とし，これと $\log (x, x', x'')$ との関係を求めると図Cから $\log (x, x', x'') = \log R_x + 1.2$ が得られる．従って，上式は次のようになる．

$\log Y = 0.82 (\log R_x + 1.2) + 1.09 = 0.82 \log R_x + 2.07$

この式は $\log R_x$ と $\log y$（ヒエの収量）との関係を直接示した次図からも求める事ができることは言うまでもない．

† 図2-16 イネ｜野生ヒエ：R_x と野生ヒエの収量 †

これは図2-15に用いたデータと同じものである．図から，

$\log y = 0.80 \log R_x + 2.06$

1. 密 度　　（49）

表2-3　イネ(n)｜ヒエ(m)の集合

A. ヒエの収量 g/m²

$m \backslash n$	16	20	25
5	50	48	25
10	87	65	50
20	142	117	93

B. x, x', x'' の計算値
$\log x' = \log x - 0.097,\ \log x'' = \log x - 0.193$

符号	○			△			×		
$\log x$	y_m	$\log y_m$	$\log x'$	y_m	$\log y_m$	$\log x''$	y_m	$\log y_m$
0.699	50	1.699	0.602	48	1.681	0.506	25	1.398
1.000	87	1.940	0.903	65	1.813	0.807	50	1.699
1.301	142	2.152	1.204	117	2.068	1.108	93	1.969

従って，密度（2）式が適用できる場合の倍化式の一般式として次式が得られる．

2種類の収量を y_1, y_2, 密度を x_1, x_2 とし，$\dfrac{x_1}{x_2} = R_x$ とすれば，

$\log y_1 = k_1 \log R_x + C_1$　（2）

この式を**倍化（2）式**と呼ぶことにする．

別の例を示しておく．

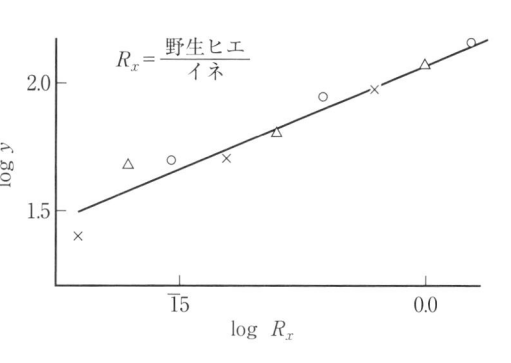

図2-16　イネ｜野生ヒエ：R_x と野生ヒエの収量

† 図2-17　イネ｜タイヌビエ：タイヌビエの密度とイネの子実重減少量 †

タイヌビエの密度 x' が増加すればイネの収量 y が減少するのであるから密度（2）式は次のとおりになる．

$\log (y_0 - y) = k \log x' + C$,　y_0：イネの単一集合における収量

図Aにはイネの密度別に3本の直線が示されている．この3本の直線の勾配の大きさはイネの密度だけによって決定されている．故に図Bに示すように，

$k = k' \log x + C'$,　x：イネの密度

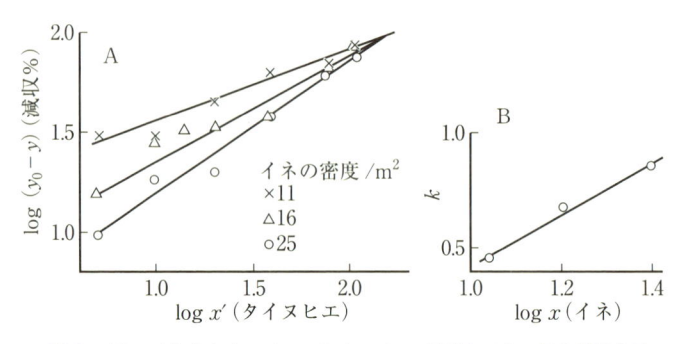

図2-17 イネ｜タイヌビエ：タイヌビエの密度とイネの子実重減少量

故に前式は変形されて，一般式は，

$\log (y_0 - y) = (k'\log x + C') \log x' + C$ (3), y, x：第1の植物，x'：第2の植物

1.5 密度(3)式の適用事例

† 図2-18 フォックスティル｜ダイズ †

フォックスティルは牧草の一種である．

図のように密度(3)式が適用できる．

† 図2-19 ベッチ｜エンバク †

マメ科のベッチとイネ科のエンバクの混植で，多肥と少肥の場合が示されている．

少肥：$\log R_Y = 0.21 \log R_x - 0.08$ (a)

多肥：$\log R_Y = 0.30 \log R_x - 0.61$ (b)

これからR_xを消去すると，肥料の量の多少と成長量の比が求められる（図B）．

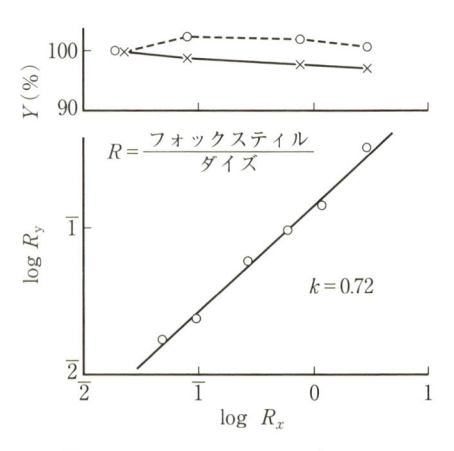

図2-18 フォックスティル｜ダイズ

$\log [R_Y]_{多} = 1.43 \log [R_Y]_{少} - 0.50$

前の (a), (b) で $R_x = 1$ とおけば, $\log R_x = 0$ であるから, 少肥: $R_Y = 0.832$, 多肥: $R_Y = 0.245$ が得られる. これは両種を密度比1で栽培したときの $\frac{ベッチ}{エンバク}$ の重量比である.

† 図2-20 イネ｜野生ヒエ：穂数 †

イネ苗と野生ヒエの幼植物は形態的に酷似しているために混植されることがある. この実験はイネ1株の苗数を一定の5とし, イネとヒエの構成比を変えたときの穂数の変化を調べたものである. 数量が重量に変えられるという法則 (重量と数量との**互換性**, 後出) を利用することによって, 密度 (3) 式が適用されることが明らかである.

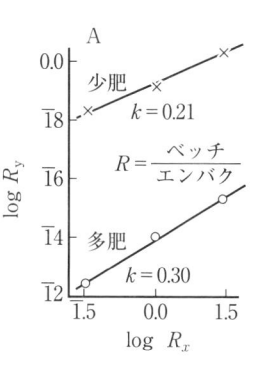

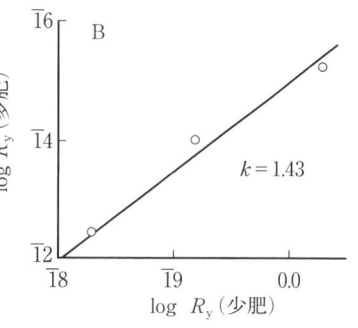

図2-19 ベッチ｜エンバク

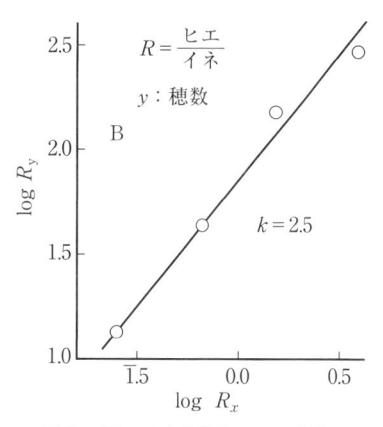

1.6 まとめ

各成長現象の「まとめ」では本章だけでなく, 1章・3章の記述も含めて行うことにする.

1) 密度 (1) 式は正しく成り立つ. 従って既往の密度式はすべて排除される.

$y = k \log x + C$ 　密度 (1) 式

2) 十分な酵素量が存在するときの酵素反応は密度 (1) 式に従う. 故に Michaelis - Menten 式は排除される.

3) 密度 (2) 式は境界が密度とともに拡大するときの密度式である (1章).

図2-20 イネ｜野生ヒエ：穂数

$\log y = k \log x + C$　密度 (2) 式

4) 2種混合集合において1種の密度だけが変化するときは密度 (2) 式に従う (1章).

5) 密度 (1) 式，密度 (2) 式で得られた，傾きの等しい2本の直線の1本化は，それぞれ倍化 (1) 式，倍化 (2) 式による.

$\log x = \log \dfrac{x_1}{x} + x_1$, 　$y_{12} = \dfrac{y_1 + y_2}{2} (\log 2 + 1)$　倍化 (1) 式

$\log y_1 = k_1 \log R_x + C$　倍化 (2) 式, 　$R_x = \dfrac{x_1}{x_2}$

6) 一般的に2種混合集合における2種の成長量の比は密度 (3) 式 (分配式) に従う (1章).

$\log R_Y = k \log R_x + C$　密度 (3) 式 (別称：分配式), 　$R_Y = \dfrac{y_1}{y_2}$

従って，2種混合集合における相互作用は単なる物理現象であり，少なくとも植物界では競争説は排除される (3章1).

2．崩　壊

2.1　崩壊式の適用事例

† 図2－21　エンバク：オーキシンの拡散 †

図2－21　エンバク：オーキシンの拡散

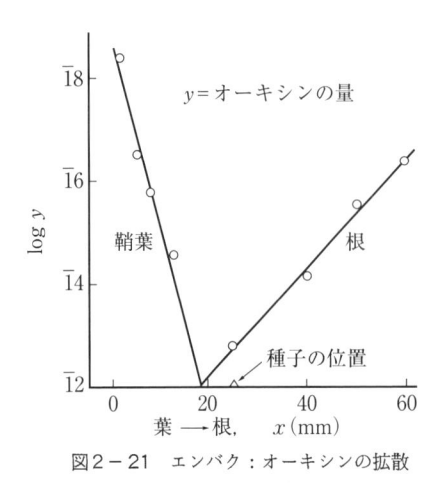

auxin (成長ホルモンの一種) は葉と根の先端付近で生成され，それぞれ濃度の低い方へ移動してゆく．この移動は水が静止しておれば**拡散**による移動である．拡散が左右の両方向へ移動するときの理論式は既に知られているが，一方向にのみ移動する拡散もある．生物では，この形の場合が多いと考えられる．auxinは常に一定の速度で生成されているとすると，その場所を湧源と考えるこ

とができる．湧源から出た auxin 分子は細胞構成分子と衝突し，吸収される．故に光の場合と同じ現象である．このように湧源から一定量の分子が流れ出ている時の流れは**定常流**と呼ばれる．光も光源の位置が不動であれば定常流である．

図のように，濃度は **L － B 式**に適合している．湧源は葉と根の2個所に在り，濃度の低い所，すなわち最も伸長成長がしにくい所がはっきりわかる．種子の7mm上の部分である．

† 図2－22 窒素肥料〔N〕の崩壊 †

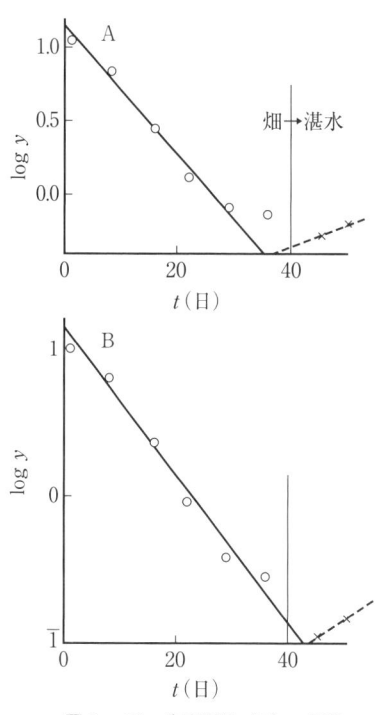

図2－22 窒素肥料〔N〕の崩壊

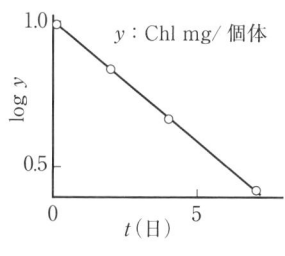

図2－23 コムギ：葉緑素含量の暗中の崩壊

畑土における〔N〕の分解である．この実験では途中から水田状態に切り替えが行われている．図 A では分析値がそのままプロットされている．直線性は余り良くない．そこで，無肥料の土が湛水直前に持っていた〔N〕量は実験開始前に持っていた〔N〕量に等しいと仮定すれば，この量は崩壊に参加しなかった量であるから，すべての分析値から差し引く．改めてプロットすると図 B のように直線性は良くなる．なお，水田状態に切り替えてからは〔N〕が増加するのが見えている．

† 図2－23 コムギ：葉緑素含量の暗中の崩壊 †

図に示すように葉緑素含量は暗中で崩壊している．これは葉緑体の崩壊で

ある.葉緑体は分裂したりして細胞のような面を持っているが,これが暗中,すなわち夜間に崩壊しているのである.

2.2 べき関数の崩壊式

崩壊の速やかな現象に実験式としてべき関数が適合することが知られている.

$$\log y = C - k \log t$$

資料は,編著者も参加した発泡性大型除草錠剤ACNの水中濃度の変化を調べたもの(雑草研究39(2),1994)である(データ省略).

2.3 まとめ

1) 分子の集合が崩壊するときには崩壊式に従って崩壊する.分子は等速で移動するので,時間と距離とは互換性があり,距離との間で成り立つ崩壊(距離)式と時間との間で成り立つ崩壊(時間)式とは同形である(1章).

$y = y_0 e^{-kx}$　　崩壊(距離)式

$y = y_0 e^{-kt}$　　崩壊(時間)式

2) 崩壊の残存量で見れば崩壊式であるが,崩壊量で見ると単純飽和式になる(1章).

$y = y_\infty (1 - e^{-kx})$
$y = y_\infty (1 - e^{-kt})$ }単純飽和式

3) 崩壊が速やかな現象には実験式としてべき関数が適合する場合がある.

3. 成長速度

3.1 S成長速度式が適用できる形質

数量と重量とは互換性があることにより,色々な形質について**S成長速度式**が適用できる.そのS成長速度を紹介しておく.

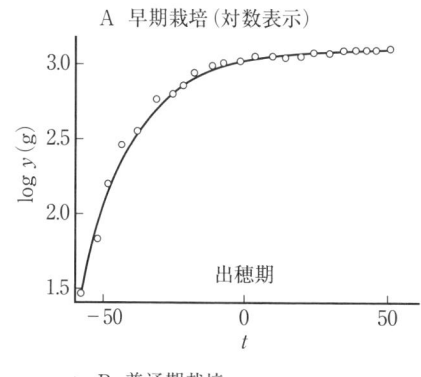

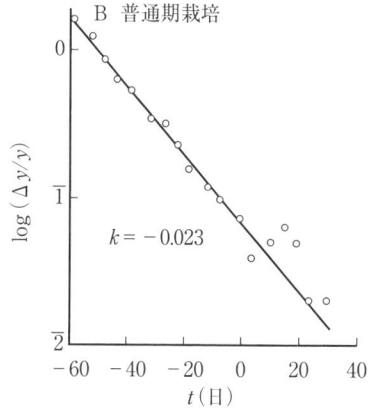

図2−24 イネ：地上部重量成長速度

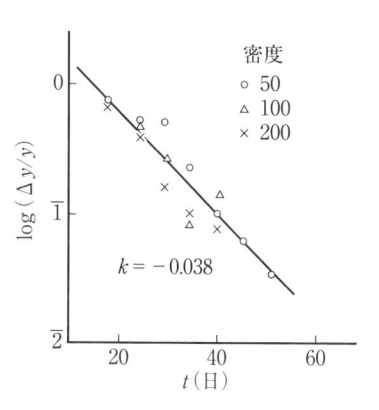

図2−25 イネ（直播）：根重量成長速度

† 図2−24 イネ：地上部重量成長速度 †

重量成長が対数飽和式（図A）とS成長速度式（図B）の2通りで示されている．いずれも式は適合している．

† 図2−25 イネ（直播）：根重量成長速度 †

直播栽培における根重量成長が示されている．3段階の密度によって勾配に差が無いことが注目される．

† 図2−26 イネ（移植）：根の成長速度 †

根数，根重共にS成長速度式であることが示されている．移植であるために初期の断根の影響が現れている．この例は数量と重量の**互換性**を示したものである．

† 図2−27 イネ：茎数の成長速度 †

移植イネの5カ年の平均値である．調査は移植時に始められている．初めの1点が飛び離れて低い．恐らく移植時の断根による阻害が現れたものであろう．図から始点は−2単位，すなわち−10日である．つまり，苗代において既に枝分れ（分げつ）が始まっていることを示している．

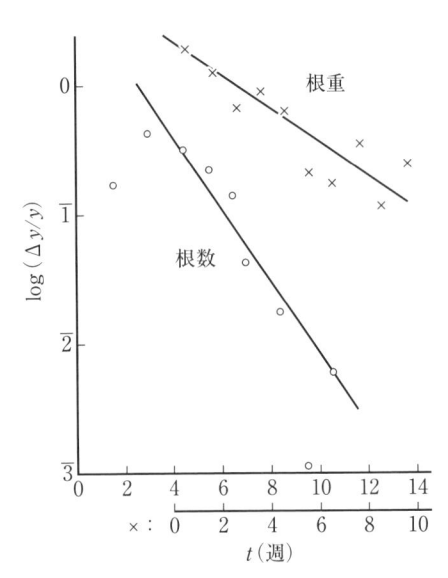

図2-26 イネ（移植）：根の成長速度

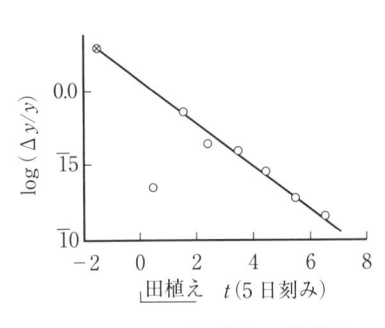

図2-27 イネ：茎数の成長速度

図2-28 バレイショ：いも重量の成長速度

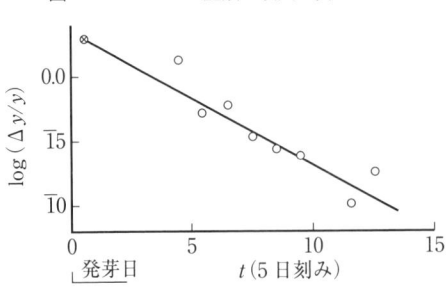

† 図2-28 バレイショ：いも重量の成長速度 †

1回の調査個体数はわずかに10で，かなりばらつきが大きいので，誤差を小さくするために2年間の平均値を用いる．図によってS成長速度式に従っていると判断される．

† 図2-29 イネ：一穂子実重量の成長速度 †

一穂子実重≒穂重量はS成長速度式に従っている．

† 図2-30 トウモロコシ：1粒の成長速度 †

一粒重の成長は図Aに示すようにS字曲線である．図から数値を読み取って作図すると図Bが得られる．直線性は良いが，点⊗が現れていない．これから始点は−2.5日である．一粒重は胚，胚乳，果皮，種皮の重量の集まりである．増加するのは主に胚乳であるから，開花日前の胚乳重量成長以前に，それ以外の種子の部分の成長が始まった事を示すのかもしれない．

粒長の成長は図Cに示すようにS字曲線ではないようであるが，これが単純飽和式ではないことを確めた上でS成長速度式を当てはめてみると，図Dとなる．

図Eによって，

$\log y = 13.75 (1 - 10^{-0.090t}) - 13.06$，始点 $= -15$日

この式から計算した曲線が図Cに描かれているが，適合していると判断される．よって粒長はS成長速度式に従う成長をする．そうすると，粒長の成長は-15日に始まり，15日間掛かって開花日に約1.2mmに成長していることになるが，この部分は見えず，ただS字の後半部だけが観察されているのである．

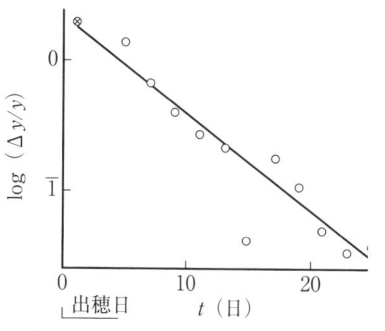

図2-29　イネ：一穂子実重量の成長速度

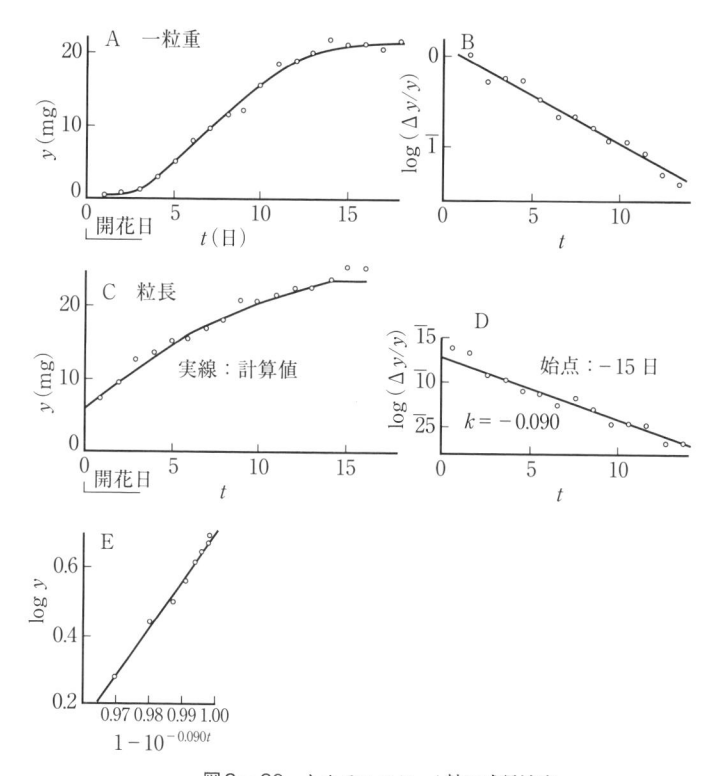

図2-30　トウモロコシ：1粒の成長速度

† 図2−31 イネ：胚長，胚幅の成長速度 †

長さはS成長速度式に適合している．幅も適合していると判断されるが，始点は−7日である．このように長さと幅の始点が一致しないということがあり得るであろうか．

† 図2−32 イネ：胚，胚乳の細胞数量成長速度 †

図Aは受精が完了している胚である．式は指数関数$y = e^{kt}$である．図Bは胚乳で，まだでんぷんの蓄積は起こっていない期間の細胞数の成長で，やはり指数関数である．

さて，問題は，何故にS成長でなく指数関数的に成長しているのか．e^{kt}は無限大になり得るが，成長量はいつか歯止めが掛かって頭打ちが出現するであろう．この調査期間が数日という短時間であるから，どのように頭打ちが起こるかわからない．

S成長速度式から平均成長速度を求めると，

$$\frac{1}{y} \cdot \frac{dy}{dt} = K e^{-kt}$$

$K = k \log_e y_\infty$ とおくことができ，

$$\frac{1}{y} \cdot \frac{dy}{dt} = k \log_e y_\infty \, e^{-kt}$$

$t = 0$ のとき，平均成長速度 $= k \log_e y_\infty$

従って，S成長速度式においてktが小さい間は，$\log y \propto t$であり，

$\log y \fallingdotseq (k \log y_\infty)\, t$，指数関数 $(y = e^{kt})$

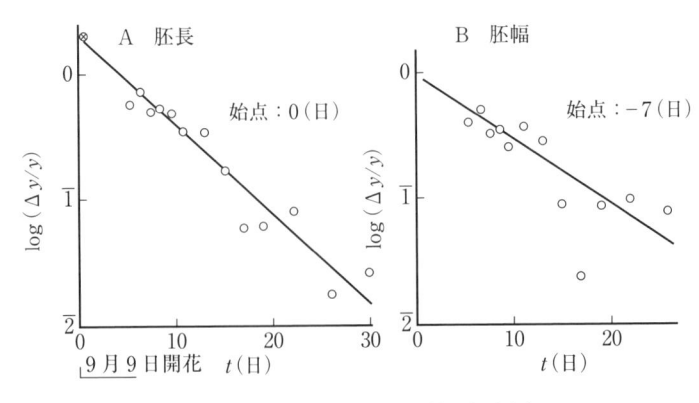

図2−31 イネ：胚長，胚幅の成長速度

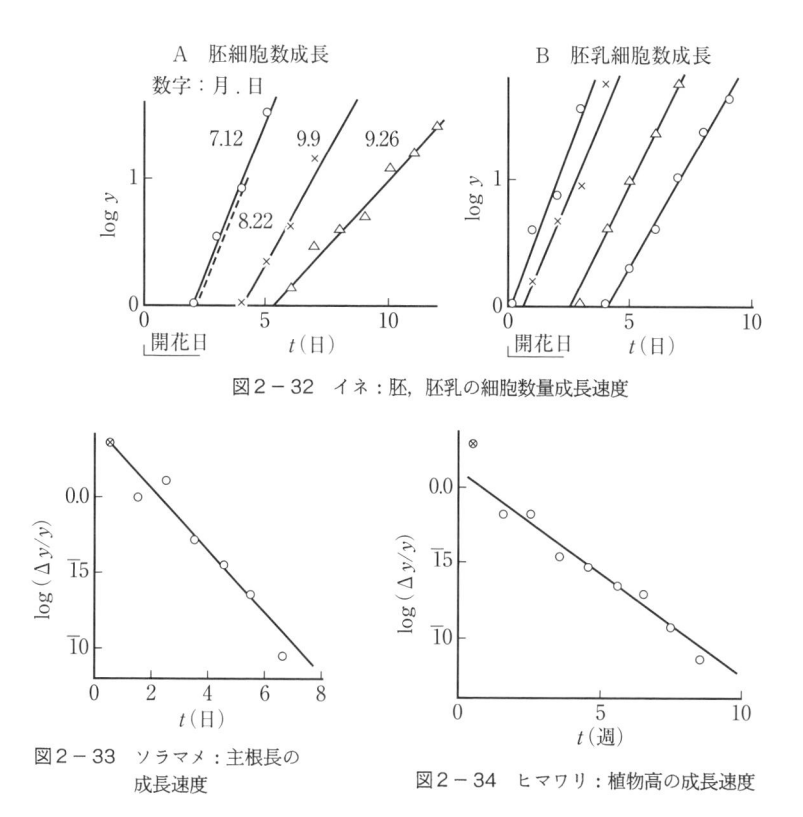

図2-32 イネ：胚，胚乳の細胞数量成長速度

図2-33 ソラマメ：主根長の成長速度

図2-34 ヒマワリ：植物高の成長速度

故に，この調査もS成長速度式の前半だけを観察して指数関数を得ているのではないであろうか．

† 図2-33 ソラマメ：主根長の成長速度 †

種子根の成長点の真上に1mm間隔で2本の線を引き，この区間の長さの成長を調べたものである．図に示すようにS成長速度式に適合している．故に，ある長さに達すると成長は停止する．この現象はすべての根に起こっているはずであり，根が余り長くならずに根数で増加成長することからもそれがわかる．

† 図2-34 ヒマワリ：植物高の成長速度 †

図によると直線性は良いが，始点から離れている．推定される始点は-2週である．これは播種から出芽までに要した時間かもしれない．

† 図2－35 ブドウ：新梢苗長の成長速度 †

ブドウの新梢を水耕して伸長成長を調べた実験から，Cl^- を100ppmまたは600ppm与えたデータを取り出す．図のようにS成長速度式に適合している．Cl^- 100ppmでは無 Cl^- と全く同じであるから無害であり，Cl^- 600ppmでは有害で，有害な期間における成長は指数関数である．その理由は，指数関数は，

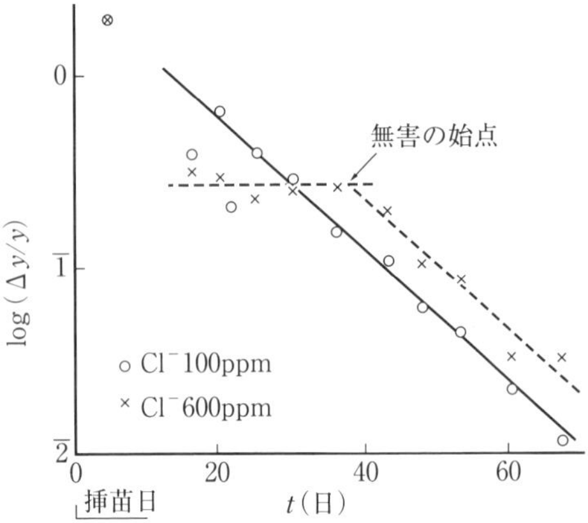

$$\frac{dy}{dt} = ky$$
$$\frac{1}{y} \cdot \frac{dy}{dt} = k, \quad すなわち \frac{\Delta y}{y} \propto k$$
$$\log \frac{\Delta y}{y} = k'\log k = 一定$$

図2－35 ブドウ：新梢苗長の成長速度

図で $t = 40$ の近くまで $\log \frac{\Delta y}{y}$ の値は一定である．

kt が小さいときはS成長速度式が指数関数に近似することは既述した．故に，有害とは k が非常に小さくなることである．害を受けると個々の細胞の成長速度が遅くなり，成長速度は指数関数になる．

なお，図で明らかなように，Cl^- の影響が消失する時期は実にくっきり図上に現れるから，あいまいさがなくなる．

3.2 既往の成長速度式の検討

成長速度式には古くから幾つかの式が提出されているが，近年最も多用されているのは**ロジスティック（logistic）曲線**と呼ばれるもので，次式で表されている．

$$y = \frac{y_\infty}{1+ke^{-rt}}, \quad k, \ r: 定数, \ y_\infty : t_\infty で到達する y$$

説明によると，まず成長量に限界（y_∞）があって，時間 t とともにS字曲線を描いて y_∞ に漸近してゆく曲線である．しかし，この限界は何によって決定されるかという点には何も触れられていない．

これまでに数例を示したに過ぎないが，S成長速度式は多くの場合に適用され適合しているので，式の成り立ちが不明確な，既往の成長速度式を適用する必要性は無いと言えよう．

3.3 まとめ

1) 分裂菌の集合の数量成長からS成長速度式が導き出された（1章）．
2) 分裂菌の増殖において個々の菌の大きさは同一とは言えないが，平均数と平均重とは互換性があるという仮説によって，数量成長式は重量成長式に変換できる．
3) 成長が相似的である場合には，体長もS成長速度式に従う．
4) S成長速度式は多くの場合に適用されて例外無く適合しているので，既往の成長速度式はすべて排除される．

4. 形質の変異，分布

4.1 各種形質へのS分布式の適用

以下，調べられた多数の事例の内，形質の次元（dimension）の似たものをまとめてS分布式の適用事例を示す．

1) 長さ

† 図2－36 イネ：稈長の分布 †

雑種第6, 7代目（F_6, F_7）における分布であって，遺伝的にはかなり固定していると思われるものである．F_6の図で点⊗を通るためにはxを1だけ左へずらさなければならないが，小順，(1)式が適合する．ところが，F_7では小順，(2)式の方が適合が良い．従って，これではどちらの式であるか決定することはできない．

† 図2－37 イネ：稈長の分布 †

F_2における分布であるが，大順，(1)式らしい．

図2-36 イネ：稈長の分布

図2-37 イネ：稈長の分布

図2-38 コムギ：稈長の分布

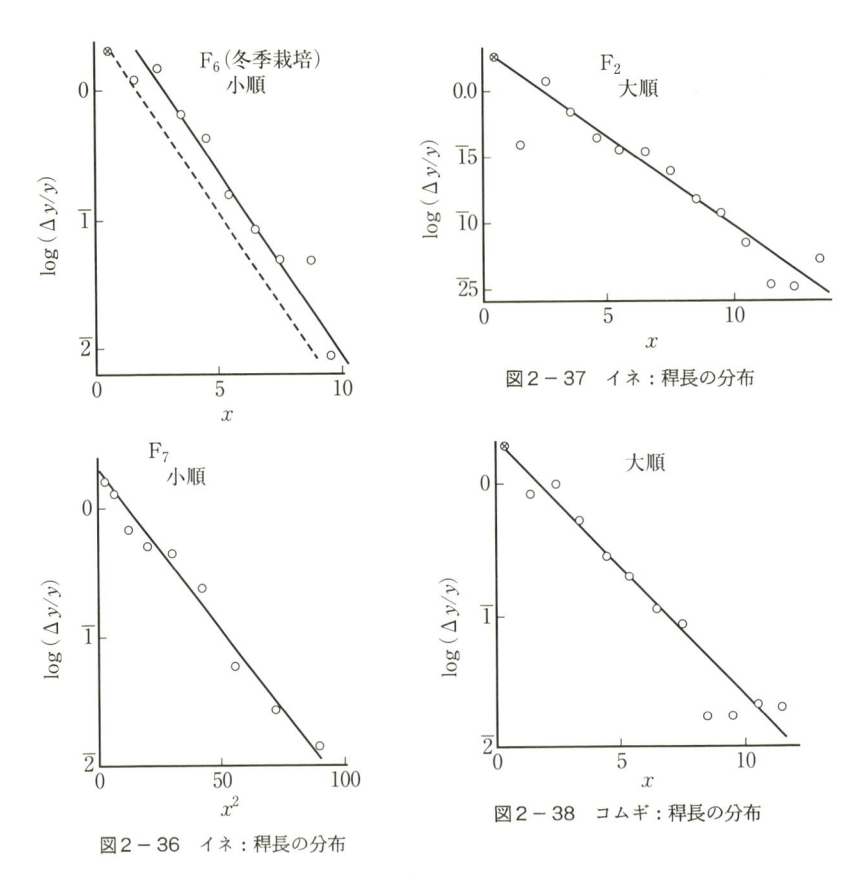

† 図2-38 コムギ：稈長の分布 †

大順，(1)式である．

他の事例を含めて考えると，稈長の分布は大順，(1)式とするのが正しいのかもしれない．

† 図2-39 ラッカセイ：子房柄長の分布 †

2品種とも小順，(2)式である．

2) 面積

† 図2-40 イネ：第1伸長節間の断面積の分布 †

断面積＝長径×短径．2品種について出穂期に調査した．

○＝多げつ品種，栽培法の違った材料の集まり．×：少げつ品種，移植期の

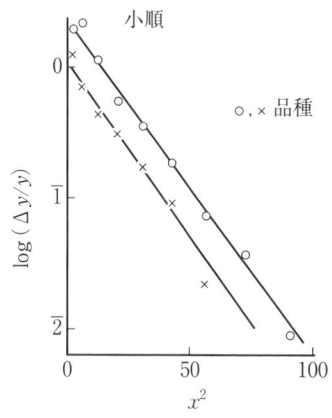

図2-39 ラッカセイ：子房柄長の分布

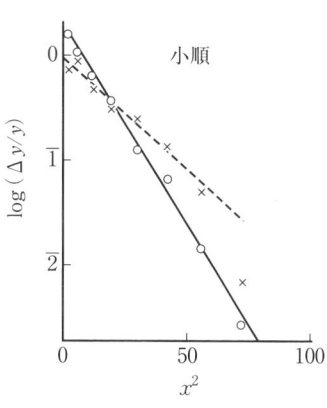

図2-40 イネ：第1伸長節間の断面積の分布

違った材料の集まり．

　環境の違った中で成長したものの集まりであるから正しい分布を示すかどうか疑わしい．ところが，小順，(2)式を当てはめると案外に良い直線性を示す．ただし，少げつ品種では切片が小さ過ぎる．

　3) **重量**

† 図2-41 トウモロコシ：穂重の分布 †

　大順，(1)式である．

† 図2-42 ダイズ：子実重の分布 †

　純系5系統の混合，すなわち親の一粒重の分布で，大順，(2)式である．

† 図2-43 イネ：一粒重の分布 †

　大順，(1)式である．

　図1-9Bのヒルムシロの鱗茎重の分布は小順，(1)式であったが，他の事例も加えて調べると，種子は大順，(1)式または(2)式，地下に形成される栄養体（鱗茎，塊茎など）は小順，(1)式のようである．これは，種子では数量が決まってから重量が増加して大きいものの割合が高く，栄養体では先に形成されたものが成長すると同時に新しいものが次々に形成されて調査時（バレイショでは収穫期）には小さいものの割合が高いことを反映していると思われる．

図2-41 トウモロコシ：穂重の分布 (A 栽培密度：60cm×60cm, F-8, GCB, 大順)

図2-42 ダイズ：子実重の分布 (大順)

図2-43 イネ：一粒重の分布 (A 野外, B グローズキャビネット内, ○,× 品種, 大順)

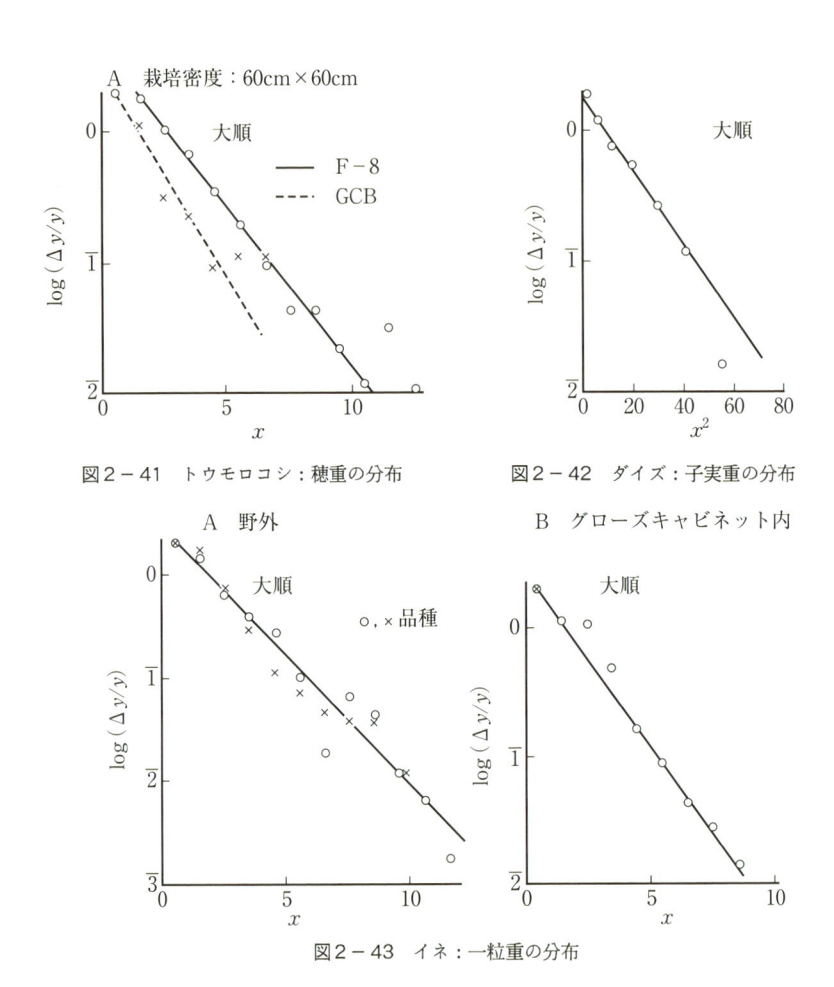

† **図2-44 イネ：小穂重の分布** †

この重量は稔実した枝梗＋子実＝小穂の重量のことである．下から節位をとると小順，(1)式である．ただし点⊗を通っていないが，下位節が**休眠**していることを示すものであろう．

† **図2-45 イネ：籾比重の分布** †

塩水の比重を最小1.04から最大1.18までとし，籾を漬けて比重別の籾数を数える．そのときの度数分布は大順，(1)式であり，図2-43と同じである．

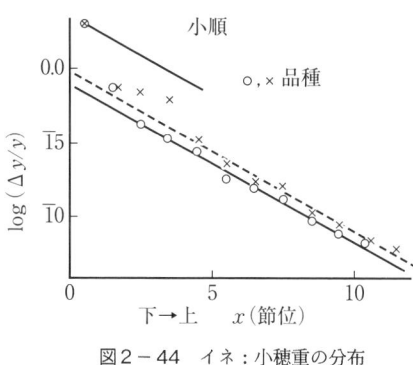

4. 形質の変異，分布　（65）

図2-44　イネ：小穂重の分布

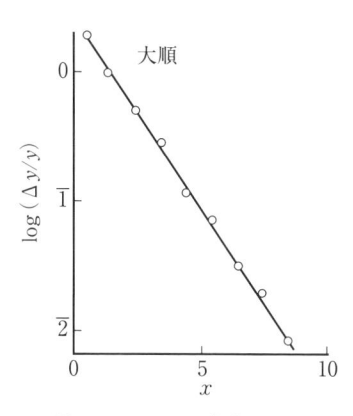

図2-45　イネ：籾比重の分布

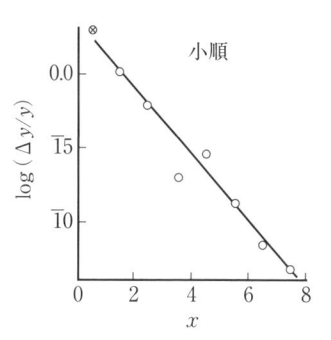

図2-46　イネ：穂数（F_7）の分布

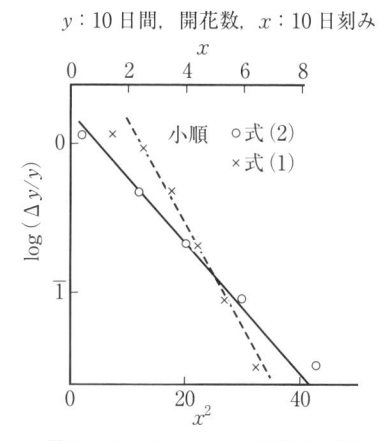

y：10日間，開花数，x：10日刻み

図2-47　ラッカセイ：開花数の分布

故に，比重∝一粒重である．

4）数　量

† 図2-46　イネ：穂数（F_7）の分布 †

F_7集団であるから，かなり固定していると思われるもので，小順，(1)式である．

† 図2-47　ラッカセイ：開花数の分布 †

個体単位の開花日の分布と個体内における花の開花日の分布が調べられており，図は込みにした開花数の分布型を調べたものである．分布型がはっきりしなかったが，4通りの中で最も適合の良かったのは小順，(2)式であった．

5）出穂・開花日

† 図2-48　イネ：出穂日（個体単位）の分布　†

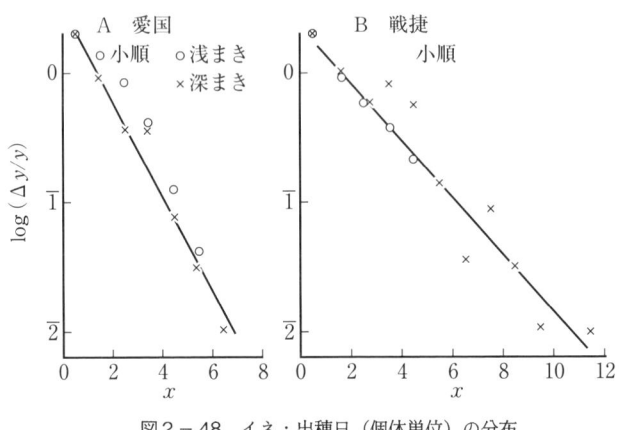

図2-48　イネ：出穂日（個体単位）の分布

　分布を出穂した穂で見るか個体の平均的な出穂期で見るかの2通りがある．これは，個体単位で見たものである．小順，(1)式のようである．

† 図2-49　オオムギ：出穂日の分布　†

　個体単位の出穂日で，小順，(1)式である．

† 図2-50　イネ：茎別出穂日の分布　†

　メイチュウによる被害が50％ぐらいある場合のデータで，これがどのよう

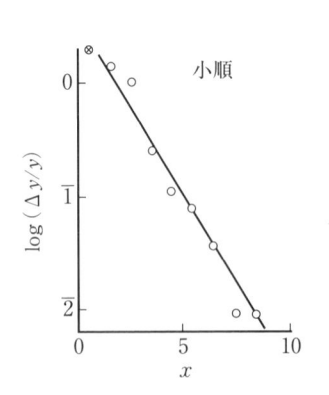

図2-49　オオムギ：出穂日の分布 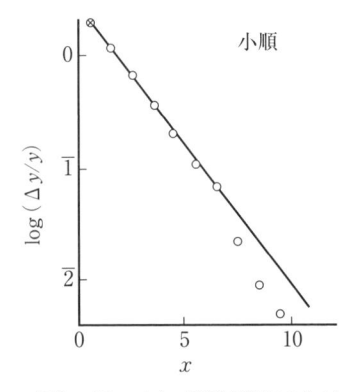　　図2-50　イネ：茎別出穂日の分布

に出穂に影響したか不明である．小順，(1)式である．

以上の事例から，出穂は個体単位でも茎単位でも小順，(1)式の分布をするものと判断される．

† 図2－51　イネ：1穂内の開花日の分布 †

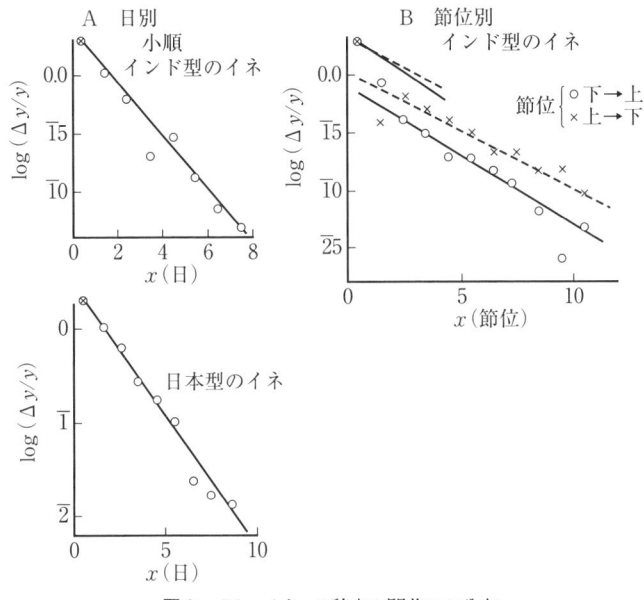

図2-51　イネ：1穂内の開花日の分布

図Aは花の着生位置を考えないで分布を見たものである．インド型，日本型とも小順，(1)式である．図Bには枝梗の位置（節位）との関係が示されており，節位を上から，または下から数えた2通りで示されている．どちらが良いかはっきりしないが，下から数えたのは成長時間に沿っている．いずれにしても点⊗を通っていないので，下から2～3節は枝梗の生成が休眠していることを暗示している．

6) 温度

† 図2－52　イネ：発芽温度と発芽％の分布 †

図Aは温度と発芽％の変異の関係を示したものである．温度が適温であるとき変異の幅は最小で，適温から遠ざかるに従って変異の幅は大きくなって

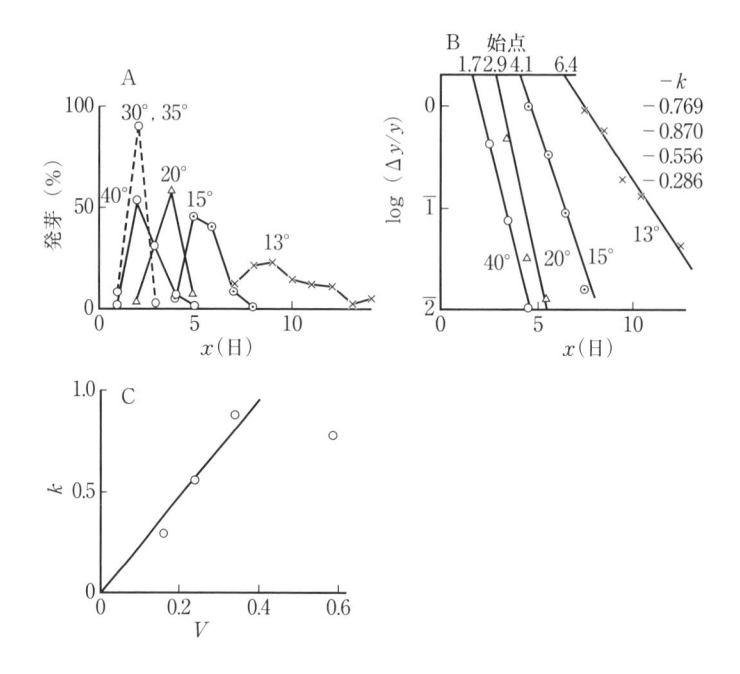

図2-52 イネ：発芽温度と発芽%の分布

いる．その理由を考える．

まず，各温度における分布を調べる．小順，(1)式を適用すると図Bのとおりになり，勾配kの値が温度によって変わる．適温の30，35℃区では同時に発芽しkの値は求められないが，もちろん大きい．kが小さいということは変異の幅が大きいということである．図に始点を添えてあるが，始点までの日数の逆数は速度である．そこでVとkとの関係を図Cに示す．高温の40℃区は飛び離れているので除いてある．13〜20℃の間では直線で，予想通り点0に収束している．故にkは速度（温度に関係がある）によって決定されている．

$k \propto V$

故に，次のように言うことができる．変異の幅の大きさは温度によって定まる．すなわち適温で成長速度が最大のときに変異の幅は最も狭く，個体の成長量はそろっている．

4.2 偏った変異，分布

自然界には極端に偏った分布もあり，正規分布式とは違う分布式が適用されることがある．統計学でポアソン（Poisson）分布式と言われるものや数学で二項分布式と言われるものなどがそれである．

二項分布の例を示す．

† 図 2 – 53　二項分布 †

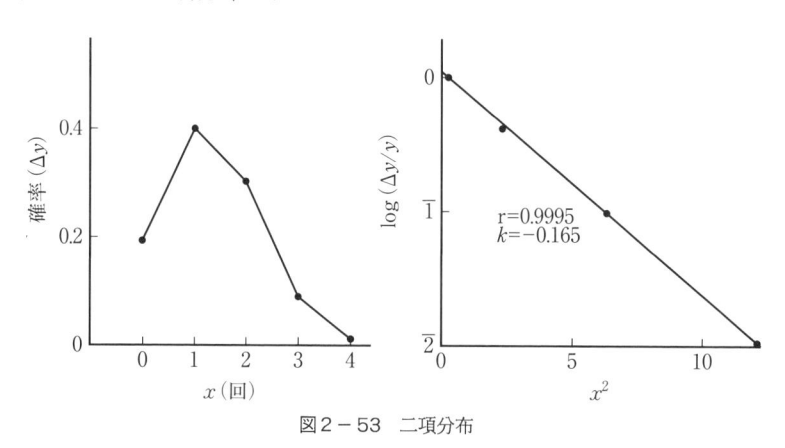

図2-53　二項分布

1個のさいころを4回繰り返して投げる重複試行において，5以上の目がx回出る確率は，折れ線グラフで示すと図の実線のようで，偏っている．投げる回数を大にすれば，$x = 4 \times \frac{2}{6} = \frac{4}{3}$ に関して対称な釣り鐘状の正規分布曲線に近付く．

これにはS分布（2）式が適用でき，$\log y = 0.57 + 0.447(1 - 10^{-0.165x^2})$ が得られた．

次に，正規分布式以外の分布式が適用されているデータを示す．

† 図 2 – 54　交通事故死者／日の分布 †

手元に植物にかかわる適当なデータが無いので，東京都における1日当たり事故死者の年間における出現日数の分布（1955年）を示す．その状況は図Aに実線で示してあるが，偏った分布をしており，資料では**ポアソン分布式**を適用して計算されており，図中に×印で示してある．ここでS分布式を適

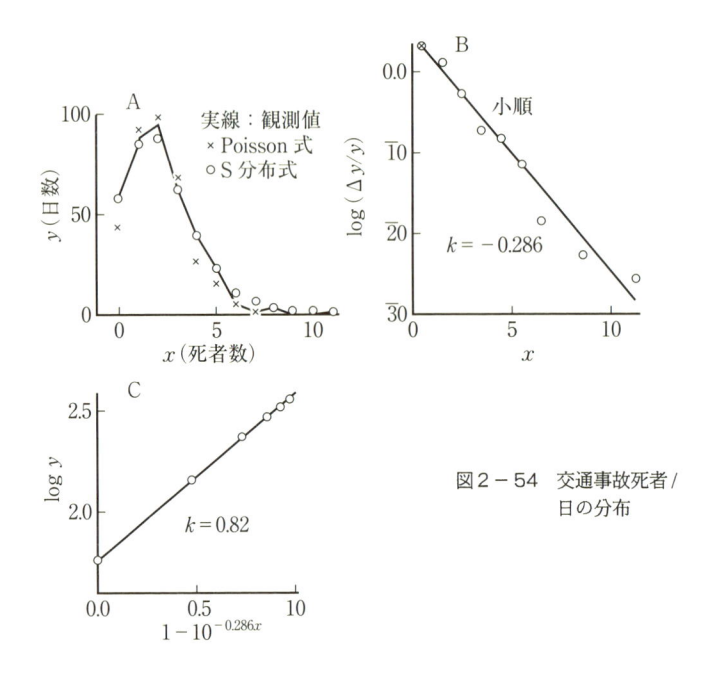

用すると，図Bのように小順，(1)式が適用でき，始点は死者数0である．図B，Cによって，次式が得られる．

$$\log y = 1.76 + 0.82\,(1 - 10^{-0.286x})$$

計算によってyを求め，次にΔyを計算して図Aに○印で示した．ポアソン分布に劣らず，かなりよく現象を説明している．

† 図2−55 *Salicornia stricta* : 区画当たりの個体数の分布 †

塩沼に生息するアッケシソウの一種が面積を拡大してゆくとき発見される個体数を調べたものである．S分布(1)式が適合すると仮定し，面積を2単位刻みに読み直すと図Aのとおりで，ほぼ直線になる．これを用いて計算すると，求める式は，

$$y = 0.305 + 1.675\,(1 - 10^{-0.250x})$$

これからΔyを計算して図示すると図Bのとおりである．観測点に大きいばらつきがあるが，大体の様子は表されている．資料では二項分布で計算しているので，これも添えてあるがS分布(1)式とほぼ重なっている．

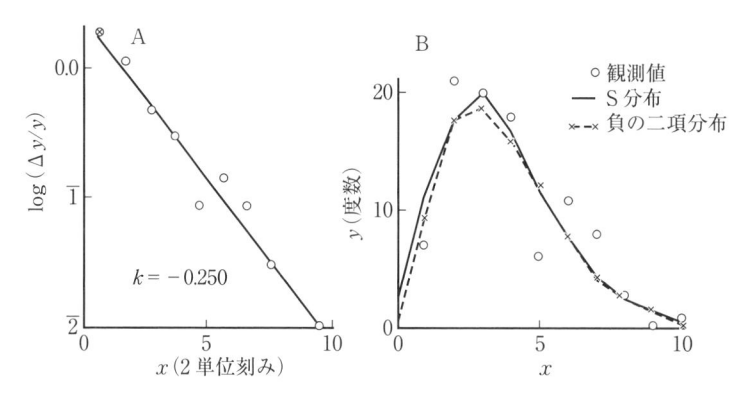

図2-55 *Salicornia stricta*：区画当たりの個体数の分布

もう一例，動物にかかわる分布であるが，全く山が現れていないものがあった．

† 図2-56 野外における小ほ乳動物の分布 †

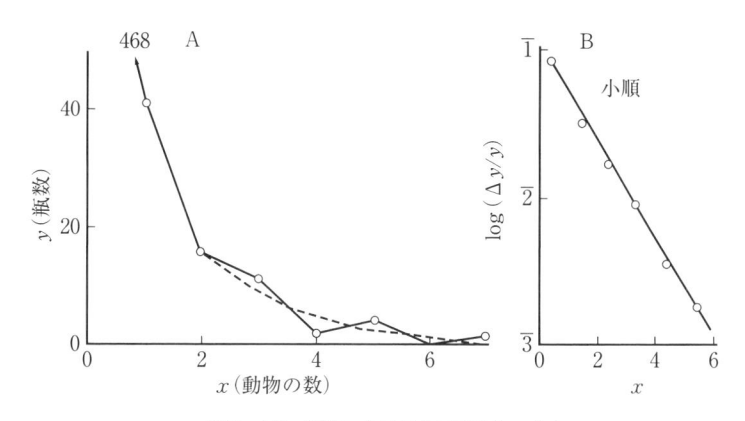

図2-56 野外における小ほ乳動物の分布

野外，多分原野と思われるが，そこに設置された543個の瓶を集めたところ，その中に入り込んで外に出られなくなった小さなほ乳動物の残がいが見つかった．その数は山の片方のすそのような分布をしている．これにS分布式を適用すると，小順，S分布（1）式が適合した．

4.3 正規分布に対するS分布式の適合性

次に正規分布にS分布式を適用してみる．
† 図2－57　正規分布 †

碁石の白黒5個ずつ計10個で集合を作り，1回に1個を取り出し，取り出した石はその都度元に戻す．10回を1試行単位として白の出現する度数を調べたものである．これは正しく正規分布をするはずである．そこで，実際に千回試行した数値と理論値の両方にS分布式を適用してみよう．(1)式より(2)式の方が近似の度合が良いので，それが図に示されているが，いずれも直線にならないから，S分布式は適合しないと言える．わざわざこれを示したのは，S分布にも見たところ左右対称のような分布に出合うことがあるからである．もし，それが正規分布であったのであれば，本図くらいの不適合性が見られたはずである．実際にはそのようになっておらず，他の多くの例の中にもこのような不適合は見られなかった．従って，植物にかかわる対称分布に近い，S分布(2)式に適合する分布は正規分布ではないという事は確かであろう．この点については，さらに3章2で取り上げる．

しかし，生物関係においては次のような問題がある．今，肥料を秤量したとしよう．この量は正規分布をする．一方，植物の成長量は肥料量の密度(1)式に従う．今，正規分布の理論値を用いて $\log x$ をとって分布を見ると，図B

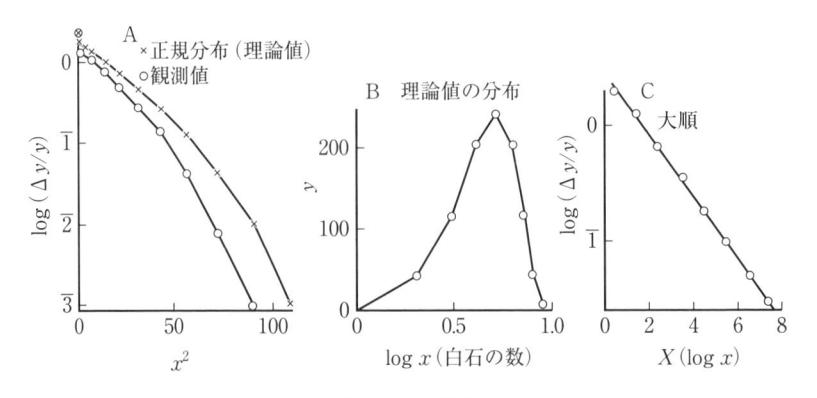

図2－57　正規分布

のとおり非対称分布となる．これから等間隔で読み取った分級をXとすると，図Cのように完全に大順，(1)式になる．故に生物界では環境量が正規分布をしているとき，成長量は大順，S分布(1)式になる可能性がある．ここにおいて，1章4.1で述べた「この変異性は環境に基づくものではない」という大前提の一角が崩れたのである．遺伝子に基づく形質の変異性は否定すべくもないが，野外実験における変異分布には環境との複合分布が現れていると見なければならなくなった．ただし，大順，(1)式の形に限る．ここで例として用いた肥料は環境一般に置き換えることができるから，次のように言うことができる．

成長用物質密度の正規分布空間では植物の反応量は対数尺度空間へ移り，大順，(1)式となる．この事から帰納的に，全重，一株子実重などはすべて大順，(1)式になるであろう．

4.4 まとめ

1) 形質量の変異，分布がS成長速度式に似ていることから類推して同じ関数形であるS分布式が導き出された．変異の分布型には次の2式と大順，小順の2型を組み合わせた4型がある(1章)．

$\dfrac{dy}{dx} = ye^{-kx}$　　S分布(1)式

$\dfrac{dy}{dx} = ye^{-kx^2}$　　S分布(2)式

2) 多くの事例への適用による帰納法でS分布式が検証されたが，形質によって分布型が決まっていると言えるほど事例は集められていない．一方で分布型によって集合の特徴解明の手掛かりが得られる場合もある．

3) 二項分布式やポアソン分布式が適用されている，偏った分布にもS分布式が適合する．

4) 生物の集合の変異は非対称分布であり，これに適合しない正規分布式を適用することへの疑問が提示された(2章，3章2)．

5. 成長期間と成長量

5.1 1次関数とべき関数

記述を簡単にするために，イネを材料として以後次のように記号を定めておく．

$Y_全$：全重，Y_m：地上部重，y_m：子実重，S，s：茎葉（わら）重，T_m，t_m：成熟までの日数，T_1：出穂までの日数，T_2：穂分化までの日数

まず，成熟までの日数は反応時間であり，全重は反応生成物であるから，環境量が一定ならば，

$$Y_全 = kT_m, \quad 1次関数 \qquad \frac{Y_全}{T_m} = k = \overline{v}, \quad 平均成長速度 \quad (1)$$

成長期間を通じて環境量が一定ということは普通はない．

次に，環境量が緩変化している場合に移る．作物では T_m の違った品種を用いて色々な実験が行われているが，このとき，(1) 播種期が同じで品種の T_m が違っている場合，(2) 同一品種で播種期が違って T_m が変化する場合，(3) この両者が組み合わさった場合がある．いずれも作物が成長期間中に受けた環境量は同じでない．このような実験データは多数あるが，その取り扱いはどのようにすべきか．精密な取り扱いは到底望むべくもないので，近似的な接近法を試みることにしよう．それは，反応式として**べき関数**を用いることである．べき関数は直線からある程度湾曲した曲線まで包括的に表示することができる関数式である．従って，環境量の変化の仕方が余り激しくなく，滑らかで，かつ規則的変化に近いとき，例えば日長，温度の変化のような場合には，べき関数が近似的に適合しやすいことが期待できる．故に，

$$\log Y_全 = k \log T_m + C, \quad べき関数 \quad (2)$$

同じような考え方から，近似的には次式が成り立つことになる．

$$\log Y_全 \propto \log Y_m \propto \log y_m \propto \log S \quad (3)$$

実験によっては環境量の変化がなく，全重 Y と部分重 y の間のべき関数の比例定数 k が1の場合がある．

$\log Y = \log y + C$

従って，$C = \log k'$ とおくと，$\log Y = \log k'y$，故に，

$Y = k'y$

このように1次関数になる例は余りないが，$k \fallingdotseq 1$ の例を次に示す．

† 図2-58 キャツサバ：全重といも重 †

キャツサバはいもを生成する植物で，低緯度地方に多く栽培されている．時と場所によって開花することがあるが，普通には開花期がなく，従って T_m がはっきりしない．栽培期間は普通は1年以内のことが多い．

栽培期間が1年以内の場合について見ると，図に示すように全重といも重との関係をべき関数で示すと $k \fallingdotseq 1$ で，直線式と見なして求めると，次式が得られる．

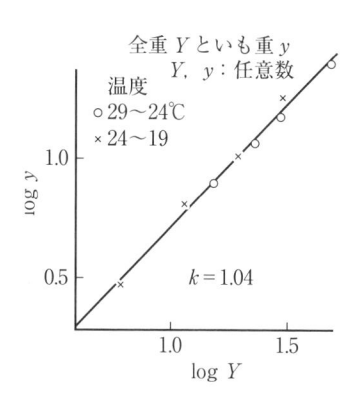

図2-58 キャツサバ：全重といも重

$\log y = 1.04\ \log Y + b$

グラフの切片 b を求めると，

$0.5 = 1.04 \times 0.808 + b,\ b = -0.34$

故に，

$\log y \fallingdotseq \log Y - \log 10^{0.34} = \log \dfrac{Y}{2.19} = \log 0.457Y$

$y = 0.457\ Y$

5.2 べき関数の適用事例

† 図2-59 イネ：子実重量（Laos） †

Salakham試験場で行われた実験で，次のような条件で行われた．苗代期間：30日で一定，収穫日：出穂後30日で一定，施肥量：中ぐらいで一定，植物高は150cmぐらいとなり，倒状しないように数株ずつひもで結わえた．播種は7時期，在来改良品種2品種の平均値を用いる．y_m と T_m との関係をべき関数式に従って作図すると，図Aに示す通り直線性を示している．なお，図

中に革命的品種として知られたIR8の収量が添えてあるが,これは隣接田で多〔N〕の下で栽培されたもので,直接の比較はできない.この図から言えることは,T_mを大にすればIR8より多収になるということである.

さて,この実験は移植栽培で行われている.移植から**成熟まで**の日数をT'_mとすると,図Bに示すようにy_mとの関係がやはり**べき関数**に適合している.それは何故であろうか.試験場のあるVientianeは1年を通じて温度が余り大きく変化しないので栽培法が一定であるから,苗の大きさも近似的に一定と見なすことができる.故に苗を種子に代えることができる.

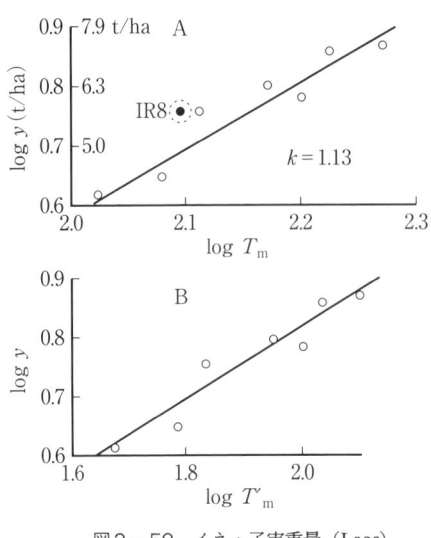

図2-59 イネ:子実重量(Laos)

† 図2-60 イネ:収量 †

佐賀大学で1954年に行われた実験で,播種期は5月27日～8月1日に6回,品種は早生から晩生までの5品種,苗代期間は9～22日である.図A～Cに示すように直線性は良い.添字を省略すると,

$\log Y = -0.65 + 1.30 \log T$ (a)

$\log y = -0.30 + 0.96 \log T$ (b)

$\log S = -1.52 + 1.60 \log T$ (c)

(b) - (a) によって,

$\log y - \log Y = -0.30 + 0.65 + (0.96 - 1.30) \log T$

$\log \frac{y}{Y} = 0.35 - 0.34 \log T$

あるいは,

$\frac{y}{Y} = 2.24 T^{-0.34}$ (d)

また,(a)と(b)からTを消去すると,

$1.3 \log y - 0.96 \log Y = 0.234$

両辺から $0.34 \log Y$ を引いて,

$1.3 \log y - 1.3 \log Y = 0.234 - 0.34 \log Y$

両辺を1.3で割って,

$\log y - \log Y = 0.18 - 0.26 \log Y$

$\log \dfrac{y}{Y} = \log 1.51 + \log Y^{-0.26} = \log 1.51 Y^{-0.26}$

$\dfrac{y}{Y} = 1.51 Y^{-0.26}$ (e)

Y と y との関係を求めた図Dから,

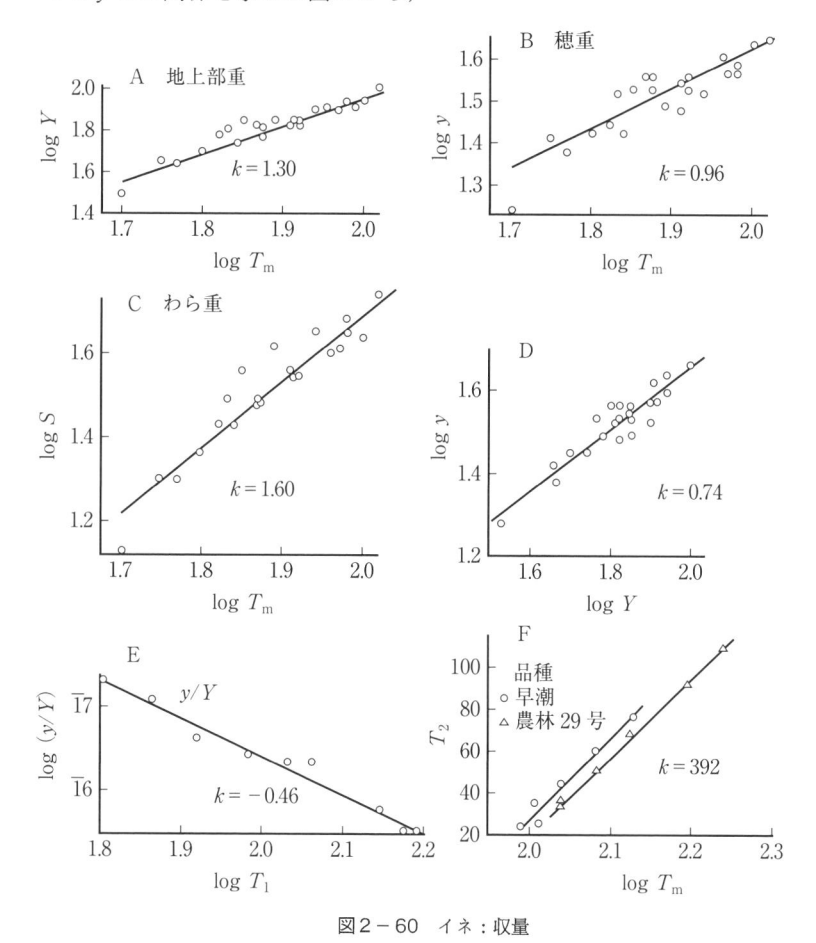

図2-60 イネ:収量

$$\log y = 0.17 + 0.74 \log Y$$
$$\log y - \log Y = 0.17 - 0.26 \log Y$$
$$\log \frac{y}{Y} = \log 1.48 + \log Y^{-0.26} = \log 1.48 Y^{-0.26}$$
$$\frac{y}{Y} = 1.48 \, Y^{-0.26} \quad (f)$$

式 (e) とほぼ同じ値が得られた．

また，(b) − (c) によって，
$$\log \frac{y}{S} = 1.22 - 0.64 \log T$$
あるいは，
$$\frac{y}{S} = 16.6 T^{-0.64} \quad (g)$$

農業では以前から $\frac{y}{Y}$ を子実重歩合とか穂重歩合と言って用いたが，今では $\frac{y}{S}$ を籾/わら比と言って用いている．どちらも同じことを言っているのである．上の式 (d)〜(f) から言えることは $\frac{y}{Y}$ は晩生品種ほど小さく，その一方で多収である．また，籾/わら比〔式 (g)〕が小さい晩生品種ほど多収である．

なお，資料には $\frac{y}{Y}$ と T_1 との関係図がある．品種はごく早生から晩生まで約70の観測点が示されているので，これを10日間ずつに区切り，その中で平均を求めると図Eのようになり，次式が得られる．

$$\frac{y}{Y} = 3.63 T_1^{-0.46}$$

式 (d) と同様に，$\frac{y}{Y}$ は出穂まで日数が長い晩生品種ほど小さい．

図Fには $\log T_m$ と T_2 との関係が示されている．ただし，数値は $T_1 - T_2 = 30$ 日で一定として計算してある．穂成長日数は平均して±2ぐらいの差しか生じていないから，ここで観測値そのままの数値を用いて差し支えない．そうすると，図のように良い直線が得られた．k の値に品種による違いはほとんどなく，次の式が得られる．

早生：$T_2 = -752 + 392 \log T_m$
晩生：$T_2 = -772 + 392 \log T_m$

† 図 2−61 コムギ：子実重量 †

北海道農試で同一品種を6回の播種期で春

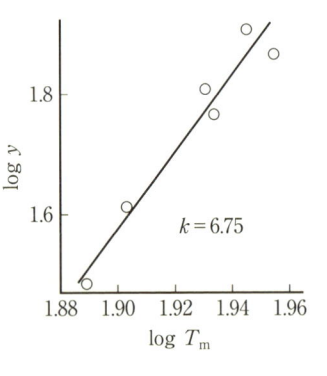

図 2−61 コムギ：子実重量

まきしたものである．図に見られるように式は成り立っている．

5.3 播種期と成熟までの日数（T_m）

播種期または移植期だけしかわかっておらず，T_m がわかっていない実験について調べる．

日本では播種期や移植期を遅らせてゆくと子実重量が低下してゆく事は経験的によく知られていて，一般に早播，早植が奨励されている．その理由は晩播するほど T_m が短くなるからであると考えれば前記 (5.1) の式 (2) が使える．晩播するほど T_m が小さくなる理由は，今は，はっきりわかってはいない．日本では晩播するほど秋冷に近付くからだと考えられそうであるが，熱帯地方でも起こっている事であるから低温だけが原因ではない．熱帯では多分，日長がその要因であろう．

今，時間の始点を最高の子実収量を示す播種の時期とし，播種の遅れた時間を t，$y=0$ になるまでの時間を a とする．$a-t$ は播種期の遅れが小さいほど大きくなるから，早播するほど大きくなる T_m の代わりに使うと，式 (2) によって，

$\log y = k \log (a-t) + C$ (4)

この a を求めるには微分式を使う．

$$\frac{d\log y}{dy} \cdot \frac{dy}{dt} = \frac{d\log(a-t)^k}{d(a-t)^k} \cdot \frac{d(a-t)^k}{d(a-t)} \cdot \frac{d(a-t)}{dt}$$

$$\frac{1}{y} \cdot \frac{dy}{dt} = \frac{1}{(a-t)^k} \cdot k(a-t)^{k-1} \cdot (-1) = \frac{-k}{a-t}$$

$$\frac{dy}{dt} = \frac{-ky}{a-t} \rightarrow \frac{\Delta y}{\Delta t} = \frac{-k}{a-t} y, \quad t = \overline{t}, \quad y = \overline{y}$$

この式から a の値を求める計算（未知数 a，k の連立方程式から求める）そのものは容易であるが，データにばらつきがある場合には正確な値が求められない．そのときに平均的な値を求める．次の事例を示す．

† 図2-62 陸稲：子実重量 †

陸稲はオカボ（陸穂）と呼ばれる．水稲に対応する呼び名であるが，両者に

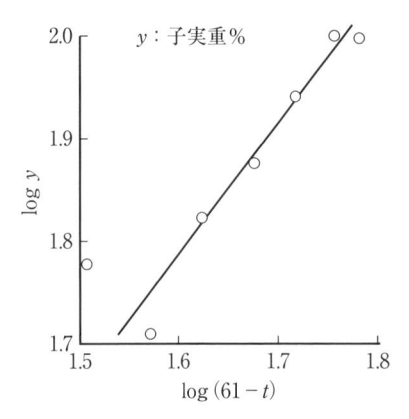

図2-62 陸稲：子実重量

本質的な差が有るわけではない．データは関東地方の各県農試から寄せ集められたもので，非常に多数の観測点が示されている．そこで，最高収量を100％とし，その播種日を時間の始点とする．適当な時間間隔で，その付近に集まっているものの平均値を求め，aの値を求める．その結果は図に見られるように，左端でばらつきが大きいが，直線性は認められる．$a=61$（日）が$y=0$となる日であって，始点から61日≒2月後に播種すると収穫が皆無になる事を示している．

† 図2-63 サツマイモ：いも重量 †

この図には飽和点があり，早植えによる増収には限界期があることを示している．

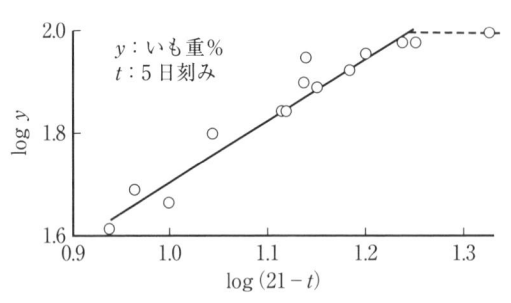

図2-64 トウモロコシ：子実重量

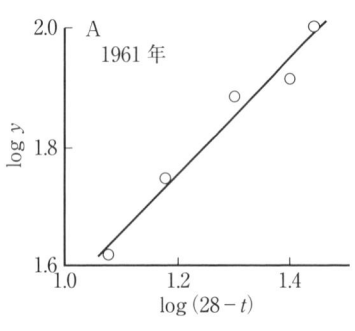

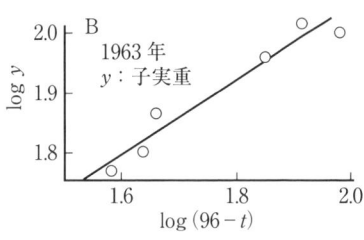

† 図2-64 トウモロコシ：子実重量 †

2カ年の播種期試験で，最も早い播種期は1961年は7月1日，'63年は5月10日である．図A，Bとも直線性が認められる．これからaを

図2-63 サツマイモ：いも重量

期日で表すと，'61年は7月29日，'63年は8月14日となり，一致はしないが，かなり近い値となる．最も早い播種期が両年で50日も違っているのに，計算による a の期日はわずか16日に縮まっている事が注目される．

以上によって，播種期試験では，播種期は自由に選んでよく，a が求められれば式 (2) から任意の播種期の y を推定することができる．

播種期と T_m との関係は次のように考えられる．播種期を遅らせると T_m が小さくなる事はわかっているが，どのように短くなるか．式 (4) では，式からもわかるように $T_m \propto a - t$ で，T_m の短縮は播種期の時間差 t に直線的に比例して小さくなる事を仮定しているのであるから，その事を確かめておく必要がある．

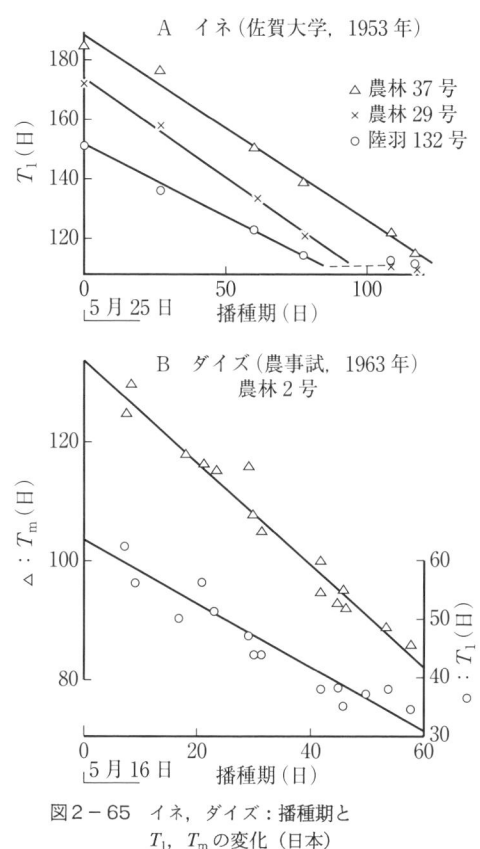

図2-65 イネ，ダイズ：播種期と T_1，T_m の変化（日本）

A イネ（佐賀大学，1953年）
△ 農林37号
× 農林29号
○ 陸羽132号

B ダイズ（農事試，1963年）
農林2号

† **図2-65 イネ，ダイズ：播種期と T_1，T_m の変化（日本）** †

ともに直線関係が認められる．イネでは3品種の内2品種がある時期以後では，も早 T_m の短縮が起こらない時期があることを示しているが，今はその事を考えないでおくと，

$T_m = T_{m,0} - k't$　(5)，$T_{m,0}$：$t = 0$，すなわち最高の子実収量を示す播種期（始点）における T_m

故に，式 (2) より，$\log y \propto \log (T_{m,0} - k't)$

ここで，$\dfrac{T_{m,0}}{k'} = a$ とおくと，$T_{m,0} = k'a$

$$\log(T_{m,0} - k't) = \log(a-t)\,k' = \log(a-t) + \log k'$$

故に,

$$\log y \propto \log(a-t) + \log k$$

これは式 (4) であり, 結局, 式 (2) =式 (4) となる.

† 図2-66 イネ：播種期と T_m, y_m との関係（Malaysia北部地方） †

Siam 29 を用いた実験である. 播種月と T_m とがほぼ直線をなす期間がある. 図Bによって, y_m と T_m との間には4〜9月の間で式 (2) が成り立っている. 成り立っている期間は図Aと図Bとでよく対応しており, 1月播きは全く適用外であることがわかる.

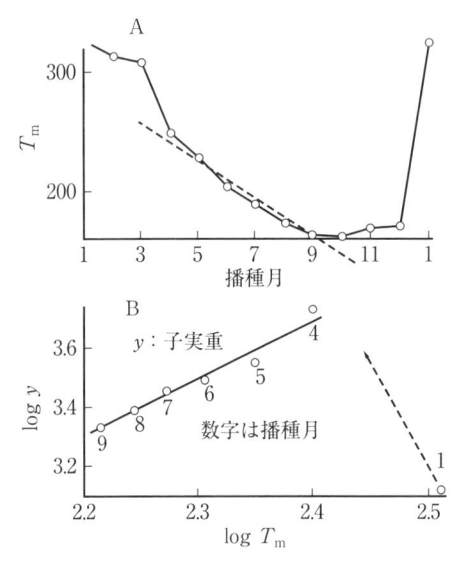

図2-66 イネ：播種期と T_m, y_m との関係（Malaysia北部地方）

† 図2-67 イネ：播種期別の T_1 と T_m との関係（Malaysia中南部地方） †

Siam 29 のデータである. 図から,

$$T_m = 21 + 1.10 T_1, \quad T \text{の単位：日}$$

$$T_m - T_1 = 21 + 0.10 T_1$$

この式は Siam 29 の登熟期間がこの地方で21日以下になることはないという事を示している. また, **登熟期間**は一定でなく, 成長期間の長さに比例している. これから類推すると, 穂の形成, 成長期間も個体の成長期間の長さに比例するのではないかと思われる.

5.4 まとめ

1) 環境量が一定不変の場合，$Y = kT$

2) 環境量が緩変化している場合（播種期一定），$\log Y = k \log T_m + C$

3) $\log Y_m \propto \log y_m \propto \log S$

4) 播種期を変化させると成長期間が変化し，この場合にも次式が成り立つ．

$$\log Y = k \log T_m + C$$

5) T_m が不明の場合でも，最高の子実重量を示す播種期からの遅れ t を用いると次のべき関数が得られ，定数 a（$y = 0$ となる t）が求められる．

$$\log y = k \log(a - t) + C$$

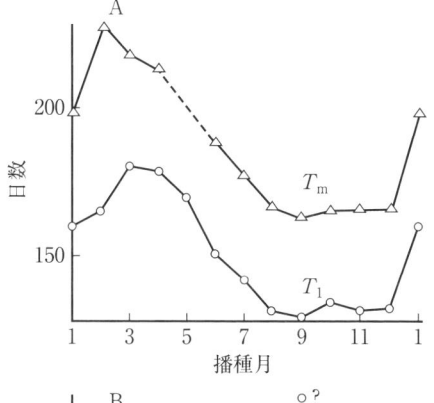

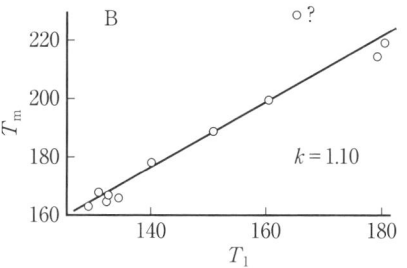

図2-67 イネ：播種期別の T_1 と T_m との関係（Malaysia中南部地方）

6. 温 度

6.1 イネの成長温度速度式

成長温度に関する資料は，わが国ではイネに関するものが最も多いので，これを用いてイネの**成長温度速度式**〔1章5.3…式(1)とする〕を求める．

まず，温度と発芽速度との関係のデータを利用する．このとき，胚乳（光合成物質）→グルコース→幼芽・幼根へと移動するのは，前述の光合成の現象

と同じ現象である事に着目する．この事は，別にグレインソルガムで発芽速度と光合成速度が，Kの値は全く異なるけれども，比例することで確かめられている（図2-133，図2-134）．

播種してから発芽するまでの日数が調べられている．発芽という，ある一定の状態に達するまでの時間を見ているのであるから，その逆数は速度である．また，植物の成長は1日間でエネルギーの収支量が定まるものであるから，時間単位は日とする．表のAは日本稲8品種の平均値である．

これを図示すると，図2-68のように，**最適温度**を約34℃とする単頂曲線である．始点（**発芽開始温度**）は8.5℃であるが，実験者によっては11.5℃となっているデータもあるので，別の資料を調べてみる．

† 図2-69 イネ：幼芽の伸長速度 †

図は芽長が2cmまたは3cmに伸長するまでの日数の逆数をとって示したものである．図から$V_\theta = 0$になる温度は11℃，また，2直線はθ_0で交わるはずであるが，それは9℃である．もう一つのデータを調べてみる．

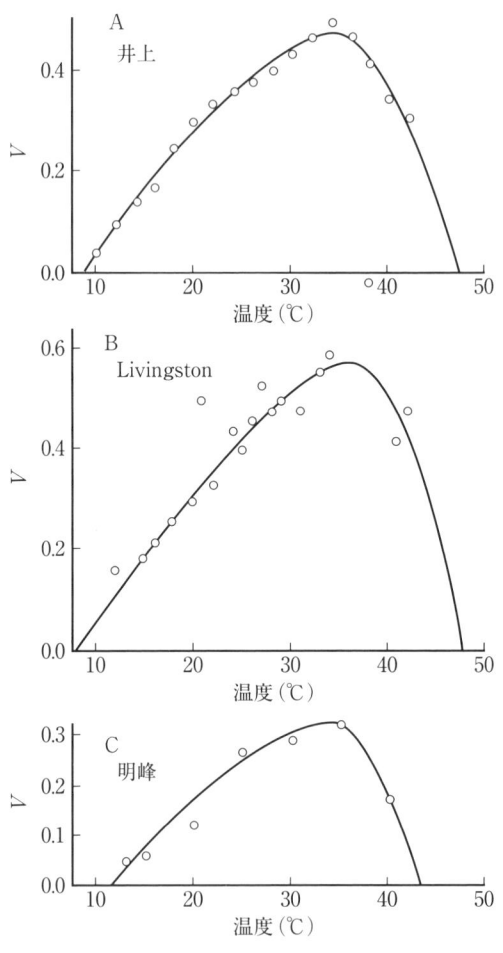

図2-68 イネ：V

表2-4 温度とイネの発芽速度

$v=\dfrac{1}{発芽までの日数}$, 実験者:A:井上, B:LIVINGSTON, C:明峰

°C	10	11	12	13	14	15	16	17	18	19	20
A	0.040		0.095		0.143		0.170		0.245		0.294
B		0.161				0.185	0.213		0.256		0.294
C				0.045		0.059					0.121

°C	21	22	23	24	25	26	27	28	29	30	31
A		0.328		0.359		0.381		0.402		0.436	
B	0.500	0.333		0.435	0.400	0.455	0.526	0.476	0.500		0.476
C					0.264					0.288	

°C	32	33	34	35	36	37	38	39	40	41	42
A	0.465		0.496		0.466		0.417		0.343		0.308
B		0.556	0.588	0.500	0.588	0.677				0.417	0.476
C				0.321				0.176			

† 図2-70 イネ:出葉速度 †

図では穂首分化期の前後で別の直線となっているが,これはよく知られている現象で,このころから節間伸長が始まる事と関係がありそうである.それはさておき,今必要なのは穂首分化前の方の直線であるが,$\theta_0=8.5$℃である.さらに,後出〔10.5-2)〕の**原形質流動**のデータでは**低温限界温度**は8.6℃である.

以上によって,$\theta_0=8.5$℃とする.

次にθ_{00}を求める.図2-68では外挿すると47℃ぐらいである.そこで,46,47,48℃などを式に与えてV_θが観測値に適合するまで繰り返してθ_{00}を

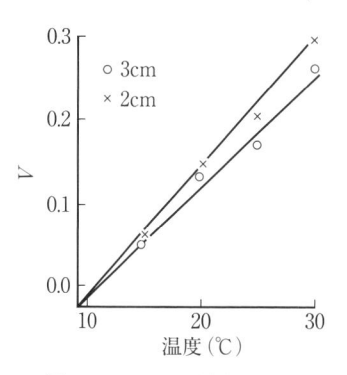

図2-69 イネ:幼芽の伸長速度

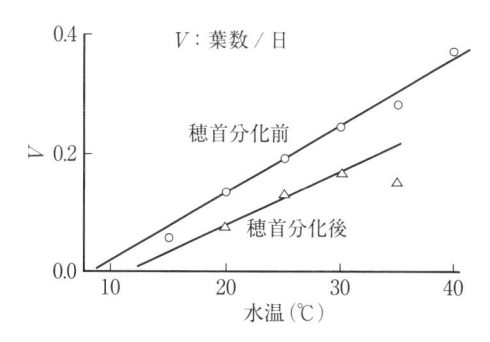

図2-70 イネ:出葉速度

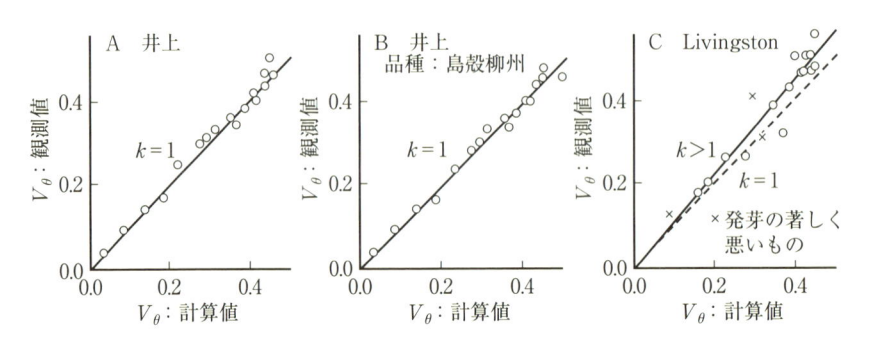

図2−71 イネ：発芽速度

求める．これは非常に手数の掛かる作業であるが，その結果は46.5℃と判断された．後出（図2−161）の原形質流動のデータでは47℃である．

よって，$\theta_0 = 8.5℃, \theta_{00} = 46.5℃, \theta_{00} - \theta_0 = 38.0℃, a = \dfrac{1}{46.5-8.5} = \dfrac{1}{38} = 0.0263$が定められた．

次にkを求める．ここではKの値から先に求めてみよう．式(1)ではθ_{00}のとき$a\theta = 1$であり，呼吸項が無い形を考えると$V_\theta = K$となる．曲線のθ_0付近における接線の，θ_{00}におけるVの値がKである．このデータでは図から推定すると値は1.2ぐらいであるが，$K=1$と仮定する．ここで$K=1$と仮定したことや$e^{k(a\theta-1)}$の項を計算の簡便さを考えて$10^{k(a\theta-1)}$に変えたことなど，理解できない点があるであろうが，計算値と観測値が一致する（図2−71）から，式は適合していると見てよいであろう．対数を用いて式を解くと，

$$V_\theta = a\theta\,(1 - 10^{k(a\theta-1)})$$

$$\dfrac{V_\theta}{a\theta} = 1 - 10^{k(a\theta-1)}$$

$$\log\left(1 - \dfrac{V_\theta}{a\theta}\right) = k(a\theta - 1) = ka\theta - k$$

図2−72から$ka = 0.03895$が得られ，aは既知で0.0263であるから，$k = 1.480$が求められた．直線の切片の値も$-k = -1.5$でよく一致する．

すべての数値を入れると，イネの成長速度温度式V_θは次のとおりである．

$$V_\theta = 0.0263\,\theta\,(1 - 10^{1.480(0.0263\theta-1)}) \quad (2)$$

（　）内の指数項が呼吸エネルギーである事は10.5 − 2) で説明される．

ところで，いちいち V_θ を計算するのは厄介であるから，図2 − 73に早見図を示しておく．

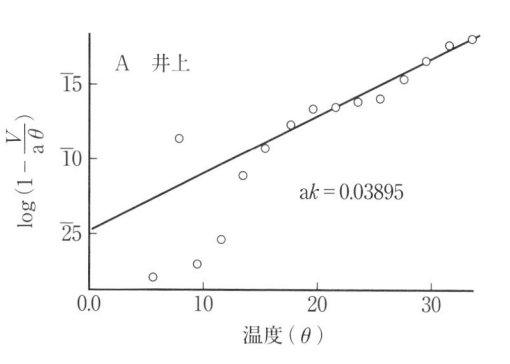

図2 − 72　イネ

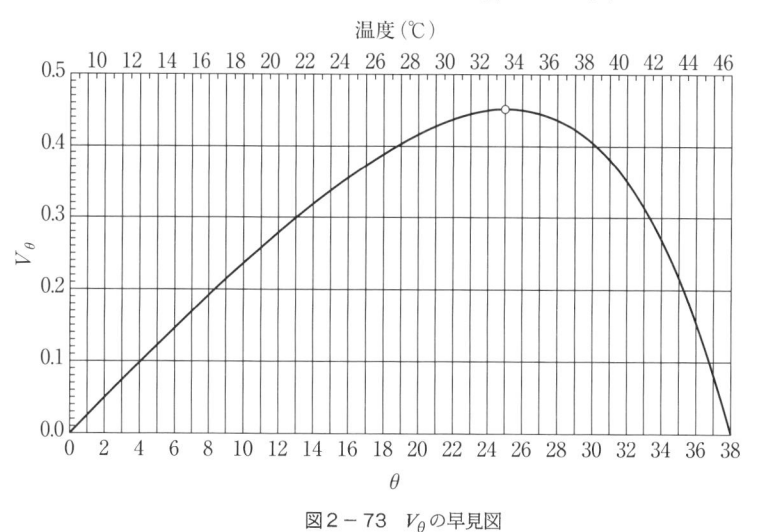

図2 − 73　V_θ の早見図

6.2　Q_{10}

† 図2 − 74　イネ：Q_{10} †

温度が10℃高くなったとき，反応量が何倍になるかを表したものが Q_{10} である．既に古く，化学者は**Arrhenius式**で**活性化エネルギー**　$A = 20\,\mathrm{kcal}$, $300\,K = 26.85$℃で $Q_{10} \fallingdotseq 2$ となることを知っていた．今までに実に多くの Q_{10} の測定が行われており，2〜4ぐらいの値を示す例が多い．イネの Q_{10} を計算してみよう．

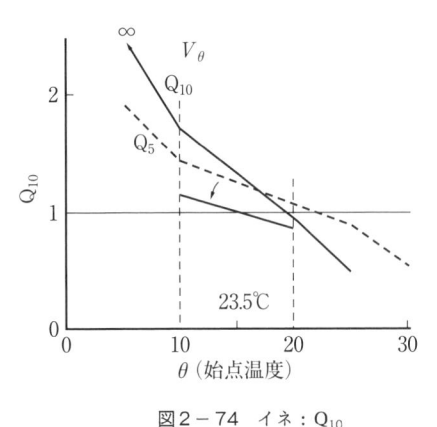

V_θ の Q_{10} は図のとおりになる．始点 θ_0 で∞，常温付近ではおよそ 1.2 ぐらいである．この値が 1 に近い値であることが注目される．10℃の温度差は日中に起こり得る温度差である．故に平均気温から±5℃の変化を見て Q_5 が破線で示されている．日中平均気温を 23.5℃としたときの Q_5 を求め，23.5℃の Q_5 を 1 として示すと，下の実線で示すように 18.5℃のとき 1.15，28.5℃で 0.87 となるから相殺し合ってほとんど変化が無いかのようである．

図2-74 イネ：Q_{10}

この事によって，野外実験で最高最低平均気温を使って1日の成長量を求めても大きな誤りは無いという根拠が与えられた．次にその一例を示す．

† 図2-75 気温とイネの V_θ †

ある所で5月20日～6月4日の間の晴天5日間の平均時刻別温度が調べられている．この温度と V_θ との関係が図示されている．これから総平均気温＝19.2℃，最高最低平均気温＝19.7℃である．一方，総平均 $V_\theta = 0.248$，最高最低平均気温における $V_\theta = 0.248$ で，全くと言ってよいほど一致している．

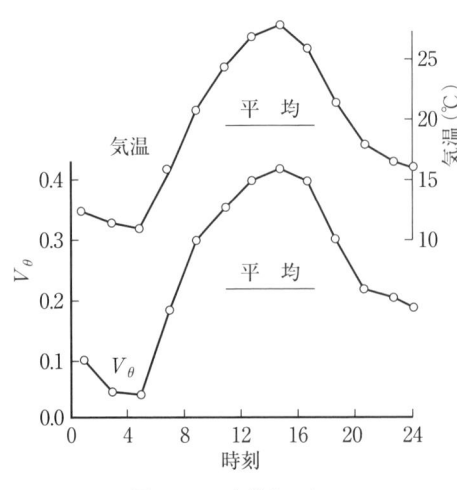

気温は雲量などによって日変動するので，常にこのように一致するとは限らないが，最高最低平均気温の V_θ を用いても余り大きな誤差を生じないと言えるであろう．このような関係が無いならば，膨大な野外実験のデータを活用することはできないのである．今まで何の断りも

図2-75 気温とイネの V_θ

無く平均気温を使用してきたが，今後は安心してこれを使用することができる．また，この関係は成長の始点と終点（成熟期）の間でも同じで，全成長期間の平均気温をもって大まかにせよ代表させることができる．この事が無いなら播種期試験のデータを利用することができない．もちろん，近似的なものであるから，温度の変動はデータのばらつきの要因になるし，実験年が違えば，この近似性が破れる事は当然あり得ることである．

今は温度だけを考えた．成長の環境は温度だけではない事は断るまでもないが，野外で成長速度すなわち反応速度を支配しているのは温度である事を指摘しておかなければならない．

6.3 活性化エネルギー A の大きさ

呼吸については次の7節で詳述するが，2通りあって，成長停止または呼吸基質が流入していない時の呼吸を **呼吸(1)**，成長中または呼吸基質が流入している時の呼吸を **呼吸(2)** と呼ぶことにする．

さて，呼吸(1)は前記のArrhenius式に従うから，**活性化エネルギー A** の計算ができる．1章5.3に出た式，$V_\theta = KT(1 - e^{-A/RT})$ と2章6.1に出た式，$V_\theta = a\theta(1 - 10^{k(a\theta-1)})$ から，次式が得られる．

$$10^{k(a\theta-1)} = e^{-A/RT}$$

両辺の常用対数をとると，

$$k(a\theta - 1) = \frac{1}{2.303} \times \left(-\frac{A}{RT}\right)$$

R（気体定数）$= 1.987$ を代入すると，

$$k(a\theta - 1) \times 2.303 \times 1.987 = -\frac{A}{T}$$

計算の結果は図2-76に示してあるとおりで，勾配$= A = 17.0$ kcal/molである．

θ_0 における呼吸(1)$= 10^{-k}$ は成長用物質が体内へ流入するのに必要な最少のエネルギー（E）で，これは次のように簡単に求められる．

一般にグルコースの **自由エネルギー** としては $\Delta G = 686$ kcal/mol が用いられているが，本著ではグルコースの **結合エネルギー** 673 kcal/molを用いることにする．そうすると，25℃における **エントロピー量** を加えたものが

686kcalになるのであるから，673kcalは正味の自由E量で，**エンタルピー**（ΔH）と呼ばれる．もっとも両者の差額は僅少であるから，どちらを用いても大差は生じない．よって，

　　最小 E = $673 \times 10^{-1.480}$ = 22.3，すなわち22kcal/mol

この最小Eは何であろうか．光合成で最大の分子はグルコースであり，最も移動速度が遅いから，これが反応を律速する．故に，この最小Eはグルコースを輸送するEであろうと推定される．CH_2Oがグルコースへ縮合するときのEは最も大きいので，そのEでないことは確かである．

よって，植物のθ_0，すなわち**成長開始温度**を決定しているのはグルコースの輸送量と輸送するために呼吸によって消費されるグルコース量とがちょうど釣り合ったときの温度である．

さて，グルコースの好気的分解だけを眺めていると，その反応メカニズムがわかりにくく，原著者も迷路に迷い込んで理論が二転三転したが，原著の発刊後に現象をもっと広い視野で眺め直すことによって，ようやくその真の姿が浮かんできたものである．その内容をここで簡単に記述すると，グルコースの好気的分解，呼吸反応は生物体では，次式で表すことができる．

　　$6CH_2O_{固} + 6[O_2]_{気} \xrightarrow{A} 6[CO_2]_{気} + 6H_2O_{気}$

式中，Aはアレニウス（Arrhenius）の**活性化エネルギー**であり，$H_2O_{気}$は液体でなく気体であることに注意する必要がある．そうすると，式の右辺は気体であり，グルコースが酸化分解するという事は，それが蒸発する現象であるという見方をすることができる．この新しい発想がグルコースの好気的呼吸反応への新理論の導入を可能にしたのであった．

グルコースが分解するのには，まず$CH_2O_{固}$が水に溶解しなければならないが，それには6.3kcal/molの熱量を必要とし，次に水の**蒸発熱量**10.6kcal/molを必要とし，その合計は16.9kcal $\fallingdotseq A$ = 17kcal/molである．

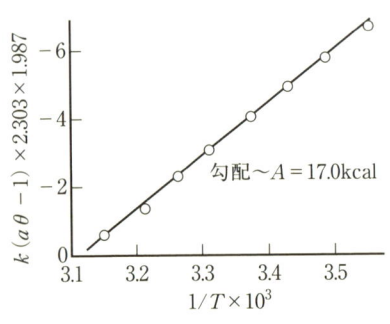

図2-76　活性化エネルギーAの計算

この蒸発現象が成り立つためには次のような仮定を置く．

$$O_2 : C \cdot H_2O \xrightarrow{H_2Oの蒸発熱量} [CO_2]_気 + H_2O_気$$

まず，**酵素**の作用によって上記のように O_2 と CH_2O とが接し，O_2 と C とが接するような位置に並ぶものと仮定する．ここに H_2O の蒸発熱量が流入すると，H_2O が活性化されて C から分離し，$H_2O_気$ は蒸発する．故に，前出の呼吸の Arrhenius 式，$y = y_0 e^{-A/RT}$ はグルコースの蒸発反応であることがわかった．

6.4 イネの出穂期における低気温障害

開花日の最高気温と稔実％との関係を見てみよう．

† 図 2 – 77 イネ：日最高気温と稔実％ †

青森県における実験で，日々に出穂する穂で開花した花だけを残しておき，成熟期に稔実％を調べた結果である．

受精には受粉後6時間ぐらい掛かるが，どの時刻の温度が最も稔実に関係するかは不明である．また，開花時刻も温度によって異なるが，その最盛時刻は普通は12〜13時ころであり，一方，最高気温は13〜14時ころに出現することが多い．故に，日最高気温の時刻と開花，受粉の時刻はほぼ一致している．そこで図を見ると，y（％）$= 0$ になる温度は18℃である．イネの花粉の空中における寿命は非常に短いので，受精の成否を決めているのは開花・受粉の時刻の温度であると見なして差し支えないであろう．

そこで，V_θ の値を早見図（図2–73）から読み取って図 B を作ると，$V_\theta \propto$ 稔実％の関係が見られ，稔実95％で飽和しているが，このとき $V_\theta = 0.425$ で，$\theta = 20.5$，温度（$\theta + 8.5$℃）$= 29$℃のときである．以上の結果は，雌しべの柱頭での花粉管の伸長にはかなりの高温環境が必要であることを示している．

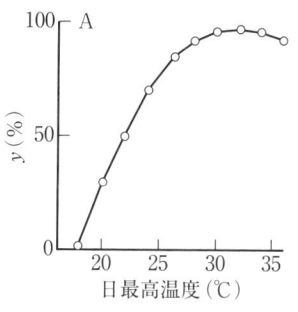

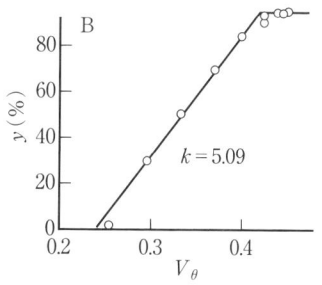

図 2 – 77　イネ：日最高気温と稔実％

† 図2-78 イネ：V_θと玄米重収量 †

図2-78 イネ：V_θと玄米重収量

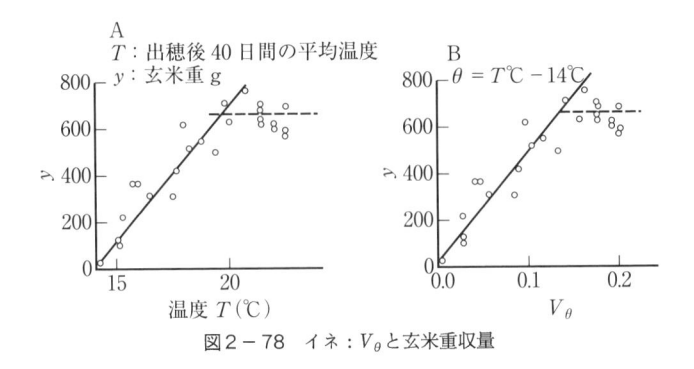

東北農試の実験である．$y=0$となる平均温度は14℃である．この地方の日温度較差を8℃と仮定すると，これは日変化が10℃から18℃の間で変化したことを意味しており，日最高気温はθ_0（花粉）=19℃（3章4参照）とほとんど同じである．そこで，平均温度14℃をθ_0に読み替えて，$\theta=T-14$と置いてV_θを読んでみると，図Bに示すように良い直線を示した．そして，$V_\theta=0.14$，生物温度（θ）5.5度 = 14 + 5.5 = 19.5℃で飽和しており，つまり**低気温障害**はなくなっている．この結果から図Aに戻って直線を引くと，やはり温度との間に直線関係が見られた．これは，θが小さい範囲ではV_θ早見図（図2-73）で見られるように，近似的に$\theta \propto V_\theta$の関係があるからである．

6.5　V_θと成長速度

次には，V_θと成長との関係の一般的問題を検討する．

† 図2-79 イネ：一粒重量の成長速度 †

違った温度を得るために出穂期の違った穂が用いられている．その成長期間の気温は資料に示されている，実験地のごく近くにある気象台の半旬別気温を利用する．成長時間t_mは成長のS字曲線が水平になった時期として目測により判定する．このようにして成長期間の平均気温を求める．

まず，S成長速度式によって図Aが描かれる．図のように直線を引いてkを求める．差し当たってばらつきの大きい20.2℃区は除いて，kとV_θの関係

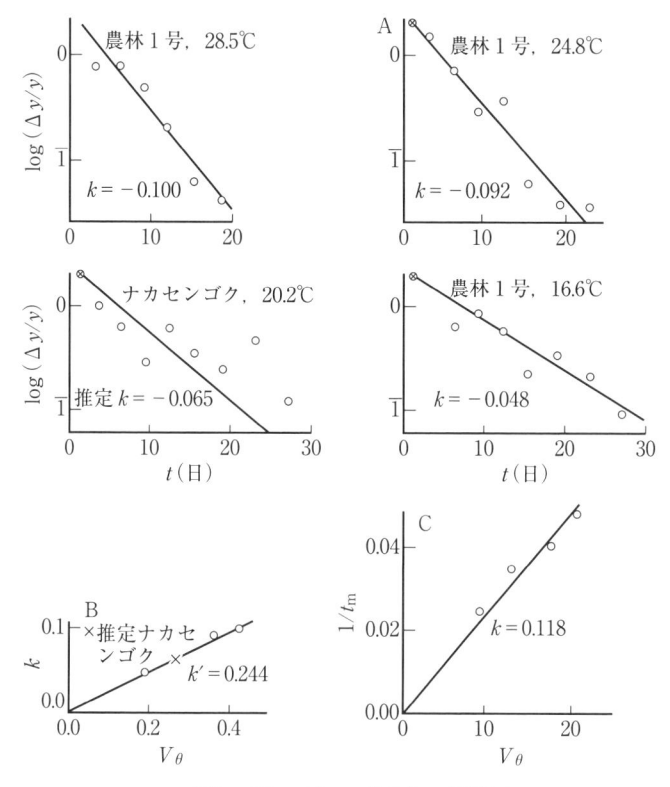

図2-79 イネ：一粒重量の成長速度

を作図すると，図Bに示すように良い直線を示し，しかも点0に収束している．これから20.2℃区のkを求めると0.065であるから，図Aに戻って点⊗を通るように直線を引くと，大体無理の無いことがわかる．実は，この区だけが品種ナカセンゴクで他の区はすべて農林1号であるが，kの値に品種間差があるわけではないので，20.2℃区は実験誤差が大きかっただけのことである．

　成長量と速度との関係は一般に次式のように表される．
　　$y_m = \overline{v} t_m$, 　$\overline{v}$：平均速度, 　t_m：y_mに達するまでの時間

　故に$\overline{v}$が大になっただけではy_mが大になるとは言えない．温度が高くなると，普通にはt_mは小となる．上式で$y_m = $一定なら，
$$\overline{v} \propto \frac{1}{t_m} \propto V_\theta$$

図 C に V_θ と $\dfrac{1}{t_m}$ とは比例関係がある事が示されている．故に，この実験では y_m は一定であったのである．もう一度言うと，温度が高くなると $\bar{v}$ が大になるけれども同時に t_m が小さくなって y_m は少しも変化しないという事であるから，一定量の y を速く輸送するかしないかというだけの事で，速く輸送すればそれだけ時間が短くなるという，極めて簡単な現象である．

この実験から一粒重成長において V_θ 式を組み込んだ S 成長速度式が得られる．図 B から，$k = k'V_\theta$ が得られるから，$k'V_\theta$ を kV_θ と書き直して，

$$\log y = \log y_\infty (1 - 10^{-kV_\theta t})$$

† 図 2 - 80 イネ：登熟速度と子実重量収量 †

実験には定温装置（growth cabinet）を用いている．容量が小さいので1処理区の面積は $\dfrac{1}{1000}a$ の小さなポット4個に過ぎないから，実験誤差はかなり大きかったであろう．温度処理期間は約2週間で，成長の違った時期に行っているが，その中から①穂形成期，②登熟初期，③登熟後期を選ぶ．処理区の内，昼夜同温区を取り出して図 A に示す．34℃付近で穂重 $y = 0$ となっている区があるが，その稔実障害の原因は不明である．

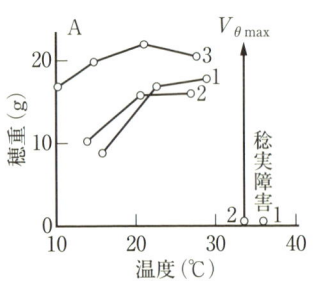

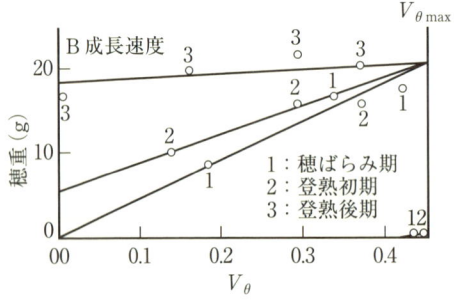

次に，V_θ と穂重との関係を図 B に示す．3本の直線を引くことができる．切片が違うのは処理前における成長量が見えているのである．故に，成熟期に近付くに従って直線は水平に近付く．よって，3直線の交点は**最適温度**における収量に収束するはずである．右端近くにある②の点は直線からかなり離れているが，誤差と見なして図にあるように直線を引き，3直線の交点を求めると，$V_\theta = 0.455$ で，V_θ の早見図（図

図2-80 イネ：登熟速度と子実重量収量

2-73)によると，このときの$\theta = 25$度，温度$25 + 8.5 = 33.5$℃であり，V_θの最高値を示す温度である．

従って，このデータは見ようによっては登熟の**最適温度**が33.5℃であることを証明しているとも言える．

† 図2-81 冬作イネ科植物：子実重量の成長速度 †

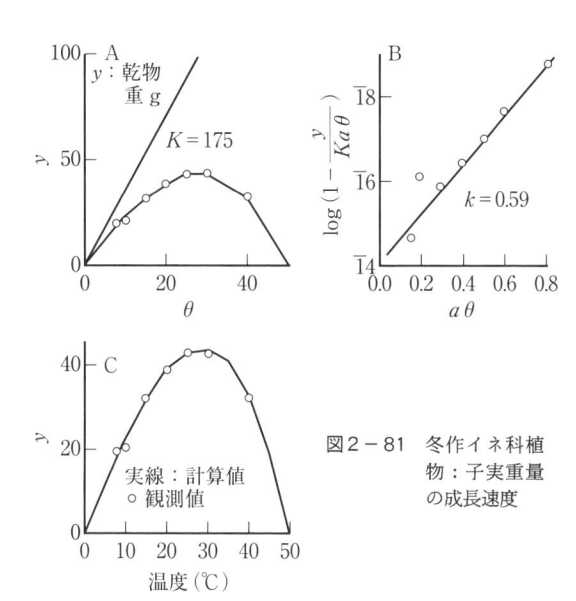

植物はコムギ，オオムギ，ライムギの3種で，いずれもムギと呼ばれるけれども全く別の植物である．3種の平均値で示すと図Aのとおりである．これから$\theta_0 = 0$℃，$\theta_{00} = 50$℃と仮定する．未知数Kを求めなければならないが，簡単ではないのでKの見積りをする．数回の試行（B図で良い直線が得られるまで試行を続ける）によって，図に示すようにθ_0から直線を引き，この直線の50℃におけるyの値が求めるKの値である．そうすると，$K = 175$，$\theta_{00} - \theta_0 = 50 - 0 = 50$℃，$a = \dfrac{1}{50} = 0.02$，$Ka = 3.5$，成長温度速度式（図Aでは$V_\theta = y$）から，

$$\log\left(1 - \frac{y}{Ka\theta}\right) \propto a\theta$$

計算の結果は図Bに示してある．これから$k = 0.59$が得られ，

$$y = 3.5\,\theta\,(1 - 10^{0.59(0.02\theta - 1)})$$

これによって求めた曲線が図Cに実線で示しており，観測値との適合は良いから，上式は大体正しいであろう．図から**最適温度**（適温）は約30℃である．夏作物であるイネの適温は33.5℃であって，その差はわずかに3.5℃に過

ぎない．なお，後出（2章10.5）の原形質運動速度から判断されるコムギの適温は32℃であり，冬植物でも適温は案外高いのかもしれない．

6.6　V_θ 式を求める方法

　成長温度速度式 V_θ を決定するのは非常に難しい．式には4個の未知数があり，それを理論的に求めることができず，実測する以外に方法が無いからである．

　①θ_0 の決定は比較的易しい．

　②θ_{00} の決定は非常に難しい．今のところ，原形質流動速度から求めるのが最も正確で，同時に θ_0 や θ_{opt} も求められる．これで種子発芽のデータが得難い場合，例えば樹木などでも葉，茎などの挿し木発根などが利用できる．

　③θ_0 と θ_{00} が決定されれば a は自動的に定まる．

　④K と k の決定は難しい．k は後出の温度と蒸散量との関係から求めることができるが，簡単ではない．そこで，実用的な近似式を求めることにする．

　k の値が定まれば K の値は容易に求められるのであるから，$k=1$ と置いてみる．この方法は幾つかの事例で用いて大した不都合が起きていないが，それはどの場合も $k=1$ にかなり近い値を持っている事を物語っている．

　そこで，正確にわかっているイネを使って，$k=1$ とすればどのくらいの誤差が生じるか調べてみよう．図2-82は両者の比較図である．温度の上りと下りとで一致しないが，θ_{opt} は一致する．そこで θ_0 と θ_{opt} とを直線で結ぶと若干の差が生じるが，実用的に見れば余り大きな誤差は生じない．故に，k の値が1と1.48くらいの差であれば，$k=1$ として，

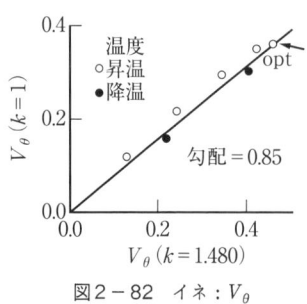

$$Ka\theta\ (1-10^{k(a\theta-1)}) \fallingdotseq Ka\theta\ (1-10^{a\theta-1})$$

このとき θ_{opt} は不動で，$\dfrac{\theta_{opt}-\theta_{00}}{\theta_{00}-\theta_0} \fallingdotseq \dfrac{2}{3} = 0.67$

　本節の例では θ_0，θ_{00} の値が非常に不確かなものではあるが，目測によって $\theta_{00}-\theta_0$ に対する θ_{opt} の位置を見ると，ムギ類＝0.60などの例もあり，一応 θ_{opt} をごく大まかに0.67くらいの所に仮定してみるのも役に立つであろう．これ

図2-82　イネ：V_θ

は，比較的正確に得られるθ_0とθ_{opt}からθ_{00}の位置の見当を付けるのに利用できる．

6.7 積算温度

積算温度とは成長期間の日平均気温を積算したものを言う．特に，成長に無関係な温度を差し引いて積算したものを**有効積算気温**と言い，広く生物界で用いられている．しかし，その理論的根拠は何も与えられていない．本節で取り上げた数例では温度に比例する形質は無い．

$y \propto \Sigma\Delta\theta$, $\Delta\theta$：有効日平均気温

この式は反応速度が温度と関係無く一定であるときには成り立つが，それは積算温度を否定することであり，また$\Sigma\Delta\theta$にはどのような温度を与えることもできるから，$\Delta\theta$に生物の致死温度を与えてもyは大となる．そのような高温を与えてはならないという条件はどこにも付いていない．これが，積算温度という概念そのものの持つ欠陥である．故に，積算温度式はどのようなものであれ排除される．

6.8 まとめ

1) 成長用物質の吸収・流入速度は生物温度θに比例し，生成された物質をその場所から他の場所へ輸送するために成長用物質（グルコース）の呼吸分解によって得られるエネルギーを用いる．このことから呼吸項を組み込んだ次の成長温度速度式，略してV_θ式が得られた．

$V_\theta = Ka\theta \ (1 - e^{k(a\theta-1)})$

2) イネについて温度と発芽速度との関係のデータを利用して次の式が得られた．

$V_\theta = 0.0263 \ \theta \ (1 - 10^{1.480(0.0263\theta-1)})$, θ：生物温度，温度$t - 8.5$（℃）

3) イネの呼吸の活性化エネルギー$A = 17$kcal/molが求められた．また，イネでθ_0におけるエネルギー$= 22$kcal/molが求められたが，これは成長開始温度でもこれだけの呼吸エネルギーの消費があり，これに見合うグルコース消費量とグルコース輸送量が釣り合っているものと推定された．

3) イネの花粉の成長限界温度 (19℃) が体細胞のそれ (8.5℃) よりも高い理由は花粉母細胞 (体細胞) が一挙に4分子 (細胞) に分裂するという成長速度に見合う呼吸エネルギーを必要とする事によることを明らかにした (3章4).

4) 一般に成長量 $y \propto V_\theta$. イネの一粒重量成長について V_θ 式を組み込んだS成長速度式が得られた.

5) V_θ 式には未知の定数があって, 式の決定は非常に難しいが, 式の求め方が紹介された.

6) 生物界でよく用いられる積算温度式はどのようなものであれ排除される.

7. 呼　吸

7.1 呼吸式の適用事例

呼吸をしない生物は無い. 今は結晶ウイルス等は除外してある. **呼吸式**〔呼吸 (2) 式は T を組み込んだもの〕からもわかるように, θ_0 (生物温度の0度) でも呼吸は行われている. 呼吸の最小値は絶対温度 $T = 0$ 度のときである. 一般に, 低温で保存可能な生物では低温で生存期間 (寿命) が長くなることがわかっている. データを調べてみる.

† 図2-83 テンサイ：温度と葉の呼吸 †

図2-83 テンサイ：温度と葉の呼吸

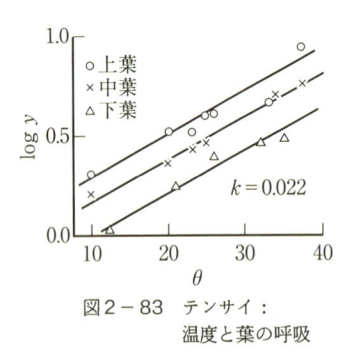

実験中の葉は成長していないと見なせば, 葉の呼吸は呼吸 (1) 式 ($y = e^{k\theta}$) である. 図には葉の位置, すなわち生成時期の新旧別に平行した3直線が引いてある. この式の常用対数をとり,

$$\log y \text{ (呼吸量)} = C + k\theta$$

k の値は葉の新旧によって不変である. 違うのは切片だけで, 新しい葉ほど大である.

† 図2-84 サツマイモ：いも重と呼吸率 †

この調査はサツマイモの成長中の異なった時期（stage）から取り出した，異なった重量のいもの呼吸率（g/100g）を調べたもので，図はそれを転写したものである．資料では $k = 0.714$ と記されているが，$0.68 \fallingdotseq \frac{2}{3}$ とも読める．そうすると，図の x を W に変えて，

$\log r = b - \frac{2}{3} \log W = \log 10^b - \log W^{2/3} = \log (10^b \times W^{-2/3})$

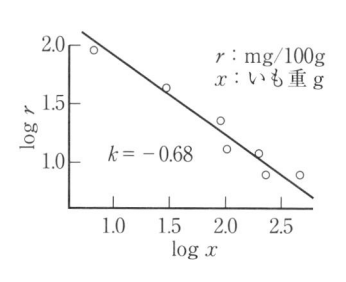

図2-84 サツマイモ：いも重と呼吸率

$r = CW^{-2/3}$, r：呼吸率，W：体重，C：比例定数

もし，これが成り立つと妙なことが起こる．

$R = ry = CW^{-2/3} \times W = CW^{1/3}$, R：呼吸量

一般には，$R \propto W^{2/3}$ であるから，何が原因でこれと異なる結果になったのか，資料からはわからない．違った成長期から調査材料を集めている事が影響したのかもしれない．

呼吸は体重の減少をもたらすと同時に品質を悪化させるから，生鮮食料業者の関心が高い問題である．

7.2 呼吸エネルギー

† 図2-85 サツマイモ：切断根の呼吸 †

根の先端5cmの切断根を用いて，高温―低温，通気―湛水，露光―暗黒の条件の下で呼吸量が調べられている．このときの呼吸基質はでんぷん量で表されている．図に示すように，呼吸率 r は直線の傾きで示されており，

$\frac{呼吸量 (CO_2)}{でんぷん量} = r$, 一定

材料が切断根であるから含有基質量＝一定で，勿論，質量保存の法則が働いているから，

CH_2O（でんぷん）$+ O_2 = CO_2 + H_2O$

測定されているのは CH_2O と CO_2 だけである．

$[CH_2O] \propto [CO_2]$

(100)　2章　植物の成長現象の解析

図2-85　サツマイモ：切断根の呼吸

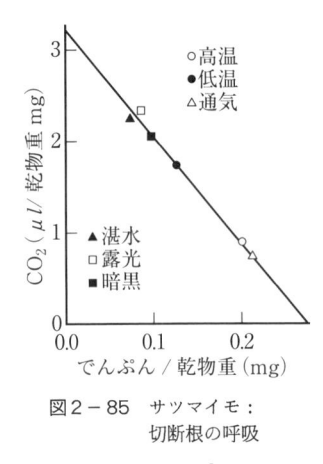

でんぷんの燃焼熱はでんぷんの種類によって若干の差があるが，貯蔵でんぷんは3.5～3.6kcal/gである．グルコースは3.74kcal/gが慣用されており，両者の燃焼エネルギーに違いがある．今はでんぷんをグルコース（180g/mol）に等しいとおけば次の計算ができる．

図からでんぷん0.275mg（$CO_2 = 0$）が変化してCO_2 3.15μl（でんぷん=0）が生成されている．これからmol数の計算をする．

$$CO_2 = \frac{3.15 \times 10^{-6} l}{24 l} = 1.31 \times 10^{-7} \text{mol}$$

$$でんぷん = \frac{0.275 \times 10^{-3} \text{g}}{180 \text{g}} = 1.53 \times 10^{-7} \text{mol}$$

$$\text{mol比}：\frac{CO_2}{でんぷん} = \frac{1.31}{1.53} = 0.86$$

この数値は本来1または1に近いはずであるからそれに比べて計算値はかなり小さい．その理由として，でんぷんの代わりにグルコースを用いていることのほかに，資料の説明にもあるように，でんぷんが消失してもなお，還元糖，非還元糖が多量に残っており，でんぷんが完全に燃焼しきっていないという事がある．故に，でんぷんの消失量をもって正確にエネルギー生成量を推定することはできない．

† 図2-86　イネ：発芽成長（暗黒25℃）†

胚乳→幼植物への転化率が調べられている．

転化率は胚乳物質が胚へ移動する量の比率のことである．移動＝輸送には一定率の呼吸エネルギーを使うので，転化率は一定である．

図Aはイネの種子を暗中で成長させたときの成長量で，25℃の場合が示されている．胚乳の消失量と胚→幼植物の増量が共にS成長速度式に従う事を図Bに示す．勾配は同じで，

$$\frac{胚→幼植物の増量}{胚乳の減量} = k, \quad 一定$$

次に，図Cの勾配が上式のkであって，およそ0.5である．故に，転化（胚→幼植物の増量）に使われた胚乳量はおよそ胚乳の$\frac{1}{2}$となるから，次式の分母もおよそ0.5とすることができ，

$$\frac{\text{転化に使われた胚乳量}}{\text{転化用物質量(胚乳)}-\text{転化エネルギー量}} \fallingdotseq \frac{0.5}{0.5} = 1$$

この式は転化用物質（胚乳）から**転化エネルギー**を差し引いた量が転化する事を表しており，至極簡明である．

さて，**輸送エネルギー**はV_θ式の中の呼吸項であり，25℃において，$\theta = 25 - 8.5 = 16.5$であるから，

$$10^{1.480(0.0263\theta-1)} = 10^{1.480(0.263\times16.5-1)} = 10^{-0.838} = 10^{\overline{1}.162} = 0.15$$

およそ輸送物質量（グルコース，V_θ式のかっこ内の1がこれに当たる）の0.15倍であるから，上式の転化エネルギー（0.5）との差，0.5－0.15＝0.35は輸送エネルギーではないエネルギーに使われる割合である．それは何か．転化が単一物質，例えばグルコースを単に輸送するのであれば呼吸は0.15で十分である．ところが，転化では輸送物質はCH_2Oだけでなく，蛋白や脂肪その他，様々な物質から成り立っている．また，輸送先で生成される物質も同様に様々な物質から成る物質であり，輸送エネルギーのほかに，そのような**生成（合成）エネルギー**が必要である．その量は今のところ0.35であるから輸送エネルギーの比＝0.35/0.15 ≒ 2くらいとなる．検討の結果，次式の成立が推定された．

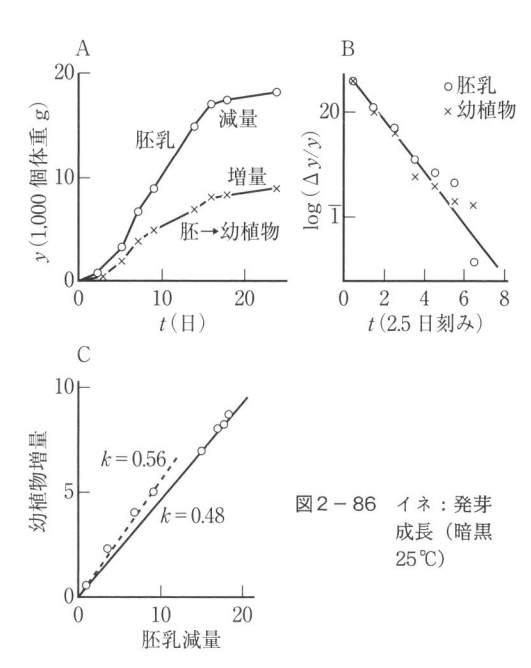

呼吸エネルギー＝輸送＋生成（合成）のエネルギー

図2-86 イネ：発芽成長（暗黒25℃）

また，生成（合成）される物質の種類が一定なら，

呼吸エネルギー∝輸送エネルギー∝生成エネルギー

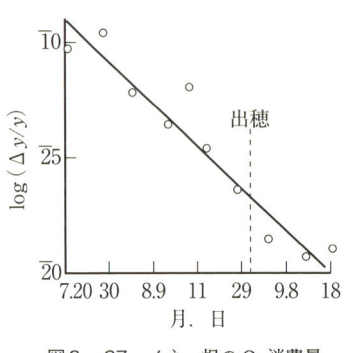

† 図2-87　イネ：根のO_2消費量　†

根の重量成長がS成長速度式に従うことがわかっているが，図は根によるO_2の消費量もS成長速度式に従う事を示す．故に，

Y（全重）∝y（根重量）∝O_2量

この式は成長用物質の呼吸量とO_2量とが比例する事を表している．成長用物質の吸収量∝根からの成長物質量であるから，

根による吸収量∝O_2量∝呼吸エネルギー＝自由エネルギー

すなわち，成長用物質の吸収には呼吸を必要とするという本著の仮説が成り立っている．

† 図2-88　イネ：根の呼吸量と〔N〕吸収量　†

図Aと図Bを比較すると，

〔N〕吸収量∝呼吸量

kの比：$\frac{[N]}{[O_2]} = \frac{0.27}{0.25} = 1.08 ≒ 1$

物質の吸収にはエネルギーが必要である．この図は明らかにその事を示している．このとき，H_2Oの吸収だけは例外という事はあり得ないのではないであろうか．

† 図2-89　ラジノクローバー：温度と葉の寿命　†

寿命とは葉が出現してから死ぬまでの時間であるから，死の平均速度はその逆数である．メカニズムがわかっているのは葉がy_{max}に達した後の老化過程に入った場合の寿命だけ

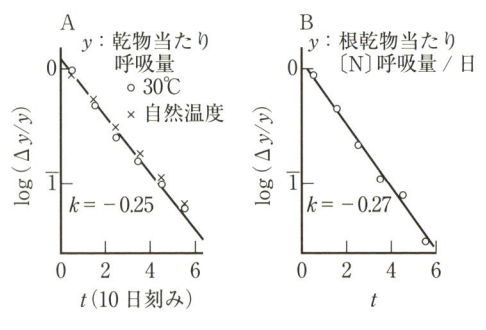

図2-88　イネ：根の呼吸量と〔N〕吸収量

である．今は，y_{max} に達した時期はわからないけれども，それまでの時間は死までの時間に比べて非常に短いと想像されるので，これを無視すれば近似的に死の速度を求めることができる．T_d を死までの日数＝寿命とすると，
$$\overline{v} = \frac{1}{T_d}$$
老化過程においては成長はないのであるから，このときの呼吸は呼吸 (1) 式である．故に，
$$\overline{v} = \frac{1}{T_d} \propto e^{k\theta}$$
$$T_d^{-1} = k'e^{k\theta}$$
$$\log_e T_d^{-1} = \log_e k' + \log_e e^{k\theta}$$
$$-\log_e T_d = C + k\theta$$
$$\log T_d = C - k\theta, \quad 定数 C は改められた．$$

図はそのようになっている．これから，寿命は呼吸の関数であることがわかる．

  ファイトトロン：$\log T_d = 1.89 - 0.011\theta, \quad \theta > 0\,℃$

  自然：$\log T_d = 1.91 - 0.018\theta$

これから，「温度が高いほど寿命が短くなる」，あるいは「呼吸が多くなると寿命が短くなる」と言える．

また，式 $T_d^{-1} = k'e^{k\theta}$ は次のように書くことができる．

  $T_d e^{k\theta} = T_d \times$ 呼吸量＝一定

今は θ_0 は不明であるが，$\theta > \theta_0$ のとき上式は双曲線形であり，葉の一生の間に呼吸する量は一定である事を表している．また，呼吸は自由エネルギーに等しいから，葉が一生に消費する自由エネルギーは一定である．ただし，このような事は葉についてだけ言えることである．

7.3　水中溶存酸素濃度

† 図 2 – 90　水温と水中溶存 O_2 濃度との関係　†

水中溶存酸素濃度は水生生物にとって重要であるにもかかわらず，余り取り上げている解説書が無いので，ここで取り上げる．

図 A に 25.9 ℃ における溶存 O_2 濃度 (mol) と蒸気圧との関係をべき関数で

示してある．直線性は良い．O_2 は理想気体式に従わない気体である．図から，
$\log P = 3.07 + 1.05 \log m$, P：気圧，m：O_2 の濃度（mol数）
$P \fallingdotseq 10^3 m$

対数式の比例定数 $\fallingdotseq 1$ であるから P は近似的に溶存 O_2 濃度に直線的に比例する．すなわち，「溶解する気体の質量はその気体の分圧に比例する」．これを **Henry の法則** と言う．

図 B に別の資料によって大気圧が 1 気圧のときに溶存 O_2 量が $e^{-k\theta}$ で低下する事が示されている．何故そのようになるか，その説明ができないので，これは実験式である．

$\log y = 1.0 - 0.0093\, \theta$
$y = 10^{1-0.0093\theta}$, y：飽和 O_2 量（ml/l）

図 C は式によって求めた y の早見図である．観測温度より高水温域の値はすぐには推定できない（3章5参照）．

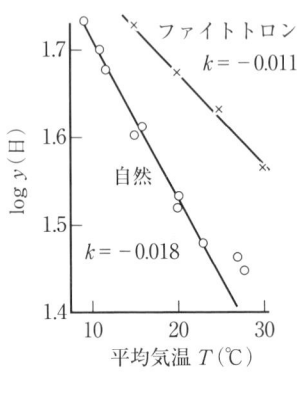

図 2-89 ラジノクローバー：温度と葉の寿命

7.4 まとめ

1) 呼吸は成長用物質の輸送から体構成物質の合成までの過程に要する自由エネルギーを生成するために行われるが，それは輸送エネルギーに比例する．この考え方に立つと種々の現象の説明が容易になる．

Y（成長量）$\propto y$（根重量）$\propto O_2$ 量 $\propto$ 呼吸エネルギー

2) 現れる形質の種類によって呼吸式は次の形をとる（1章）．

呼吸（1）：$e^{k\theta}$，$e^{-A/RT}$，成長停止中

呼吸（2）：$\theta\, e^{k\theta}$，$T e^{-A/RT}$，成長中

3) 葉の寿命は正しく呼吸依存現象で，高温は寿命を短くする．

4) 水に難溶の O_2 の水中溶存濃度について検討した（2章）．さらに，観測が難しい高水温域における値を推定する温度式が得られた（3章5）．

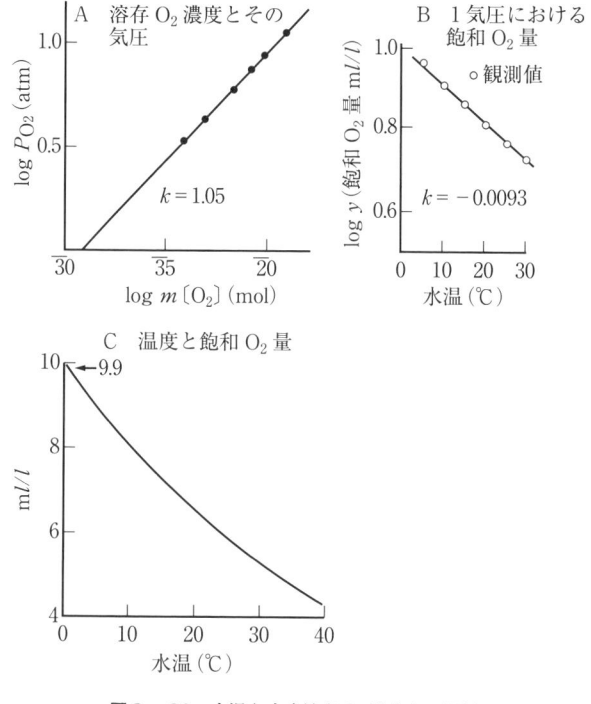

図2-90 水温と水中溶存O_2濃度との関係

8. 光

8.1 光の反射, 吸収, 透過の量的関係

　光は光合成に関連して調べられることが多いが, そのほかにも生物との関係が深い現象がある. 初めに, 植物個体の集合中を光が通過するときの反射, 吸収, 透過の量的関係について調べる.

† 図2-91 太陽光：鏡の集光率と吸光エネルギー量 †

　鏡を用いて太陽光を集め, 例えば水温を高めてエネルギーを取り出す方法が注目を集めている. 集光率と得られる温度との関係は密度(1)式に従うはずである.

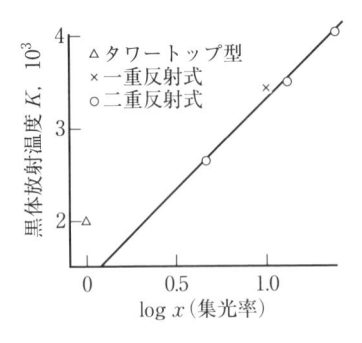

図2-91 太陽光：鏡の集光率と吸光エネルギー量

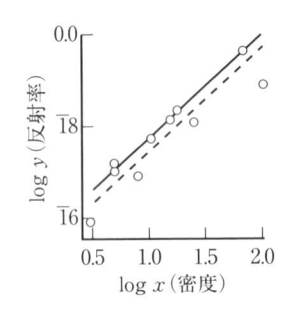

図2-92 雪：粒子密度と光の反射率

密度(1)式：$y = k \log x + C$，x：栽植密度，y：成長量＝反応量

ここでは，x：集光率，y：吸光エネルギー量である．それを図に示す．反射型は合わせて観測点が4点しかないが，式は成り立っていると判断される．よく言われているように，タワートップ型の効率が高いようである．

† 図2-92 雪：粒子密度と光の反射率 †

雪の状態によって雪の粒子の大きさが違う．今，雪全体の体積密度から雪の粒子の密度を計算によって求め，光の反射率の関係を調べた資料がある．粒子の密度と大きさとが共に変化するので密度(2)式が適用される．

密度(2)式：$\log y = k \log x + C$

ここでは，y：反射率である．図のようにばらつきが大きいけれども，一応直線と判断されよう．図に見られるように，反射率が1に近くなる密度が存在しそうであるが，投下光の全量に近い量が反射し，雪がほとんど光を吸収しないという事があるのであろうか．

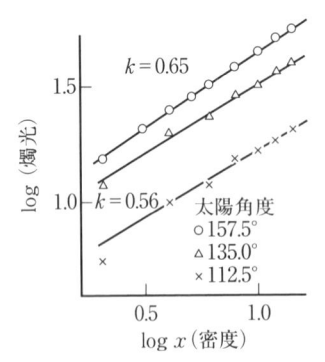

† 図2-93 煙：密度と反射光量 †

太陽光を背にして煙の柱を見たとき，煙の粒子の密度と反射光の強さとの関係を調べたもので，資料では **Fechnerの法則**，すなわち密度(1)式に従うと記されているが，深部からの反射を含んで反射面と反射量の大きさが

図2-93 煙：密度と反射光量

共に変化するので，反射量は密度 (2) 式に従う．

なお，太陽光度によって直線の勾配の大きさが少し違っているが，それは，見ているのは柱であって球ではないので，反射光の通過量が角度によって違っているからである．

† 図2-94　オオムギ：植被上における全放射量と純放射量との関係　†

オオムギの植被上に来る全短波放射量xに対して反射量を差し引いた純放射量yとの関係は，観測時刻によって太陽高度が変化するので，べき関数を当てはめると，図によって，

$\log y = -0.4 + 1.1 \log x$

$\log y = \log 10^{-0.4} + \log x^{1.1} = \log 10^{-0.4} x^{1.1}$

$y = 10^{-0.4} x^{1.1} \fallingdotseq \dfrac{1}{2.51} x^{1.1} \fallingdotseq 0.40 x^{1.1}$

$y \fallingdotseq 0.4x$

全短波放射量の約4割が純放射量となっている．

† 図2-95　イネ：太陽高度と反射，吸収，透過の割合　†

植物の集合の中を通過する光量は時刻によって異なるので吸光量，透過量も時刻変化をする．もちろん季節によっても変化する．資料ではイネの出穂10日くらい前の晴天日に時刻別の値が調べられている．全光量を100とし，反射光％に対応する透過，吸収の％を対数で示すと，分子（イネの茎葉）の分布が不均一であるために起こる光量の変化が図に示すように見られる．例えば，9.5時ころには透光％が高く吸光％が低くなっているのは，この時に太陽光の方向がイネの畝の方向と一致したからである．

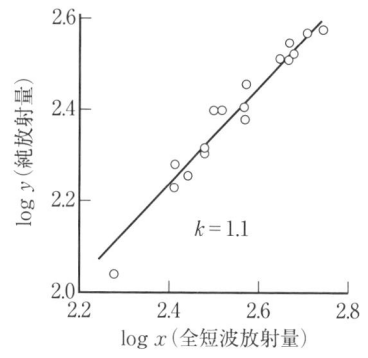

光のデータはほとんどすべて観測時刻，太陽高度，畝の方向などは明示されていないので，違った資料のデータを入手しても比較検討の方法が無い．この茎葉分布に基づく光の不均一性は高等植物の集合には避けることができないけれども，散播，密植，成長後期には不均一性は小さくなる．

図2-94　オオムギ：植被上における全放射量と純放射量との関係

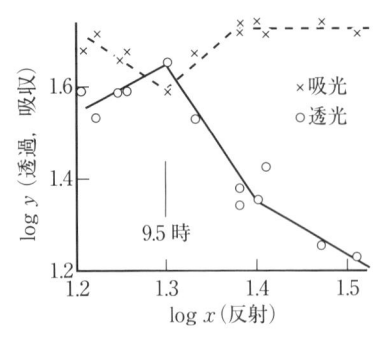

図2-95 イネ：太陽高度と反射，吸収，透過の割合

図2-96 ビニル膜：透光率の崩壊

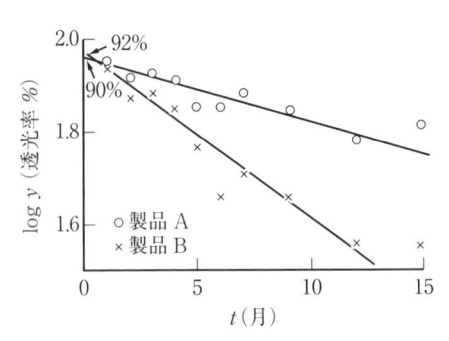

† 図2-96 ビニル膜：透光率の崩壊 †

透明膜の透光率は使用時間の長さと共に変化するが，それは崩壊式に従っている．資料の説明によると，kの小さい方のビニルにはほこりが付きにくいからkが小さくなるという．野外で使用しているのであるから，紫外線などによって膜分子の集合が崩壊する事が考えられ，その速さが製品により異なる事を示すのかもしれない．

図2-97 コムギ畑：播種密度と透光量

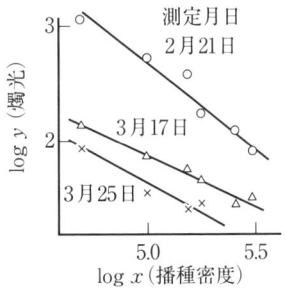

† 図2-97 コムギ畑：播種密度と透光量 †

散播された畑で植物高の上から下へ$\frac{2}{3}$の位置と地面における光の強さが播種密度によってどのように変わるか調べたものである．図は前者の位置について描かれており，べき関数が適合している．地面上でも同様であるので図は略す．成長が進むにつれてkが小さくなっている．

† 図2-98 トウモロコシ：播種密度と透光率の変化 †

この図では密度の代わりに一株占有面積を取っている．べき関数で示してある．

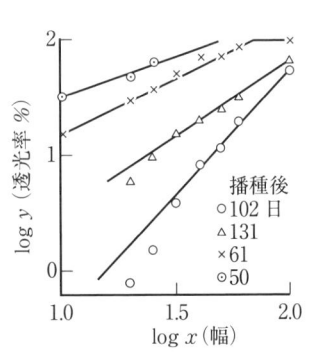

図2-98 トウモロコシ：播種密度と透光率の変化

† 図2-99 イネ：施肥量と不透光率 †

　小形ポットを集めて集合が作られており，その数が余り多くないので，あるかもしれない周辺効果を避けるために，集合の中心近くのポットが選び出されている．実験は〔N〕の施用量を変えて行われている．吸光＝不透光∝成長量（Y）の関係があるから，不透光率は**S成長速度式**に従う．図Aのように，多〔N〕区では観測点数が少なく外挿が難しいが，図のように線を引いてみる．その上でS成長速度式を求めて図B，Cに示してある．このとき，kはイネの成長の良否にかかわる定数であるから当然〔N〕との間に密度（1）式が成り立つはずである．図Dにそれが示されている．

　これが認められるから逆をたどって多〔N〕区の曲線が正しく描かれていることになる．また，図Aに見られるように，多〔N〕ほど早期に不透光100％に達する．これは，子実重が成長するときに光量が不足し勝ちになるという事を物語っている．上記のように不透光率∝成長量の関係があるから，不透

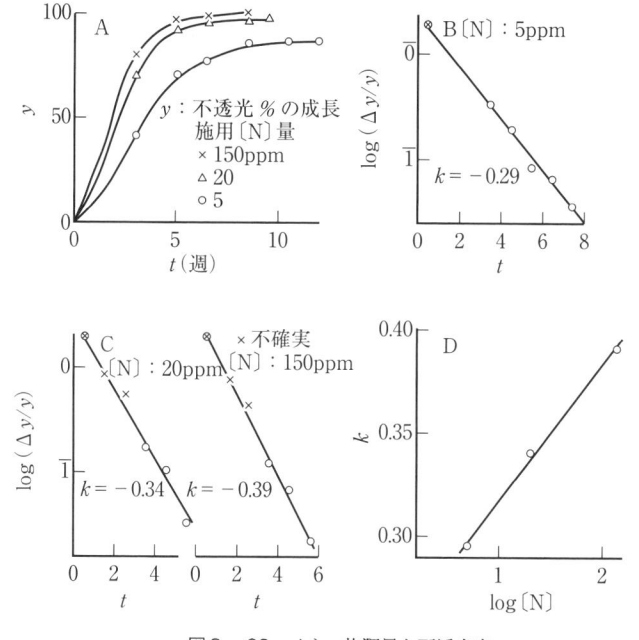

図2-99　イネ：施肥量と不透光率

光率を用いて植物のS成長速度を測定することができる．

8.2 植物空間の高さ，深さと成長量

植物空間の高さ別ないしは層別の成長量を調べてみる．

† 図2-100 クロレラ：深さと成長量 †

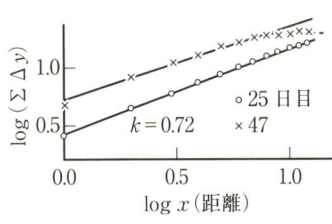

図2-100 クロレラ：深さと成長量

模擬実験である．クロレラをシャーレに一定量（1とする）入れ，幾つも積み重ねて真上からの光だけが透過するようにして培養したとき，各層のクロレラの成長量（Δy）はどのようになるか．シャーレの厚さはガラスの一定の厚さも含めて一定であるから，積み重ねたシャーレの数は深さxを表している．

1章2.1で述べたが，光子の集合である光は一様な分子の集合である物質中を通過するとき，光子数は物質分子と衝突するごとにkの割合で吸収され，残存光子数は減少してゆき，L－B式が成り立つ．

$P = P_0 e^{-kx}$，P：光子数，x：距離

この実験では，人為的に配置された密度は層別に一様であるから，初期には光の透過はL－B式に従う．しかし，成長が始まるとすぐにこの式に従わなくなるはずである．その理由は，光の量が層によって違えば，それに応じて成長量が定まり，層別の成長量は不同となるからである．各層の成長量が不同になると，深さによる成長の変化率は平均成長量yに比例するようになるから，次式が得られる．積分形も示す．

$$\frac{dy}{dx} = k\frac{y}{x}$$

$$\log y = C + k \log x$$

これは，1章1.3で示した密度(2)式と同形の式である．図にこの関係が示され，良い直線性を示している．ただし，47日目には頭打ちが現れている．

一般に植物の高さ別ないしは層別の重量（Δy）の分布がこのクロレラの実験と同じようになっているかどうかわからない．なぜなら，高等植物の場合

に茎葉の分布が$\log x$に比例しているかどうかわかっていないからである．しかし，大雑把に見れば下方に行くほど小になっていることは確かであるから，近似的にクロレラの実験に似ているかもしれない．そこで，若干例について調べてみる．

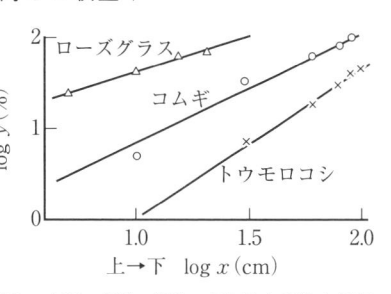

† 図2 - 101　3種の植物：刈り取り高さと収量 †

　刈り取り高さは地面から測った刈り取りの高さであるが，今は光との関係を見ようとしているので植被面から下へ向って距離xを取り，べき関数を利用すると，意外にも良い直線性を示した．これとは別の資料に在るローズグラスのデータも添えてある．

図2 - 101　3種の植物：刈り取り高さと収量

† 図2 - 102　アカザ，チカラシバ：乾物重の垂直分布 †

　この数値は**生産構造図**と呼ばれる図から読み取ったものである．図には同化部分（葉）と非同化部分（葉以外）とに分けて描かれている．これからその合計量を求める．図から読み取った数値は単位の無い任意数として扱われている．アカザとチカラシバの単純集合である．べき関数を適用すると，アカザでは良く適合しているが，チカラシバでは原因不明の折れ曲がりが出現している．

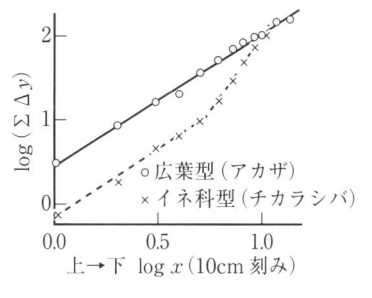

図2 - 102　アカザ，チカラシバ：乾物重の垂直分布

　次には，葉面積と吸光との関係を調べてみる．

　葉面積指数（LAI）とは植物の集合の$\frac{総葉面積}{地面積}$の比のことである．この場合には茎，枝などの吸光を含んでいないから，一つの近似的な関係しか求められないことは明らかであるが，どのくらいまで近似し得るか調べてみよう．

† 図2 - 103　イネ：LAIと吸光量 †

　今，出穂後の調査において，高さ：x，葉面積：S，体重：Y，光：Pとする．

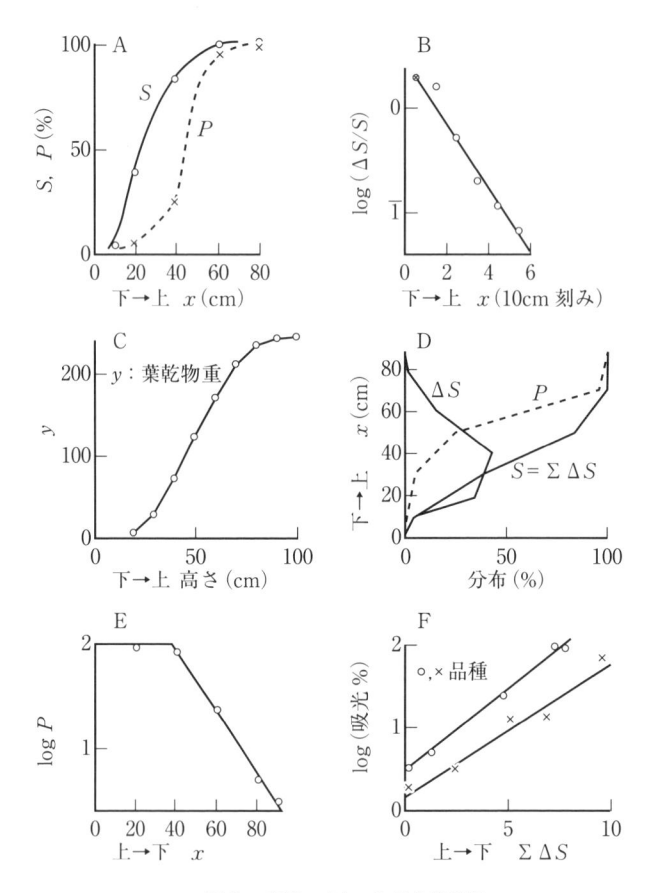

図2−103 イネ：LAIと吸光量

図AにSとPの垂直分布を描いた．共にS字形をしている．そこで，SにS分布式を適用すると，図Bのとおり直線を示した．この関係はYとの間に期待されるのであるが，そのデータは無いので，近似的に葉乾物重yとxとの関係を調べてみると図Cに示すとおりで，これはS分布式に従っているが，S分布式になるとは理論的な説明ができない．もし，これが近似的にでも成り立つなら$\frac{y}{S}$≒一定の関係がなければならないことになるが，次節で見るように，近似的にはこれが成り立つのである．

図Dは分布％を横軸にしてPとSの垂直分布を示したもので，これに葉重分布を書き入れたものが**生産構造図**と言われるものである．PもS字形を

しているが，S分布式に従っていないことは図に見られるとおりである．そこで，試みにL－B式を適用してみると図Eに示すように部分的にしか適合していない．またもし，$\frac{y}{S}=$一定なら，図2－101の刈り取り高さ別収量と同じ関係が見られるはずであるが，そのようになっていない．そこで図Fを作図すると，次の関係が見られる．

$\log P_{吸光} \propto \Sigma \Delta S$

故に，

$\log P_{透光} \propto -\Sigma \Delta S \propto -\Sigma \Delta y$

上式において$\Sigma \Delta S$を用いたときは**門司式**，$\Sigma \Delta S$がxに比例するとして近似させたときはL－B式であるが，その近似の程度は次図に示される．

† 図2－104　イネ：吸光率（並木植え）†

この調査は出穂後間もないころに行われており，穂も含まれている．ただし，下部の葉はかなり枯れている．

光の吸収を3種類の式によって図示してあるが，いずれも直線性を示してい

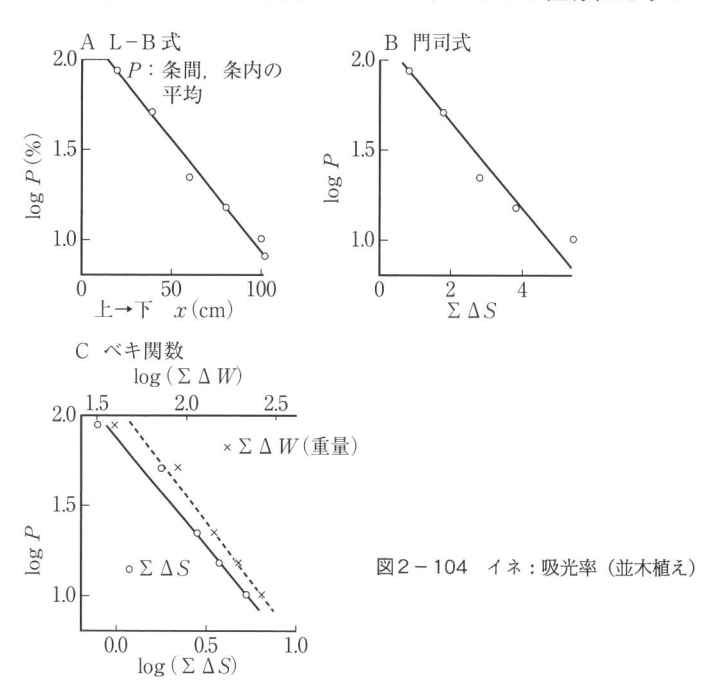

図2－104　イネ：吸光率（並木植え）

る．どの式も近似式であるから，どれを利用しても良い．ただし，このデータは空間が茎葉で良く充満されている時期のものである事を付け加えておこう．

† 図2－105 イネ：LAIと反射光％ †

べき関数で，かなり良く適合している．

† 図2－106 オオムギ：LAIと反射光％ †

異なる成長時期においてLAIと反射率との関係を見たもので，観測点の分布が偏っているが，べき関数に従っているように見える．ただし，収穫期ころに適合が悪くなっている（×印）が，このとき葉が枯れて垂れ下がっていたと資料に説明されている．

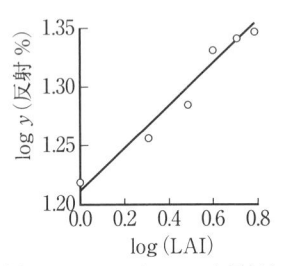

図2－105 イネ：LAIと反射光％

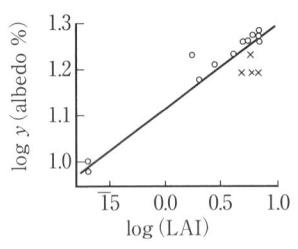

図2－106 オオムギ：LAIと反射光％

† 図2－107 牧草の2種混合集合：LAIと吸光％ †

2例がべき関数で表されている．

以上のように，例数は少ないが，それでも2種類の関数形がある．

$L - B 式 : P = P_0 e^{-kx}$

べき関数 $: P = CS^{-k}$

両式は良く似た曲線であるから，ばらつきの大きい観測値ではどの式が良いか判定しにくい場合もあるであろう．

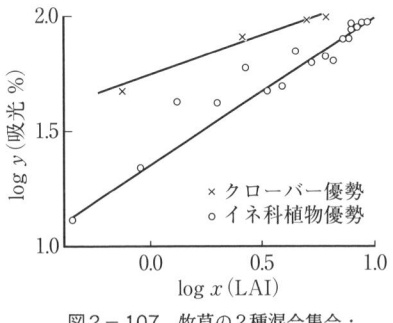

植被内の光の通過についてまとめると次のようになる．

1）深さをxとすると，2通りの関数があって，いずれとも一つに決定することができない．その理由を幾つか挙げることができる．

①植物体の部分（分子＝Δy）が一様分布をしていない．

図2－107 牧草の2種混合集合：LAIと吸光％

②太陽高度の時刻,季節的変化によって光の通過する道筋の変化がある.例えば,太陽高度が高い場合には茎はほとんど陰の形成に寄与していないが,太陽高度が低い場合には茎,稈などが作る陰を無視することはできない.

2) 時刻による,上記の変化を打ち消すためには光量を1日当たり総量とする.成長の単位が1日である事からも,それがふさわしい.この事によって日変化による差は打ち消され,植被内の葉,枝,茎などの物質量の分布は一様とは言えないけれども,すべてが平均化される.そうすると,それだけ光の通過はL－B式に接近する(図1－5参照).本著では以後この式を使用する.

8.3 短波光線の作用

1) 照度と害量

紫外線(UV),**放射線**などの**短波光線**,例えばγ線は生物に対する有害性が問題にされると同時に,その性質を逆用して育種などの目的に利用されている.

放射線の量は単位時間当たりのときは投与量(dose)と呼ばれるが,これは密度のことである.光一般に共通するようにすれば,これは照度のことである.投与量×時間は総線量とも言われる.投与量の違ったものの積算値も総線量と呼ばれているようであるが,言葉は同じであっても,その意味は違っている.

さて,投与量が違うということは密度が違うという事であるから,その作用量は可視光線の場合と同様に密度(1)式に従う.ただし,作用量は害量である.

$$y(t) = C + k \log P, P:投与量=照度, y(t):時間 t の間に生成した害量$$

なお,放射線であるX線やガンマ(γ)線ではPの代わりにR(レントゲン)またはr(ラッド)などの単位が用いられる場合がある.

† 図2－108 クマスギ:γ線照度と突然変異率 †

図Aに見られるように密度(1)式である.しかし,高照度になると逆に**突然変異率**は低下しているが,今はその理由はわからない.yは成長点当たりの変異数であるから,成長点数にどのような影響が起きているかも知って

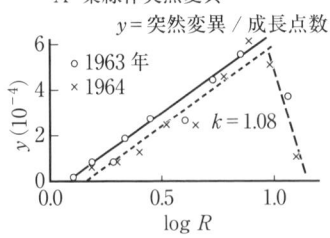

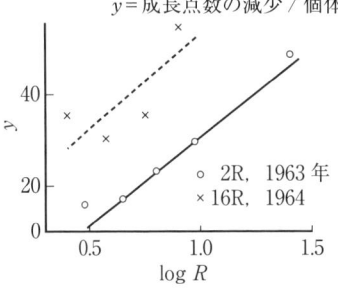

図2-108 クマスギ：γ線照度と突然変異率
（A 葉緑体突然変異　$y=$突然変異/成長点数　○ 1963年　× 1964　$k=1.08$）
（B 成長点数の減少　$y=$成長点数の減少/個体　○ 2R, 1963年　× 16R, 1964）

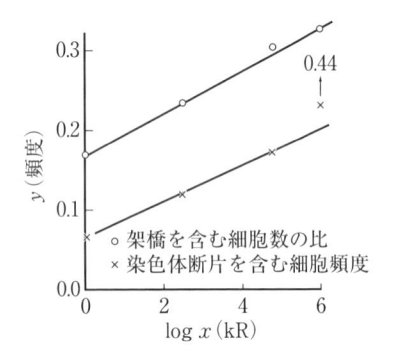

図2-109 ダイズの根端細胞：γ線照度と突然変異率
（○ 架橋を含む細胞数の比　× 染色体断片を含む細胞頻度）

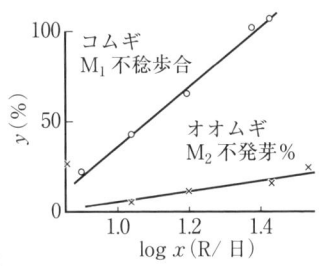

図2-110 コムギ，オオムギ：γ線照度と突然変異率
（コムギ M_1 不稔歩合　オオムギ M_2 不発芽%）

おかなければならない．図Bには個体当たりの成長点数の減少の様子が示されている．ただし，この場合には不処理の場合の成長点数がわかっていないので，最低照度区の点数で代用してある．供試個体数がわずかに4個体であるので誤差は小さくなかったと思われるが，成長点数も密度(1)式に従って減少しているようである．

なお，芽の突然変異率，キメラの芽の出現率についても全く同様であるので，図は略す．

† 図2-109 ダイズの根端細胞：γ線照度と突然変異率 †
1点だけ非常に飛び離れているが，その理由は想像できない．

† 図2-110 コムギ，オオムギ：γ線照度と突然変異率 †
M_1 は照射した植物体に出現した突然変異，M_2 はその植物体に実った種子またはその後の個体に出現した突然変異を指す．

2) 照射時期と害量

† 図2-111 イネ：γ線の処理時期と不稔% †

S成長速度式に従っている．これは低温，遮光，断根その他で不稔を起こさせる場合と全く同じである．すなわち，不稔を起こさせる要因は何であれ，すべてエネルギーの供給を低下させるものであれば，その感受性は細胞によって差があるのではなくて，ただ個々の細胞に成長最大速度期＝エネルギー要求最大期があり，恐らくそのときにエネルギーの供給が制限または停止されると細胞は死ぬのであろう．故に，その出現数はS成長速度式に従う．なお，始点は-27.5日，穂分化始期である．

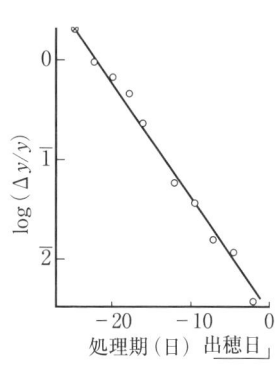

図2-111 イネ：γ線の処理時期と不稔%

8.4 感光性，光周率

出穂期の問題であるが，すでに本章5でT_1（出穂までの日数）と播種期の間に一般に負の直線的関係がある事などを紹介したが，もう少し付け加えておく．以下の資料の実験地の緯度は Malaysia：およそ1〜6°N, Cambodia：およそ11〜14°N である．

† 図2-112 播種期と出穂までの日数 (T_1) †

図AはT_1が非常に大きい品種の例である．Neang Me'as は Cambodia で調べられたものである．T_1の変化は Malaysia 品種の Radin china4 に似ている．共にかなりの長時間にわたって播種期とT_1とは直線的関係にあるが，1月ころに播いたときに

図2-112 播種期と出穂までの日数 (T_1)

突然 T_1 が大きくなる.

図 B は Philippines に在る国際イネ研究所（IRRI）における実験で, T_1 が小さく, 播種期によって T_1 が余り大きく変化しない品種の例である. 日本の水稲農林29号, 野生イネの一種 *O. fatua* も示され, 後者では年に2回の山が出現している. 年間ほとんど不変の Sri Lanka の品種も追加されている.

† 図2−113 イネ：T_1 の大きい品種の T_1 †

前図の表示法を変えて, 播種期と出穂期との関係を示したものである. 播種期が変わっても出穂期がほぼ一定であるとき, これを**出穂期一定型**（date − fixed type）, 出穂までの日数 T_1 がほぼ一定であるとき, これを**出穂まで日数一定型**（growth duration − fixed type）と呼ばれることがある. しかし, 品種にその名称を冠するのは適当でない. 同一品種が播種期によってどちらの型も取り得るからである. なお, 出穂期一定型の場合に出穂を完全に抑制する日長が存在するのではないかという事を暗示しているが, 後になってそれが明示される.

以上のように播種期によって T_1 が変化するのは成長中に受ける日長時間が変化するからであるが, この性質を**感光性**と言う. 一般に高等植物は日長（明の時間数）によって T_1 が変化するが, この現象は**光周率**（photoperiodism）または**日長反応**とも言われる. 大別して短日性, 長日性, 中生の3種類がある. イネは短日性, コムギは長日性, トウモロコシは中生とされており, T_1 が短くなる方向の日長を指して呼ぶことになっている. 日長反応について定量的な法則を探求して以下のデータを調べる.

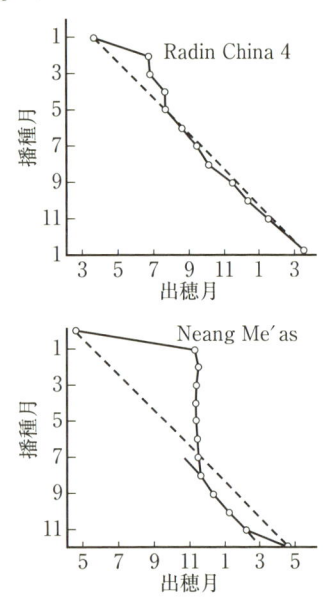

図2−113 イネ：T_1 の大きい品種の T_1

† 図2−114 イネ：人為的短日開始期と出穂遅延日数 †

人為的に自然日長を制限することを**短日処理**と言い, T_1 は小となる. こ

の短縮日数を出穂促進日数，不処理に対する比を出穂促進率と言い，これをもって感光性程度とする人も居る．

さて，ここで見方を逆にすると短日処理開始が遅くなるほどT_1が大となる．すなわち長日処理期間が長いほど出穂遅延日数は大となり，一般的反応と同様に処理時間と反応量とが比例するようになり，取り扱いが容易になる．

資料では促進日数で表されているので，これから遅延日数T_pを読み取ると図Aのとおりになる．これがS成長速度式と同じ式になっていることは図Bによって明らかである．故に長日処理遅延の反応速度は，

$$\frac{dT_p}{dt} = T_p e^{-kt}, \quad t:長日処理開始期$$

これはS成長速度式と全く同じであり，$T_1 \propto T_p$であるから，次の関係があることになる．

$$Y \propto T_1 \propto T_p$$

同様の現象は遮光，断根，低温，短波光線などに対する感応性のすべてに共通して見られたものであり，共通点はすべて成長速度を遅らせる環境要因であるという事である．故に，ここに長日条件を追加すれば短日植物に対して長日環境を与えるという事は，その真因は別にあるとしても，イネの成長を遅らせる反応と見なすことができる．よって，仮説として次のように言っておく．

「成長に不利な環境に対する感応量＝反応量はすべてS成長速度式に従う．」

この事によって，感応量の最も多い時期は成長速度の最も速い時期である．

以上のように見てくると，日長反応とは成長速度に比例して生起する何かの変化である．古くから，この何かを**花成素**と名付けて探し求めてきたが，まだ発見されていない．もし，それが存在すると仮定すると，成長を遅延あ

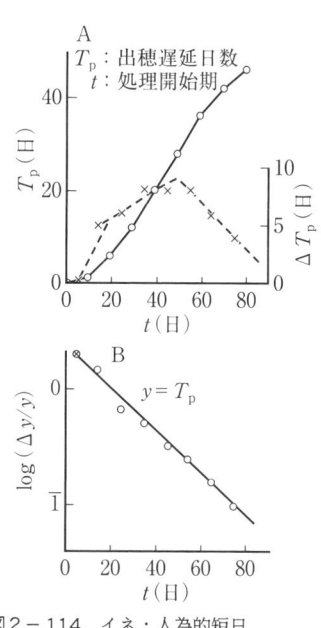

図2-114　イネ：人為的短日開始期と出穂遅延日数

るいは阻害するような物質であろうと推察される[注]．

実際の場面では，日本ではイネを早期に植えて，長日下に成長する時間を長くし，T_1を大にすることによって成長量＝収量を大にする早植栽培に以上の関係が生かされている．

† 図2-115　イネ：定日長の長さとT_1との関係 †

日長に関する研究数は非常に多いが，ここに紹介するのは日長時間を人為的に一定とし，その日長の長さを種々変えて出穂まで成長させたときT_1がどのように変化するか調べたものである．

実験はSri Lankaで行われた．そこでは気温の季節的変動幅は極めて小さく，月平均気温は年中約27℃であり，ほぼ一定である．故に，T_1には気温も影響するけれども，今はその感温性を考慮することなく，T_1は専ら日長によって変化していると考えておくことができる．

日長とT_1との関係は図Aに示すとおりになっている．1区の個体数が余り多くなくばらつきが大きいので，5品種中2品種が除外されている．この図の自然日長はおよそ11.6～12.5hくらいであり，長日長区は3燭光（foot-candle）≒30lxで補光したとあるが，例えば11.5hの場合に補光したのかどうか，詳細は不明である．30lxは太陽光の照度に比べれば問題にならないほど弱い．

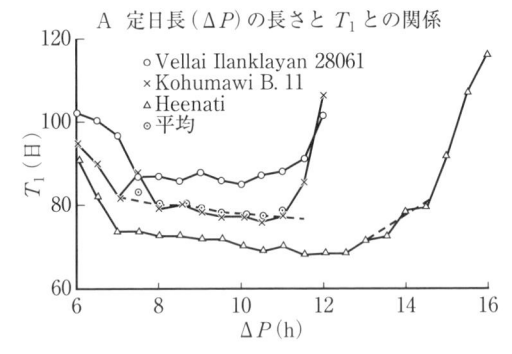

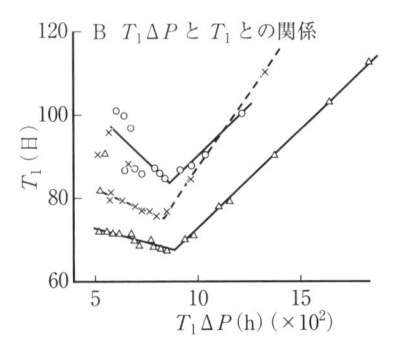

図2-115　イネ：定日長の長さとT_1との関係

注）P.121の脚注参照．

一般に日長反応においては照度は問題にせず単に明るい時間＝日長だけで論じる慣習になっているが，それはなぜであろうか．日長反応は日長によって何かが変化する反応だとすれば，光の強さが少しも関係しないという事は理解しにくい事である．この事から見れば，日長よりも夜長を用いる方が合理的なように思われるし，そのように主張する人も居る[注]．しかし今は，明の時間を用いて論を進めることにする．

　まず，図Aの図形を見ると，資料ではこれを一種の双曲線と考えているようであるが，そのようには見えず，だからと言って簡単な式で表せそうもない．そこで今までの経験から T_1 と $T_1 \Delta P$ との関係を求めてみると，図Bに示すようなものとなり，2直線となって現れた．これには二つの特徴がある．

　①品種によって大きさは違うが，T_1 が最小になるような $T_1 \Delta P$ がある．

　②$T_1 \Delta P$ と T_1 との関係は直線式であるが，この場合2直線となり，従って T_1 の値には最小値がある．この最小値より右方では $T_1 \Delta P$ が大きくなるほど直線的に T_1 は大となる．最小値より左方では $T_1 \Delta P$ が小さくなるほど直線的に T_1 は大となる．しかし，これには疑問がある．図Aを見ると，$\Delta P = 8.0 \sim 11.5h$ の間では品種の平均値（⊙印）では最大4日の差に過ぎない．この実験ではポットで栽培したイネを明時間制限のため日中暗黒な室へ搬入する．この室内の日中の気温は戸外よりも低温であろう．そうであるなら，低温のために T_1 は大となるはずである（感温性）．その大きくなる成り方は室内に在った時間に比例するであろう．図において，平均値で見るとそのようになっている．故に，T_1 の最小値の左方は在室時間数が現れているもので，ΔP の反応量は一定であると考える．さらに ΔP を小さくしてゆくと，かなり急激に T_1 が大となっており，この直線からも離れる．

　さて，ΔP は反応時間だとすれば，総反応時間である T_1 は自然状態では積算日長時間に比例するであろうという仮定に到達する．すなわち，

　　$T_1 \propto \Sigma \Delta P, \Delta P$：日長時間

　今の実験例では $\Sigma \Delta P = T_1 \Delta P$ に最小値があり，その値は830hの付近に集中

注）1937年に暗期の長さに感応して葉に生成される花成ホルモンがフロリゲンと名付けられたが，2005年にそれが蛋白質の一種であることが明らかにされた．

している．このことのΔPと$T_{1\min}$（T_1最小値）との関係は次のとおりになっている．

品種	○	×	△	平均
$T_{1\min}$	84	75	67	
ΔP	10	11	12.5	
$\Delta P T_{1\min}$	840	825	838	834

ここで，$\Delta P T_{1\min}$が品種の集まりの中で一定であるという根拠は無いのであるが，仮に一定としてみよう．時間と時間の積を時間とするのはおかしい．実はT_1は反応回数であるから，これをNとおけば，

$N\Delta P = 834\text{h}$

これは双曲線であり，NとΔPとは反比例することを表している．

さて，図から次の関係式が導き出せる．座標の原点を各直線の折曲点に移して考えるとT_1と$T_1\Delta P$は比例するから，T_1の添字を取り外すと，

$T - T_{\min} = k(\Sigma\Delta P - T\Delta P_{\min}) = k\Sigma\Delta P - kT\Delta P_{\min}$

移項して，
$T = \dfrac{k\Sigma\Delta P + T_{\min}}{1 + k\Delta P_{\min}}$

分母は一定であり，$T_{\min}$は定数であるから，

$T = k\Sigma\Delta P + C$

図に見られるように，勾配kの値は品種によって差があるから，Kの値も品種によって違う．従って，この式は品種の集合には適用できないであろうが，それを確める．

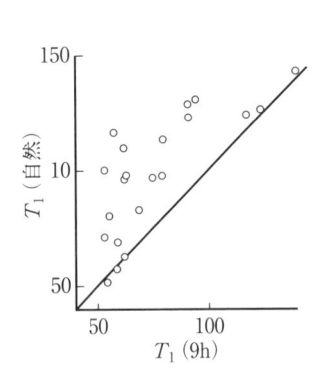

† 図2-116 イネ：人工日長下と自然日長下のT_1 †

Sri Lankaにおいて多数品種を用いて行った実験である．一例として人工定日長9hの下でのT_1と自然におけるT_1との関係を図に示したが，短日処理によって得られた情報は実用上の意味が全く無い事を示している．他の短日長の場合も同じである．この図のT_1（9h）は上式の$\Sigma\Delta P$に

図2-116 イネ：人工日長下と自然日長下のT_1

当たるから，上式は品種の集合には適用できない事がわかるであろう．そこで次に，品種を指定して式の適否を検討してみるが，その前に次図を挟む．

† 図2－117　播種日とΔPとの関係　†

　一般に，資料には実験地の日長時間が明記されていないことが多く，甚だ不便である．そこで，日長の変化を角速度$x°$の変化に変換しておけば日長時間を$\sin x°$に近似させることができる．図Aにその関係が示されている．日長が最長の7月をsin曲線の山に合わせ，日長が最短の1月をsin曲線の谷に合わせ，$\sin x°$の目盛を±1とせずに0～2とする．1月は角速度30°に相当する．

　さて，このようにして求めた数値がどのくらい実際の日長に比例するか，東京を例に取って示すと，図Bのとおり良い直線となっている．故に，$\sin x°$や$\Sigma \sin x°$をもって日長に代えることができる．そうすると，いちいち時間，分で日長を表す煩わしさが無くなり，播種期，成長時間の問題なども播種月日だけを知って世界共通に取り扱うことができるようになる．

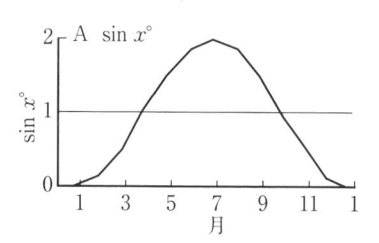

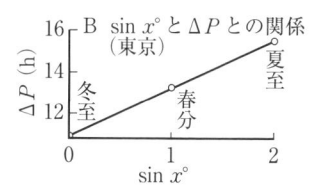

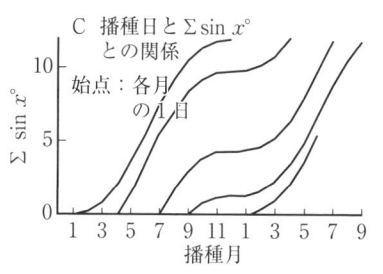

図2－117　播種日とΔPとの関係

　図Cは$\sin x°$を月単位に取った場合の積算値の変化を示したものである．最も左方の曲線を例に取れば，1月1日を始点として1月から12月までの$\sin x°$の月別積算値を示している．播種期の違いで成長中に受ける日長総量が非常に複雑に変化する事がわかる．

† 図2－118　イネ：T_1の大きい品種の年間連続播種とT_1との関係　†

　前図の関係を年間連続播種の実験結果に利用してみよう．実験はCambodiaのBattambangで行われたが，そこはΔPの年変化が最大2h弱で極めて小さい所である．材料は図2－113のNeang Me'asである．播種を厳密に各月の1日に行ったときのT_1の変化が示されている．そこで，$\Sigma \sin x°$とT_1との関係を求めると図Aのとおりで，直線を示しているのは6～12月まきの間で，残りの月は著しく直線から離れている．これは，この品種には不感光の日長，すなわち長過ぎる日長があって，その間の成長日数が加算されているからである．この事を明らかにするために図Bを用意した．1～6月まきの間は良い直線で，7月からは直線から離れようとしている．勾配＝31日（≒月）であり，播種の遅れとT_1の減少量とは全く同じである．すなわち，1～6月の期間の日長は不感光の期間で，その日数がそのまま感光したときのT_1に加算されたものであった事が明らかである．故に，不感光日長の無い条件下では，

$$T_1 \propto \Sigma \sin x° \propto -t, \quad t：播種期$$

この関係式は非常に有用で，日本での播種期試験や実際のイネの栽培法に生かされている．

次に，Radin China 4についても同じような計算をしてみる．ただし，この場合には播種月は明確であるが，日付は不明である．これも月初めに播種したと仮定して計算する．結果として，この場合には不感光が出現する月数が少なく，わずかに1～3月となり残りの9カ月は式に適合している．以上の実験から帰納すると，不感光性の全く無い品種ではすべて次の関係式が成り立つ．

$$T_1 = K\Sigma \Delta P + C, \quad C = T_{1\min}$$

この式は図2－115で得られたものと全く同じである．日長時間を$\sin x°$

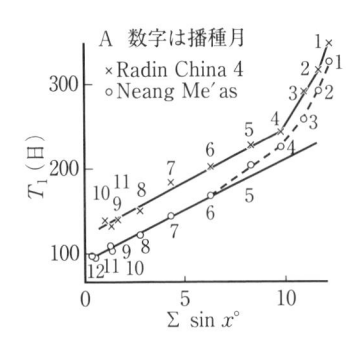

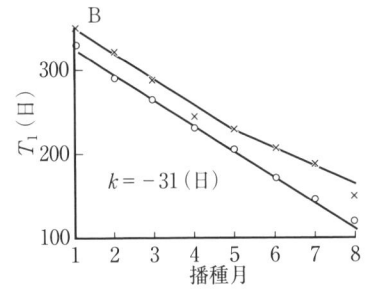

図2－118　イネ：T_1の大きい品種の年間連続播種とT_1との関係

で表す事の有用性が認められるであろう．

次に，上式を次のように書くと，少し面白いことがわかる．

$$T_1 - T_{1\min} = K\Sigma\Delta P$$

左辺は正味の T_1 の変化量で，これがそれに対する日長時間の総量と比例する事を表している．感光性という反応メカニズムはまだわかっていないけれども，上式はその一端を表していると言えるのではないであろうか．

上式から次の関係があることがわかる．

$$Y（成長量） \propto T_1 \propto \Sigma\Delta P \propto 明反応日長量$$

明反応日長量とは感光性に関与する日長時間数のことである．この相似記号の式はイネの成長量＝収量は出穂が遅延する長日下で大となる事を表している．

また，不感光部分のある品種については次のようになる．図の2品種の k の値はほぼ同じで，$T_{1\min}$ は Radin の方が大きいが，その Radin の方が出穂遅延を起こす播種期間が短く，前記の式に従って出穂する播種期間が長い．全体としては T_1 は Radin の方が大きいのに出穂遅延を起こす播種期間は短いのである．

さて，今の2品種は T_1 の大きい，言わば短日性の鋭感な品種の例であるが，言わば鈍感な品種ではどうであろうか．図2－112Bを見ると，T_1 は1年の中でやや不規則に変動しており，前記の式がうまく適合しそうにもない．

† 図2－119 感光性の鈍感なイネ品種 †

前掲図2－112Bの品種について，同様に $\Sigma\sin x°$ と T_1 の関係を求めると図のようになる．

① どの品種もきれいな直線を示していない．辛うじて *O. fatua* が比例関係を示しているだけである．

② Norin 29 と Taichun 65 で注目されるのは，最も短日の期間である10〜12月ころに相対的に T_1 が大となり，また6〜8月ころの長日下で T_1 が小となっている．これらは，イネが短日性植物であるという性質とは相いれない現象である．Sri Lanka の1品種については T_1 の変動幅が非常に小さく，年間ほぼ一定であるかのように見える．

③ T_1 の大小には感温性も作用している．特に感光性が鈍感な品種では感温性が強く出やすい事がわかる．以上の実験ではこの点が全くわかっていない．

④日本における播種期試験では低緯度地帯の場合よりも日長反応量が大になるが，$T_1 \propto \Sigma \sin x°$ の関係が大体成り立っている事を考え併せると，鈍感品種については再実験をしてみる必要があるように思われる．

ここで，日本におけるデータを見てみる．

† 図2-120 イネ：品種の集合と播種期の違いによる T_1 の変化 †

日本では温度が制限因子となって，イネの栽培期間はおよそ4～11月くらいである．ここに，日本型やインド型など，言わばイネのすべての型の品種を集めて，播種期を変えて T_1 の変化が調べられている．今，考えやすいように6月20日播きを基準に取ると，これは夏至に当たり，その後の日長は長→短の単純な変化をしている．そこで，4月21日まきとの比較を示すと図のようになる．直線は2分している．4月21日播きは日長が短→長→短と変化しているときのもので，直線の折曲点の7月24日（6月20日まきでは8月22日）は，穂分化期間を1か月と仮定すれば，穂分化期は6月24日となるが，これがちょうど夏

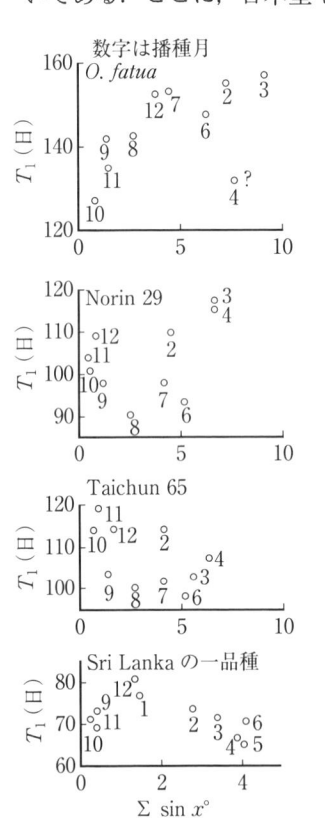

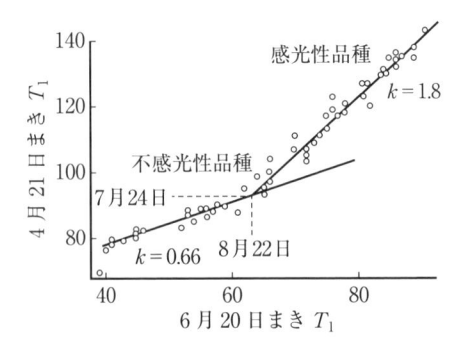

図2-119 感光性の鈍感なイネ品種

図2-120 イネ：品種の集合と播種期の違いによる T_1 の変化

至（日長の変化量が＋から－に変わる日）に当たっている．これは，いわゆる不感光性（または短日性鈍感）品種と感光性（または短日性鋭感）品種の二つの集合に分かれていることを示す．次のような事が考えられる．

①全イネ品種が T_1 の変化の仕方によってわずか2群に分類された．その理由は不明であるが，

②不感光性品種で早播によって T_1 が大になるのは，早播は低温に遇うからである．反対に高温は T_1 を小にするので，このような品種を **感温性** 品種と言う．

③**感光性**品種は低温によって T_1 が大きくなるばかりでなく，長日に向かっている環境の中で感光して T_1 が大になるのである．

④感光性，不感光性の両集合ともに T_1 の大になる成り方は6月20日播きと直線関係にあり，ある幅の範囲内で，播種期の違いによって品種の T_1 の順序が逆転することはない．平たく言えば何日に播いても早生は早生であり，晩生は晩生である．このデータは日本の環境条件下で得られたものであり，一般化はできないであろうが，日本国内に限れば，この関係は十分利用できる．

緯度の違う場所で得られた資料を見る場合に，その観測値のおよその日長を念頭に置いておくと好都合だと思われるので，参考までに次図を添えておく．

8.5 まとめ

1) 植物個体（分子）の集合中を光が通過するときの反射，吸収，透過の量的関係はべき関数である．

$$\log y = C + \log x, \quad y：光量，\quad x：分子密度$$

一般に，この場合の分子は均一に分布していないので，L－B式（$P = P_0 e^{-kx}$）は使えない．ただし，日照量を1日単位に取れば極めて高い近似をもってL－B式が適用できる．なお，実用的にはべき関数，L－B式，門司式（$\log y = C + x$）のいずれも近似的に使用可能である．

2) 空間にある物質量と光との関係が明らかにされた．その事によって不接触測定法が提案された（2章，3章6）．

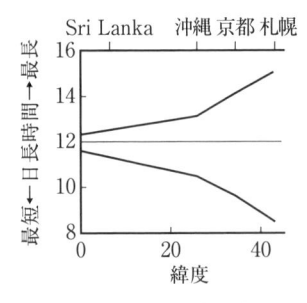

図2−121 緯度と最長,最短日長時間(概数)との関係

3) 短波光線が生物に及ぼす反応量は密度(1)式に従う.光によって生起する害の出現に関する,いわゆる標的理論は否定される(2章,3章7).

4) 日長反応については,まだわからない点が多い.

①短日性イネについては,
$$T_1 \propto \sum \Delta P \propto \sum \sin x° \propto -t, \quad t:播種期$$

②日長反応量は遺伝的な品種の固有値である.

9. 光合成

9.1 光合成速度

本節では自然条件における高等植物と水生藻類の CO_2 光合成作用を知り,それを数式によって記述しようとする.

さて,光は光子の集合であるから,仮に光を気体と考えると,光の強さ=照度は密度であるから,照度と光合成量との間には密度(1)式が成り立つ.

$$y(CO_2,吸収) = C + k \log P, \quad y:測定時間 t の間に吸収された CO_2 量$$

光合成では,反応の場所すなわち**葉緑体**の密度は一定で,平均光子の作用量はすべて同格であるから,葉緑体との衝突は等確率である.これが密度(1)式が成り立つ理由である.

光合成の材料である CO_2 の流れは次のとおりである(次頁図参照).

温度一定の条件の下で,① CO_2 の環境濃度=一定,② CO_2 の環境量=∞,③ CO_2 の呼吸量=$(CH_2O)_6 \times r$=一定,r:呼吸率

呼吸には2通りがある.(a) 生成された CH_2O または $(CH_2O)_6$ を移動,輸送,体構成物質生成に必要なエネルギーを得るために行われる呼吸,(b) 光合成前に存在する $(CH_2O)_6$ を分解してエネルギーを得る呼吸で,CO_2 量=

$(CH_2O)_6 \times r$,これが光合成開始前に存在するCO_2量である.

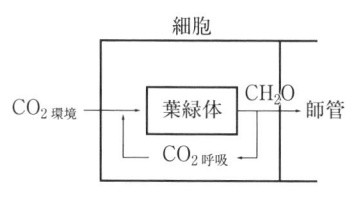

このようにして生成されたCO_2は直ちに葉緑体に入って光合成に使われるから,見掛け上CO_2の呼吸は見えない.結局,測定器の傍で観察していると,環境のCO_2の変化量(減少)だけが見えているが,これが**正味の光合成量**である.すなわち,

光合成中のCO_2吸収量＝正味の光合成量＝昼の同化量

1日のCO_2の同化量＝昼の同化量－夜の呼吸量

次に,光合成中に光の照射を急停止してみよう.そうすると,光合成の過程で生成された上記 (a) のCO_2は細胞の中に存在する.ここに生じるCO_2は師管の方へも流れてゆくことができるが,ここで強制的に吸出すると体外へ排出されてくる.これが**光呼吸**と言われることがあるらしい.本著の光合成現象の検討ではいわゆる光呼吸の存在を必要としていない.

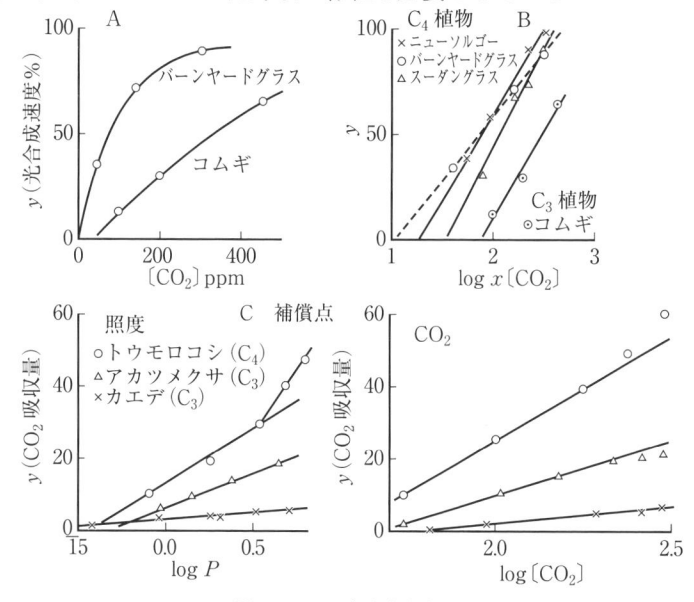

図2-122　光合成速度の表示法

次に，光合成速度は通常図2－122（A）のように描かれる．**炭酸（CO_2）補償点**が求められることがあるが，これは光合成量と呼吸量とがちょうど釣り合った照度のことである．そこで，密度(1)式に従って，図Bのように描けば補償点は的確に求めることができる．$y=0$における$\log x$（CO_2）から求められるCO_2濃度がこの場合の補償点である．一般には図Aによって目測による判定をしているから，補償点の値はかなり曖昧なものである．図Cには3種植物について照度とCO_2濃度の補償点が求められている．

さて，光合成に関する研究報告は非常に多いが，それらが示す数値は一体何を表しているかをまず理解しておく必要がある．光合成の測定には色々な条件が影響するので，それらの関係から調べてゆこう．

† 図2－123 イネ：空気湿度と光合成 †

図Aでは空気湿度の違いで勾配の大きさが違っている．Pが大になると二つのyは接近して，ほぼ同じ大きさになっている．高湿度になると測定器の膜面が曇ってくるからであると言われている．

図Bでは，勾配の大きさは同じであるが，切片の大きさが違っている．加湿によって光の透過率が悪くなっているのである．

† 図2－124 風速と光合成 †

光合成の測定には光合成測定器（同化箱）の中へ強制的に空気（CO_2）を送り込む．このときの風速によって，光合成量yの値は違ってくる．容器内における分子運動と壁面に及ぼす圧力（F）との関係は，

$$F \propto 加速度 = \frac{2mv}{t}, \quad m：分子の質量,$$
v：運動速度, t：時間

tを一定に取ると，

$F \propto v \propto 分子の密度$

故に，

$y = C + k \log v$

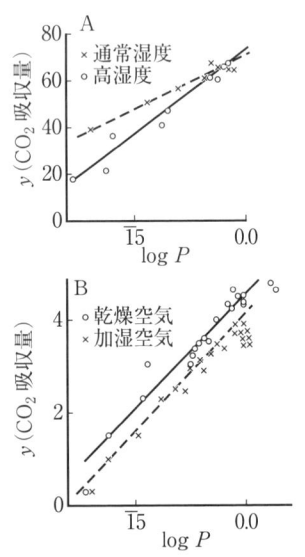

図2－123 イネ：空気湿度と光合成

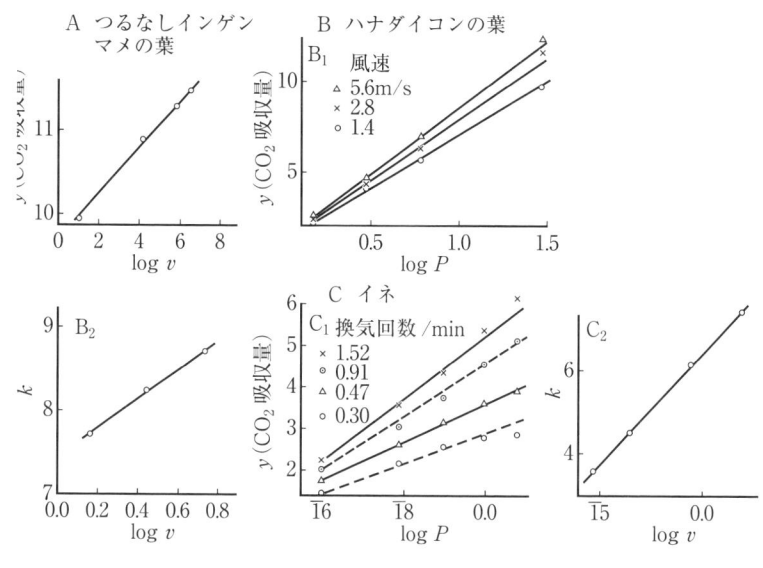

図Aにそれかが示されている.

次に，照度とyとの関係式におけるkの値は**光合成速度**であるから，風速の対数に比例する.

$$k = C + k' \log v$$

図Bにそれが示されている．図Cでも上式がよく成り立っている．

図2-125　風速と光合成

図2-125　ある植物：光の分割と光合成速度

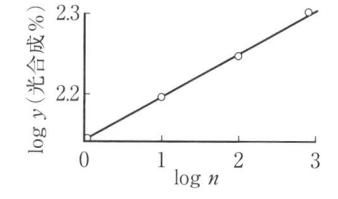

† 図2-125　ある植物：光の分割と光合成速度 †

光源と植物との間に円板を置き，円板の一部を扇形に切り取ってこれを回転させると，一定照度を時間的に分割することができる．

$P =$ 一定，明暗の時間比＝一定，回転の速さを変えると1回転当たりの照射時間が変わる．回転数nのときの平均照射量当たりの光合成量$= \dfrac{y}{n}$. 故に，微分形とその積分形は，

$$\frac{dy}{dn} = k\frac{y}{n}$$

$$\log y = C + k \log n$$

nの最小は1であって0ではない．故に，この式では$n = 0$，すなわち不処理の場合のyは求められない．

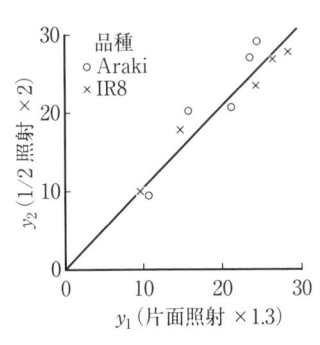

† 図2－126　イネの葉：光の2分割と葉の光合成速度　†

一定照度の光を葉の片面に当てたときと，$\frac{1}{2}$照度に分割して表裏の2面に当てたときの葉当たり光合成量を比較する．イネでは葉の表裏によって光合成速度に差が無いとされているから，倍化（1）式が適用できる．両面照射は面積が2倍になっているから，$\frac{1}{2}$照射のPを1とすると，

（片面照射のy）$(1 + \log 2) =$
（$\frac{1}{2}$照射のy）$\times 2$

図2－126　イネの葉：光の2分割と葉の光合成速度

計算の結果は図に示すとおりで，勾配＝1で，直線は点0に収束しているから，式は成り立っていると見なされる．

散光は葉の両面に当たっているから，照度が同じなら散光の方が効率が良く，また，葉は水平であるよりも直立の方が散光割合が多くなるから効率が良い．実際の葉は色々な角度を取っているから，効率の良さ＝$\log 2 = 0.3$増は個体の取り得る最大値である．

† 図2－127　イネ：光合成における散光の効果　†

散光は光の来る方向が一定でない光である．故に，今まで用いてきた方法によっては散光の効果を知ることができない．今，全光量に占める散光の割合をrとする．実験は次のように行われた．平均rは比の値で示された．

y ％	0～25	25～50	50～75	75～100
平均r	0.125	0.375	0.625	0.875

直光に対する散光の効率をdとすると，効率を考えた直光と散光の照度はそれぞれ$P(1-r)$，Pdrであるから，

$$y = C + k \log \{P(1-r) - Pdr\} = C + k \log P + k \log \{1 + r(d-1)\}$$

図で$C = 0$である．

上式において d は簡単に求めることができないので，d に種々の数値を入れて式が観測値に一致するような d を探す．

今，比較的ばらつきの小さい区，$r = 0.125$ で d を求めると，$d = 2.38$ で，この d を上式に代入すれば異なった r における y が求められる．その結果が図に示されている．直線が観測点とほぼ一致していると見ると，この d の値を使って $r = 0$, $r = 1$ のときの y の値も求められるので，それも図に示してある．

散光の当たり方にも色々ある．今，植物体を l の長さの円柱と仮定して半径 r の底が地面に接して立っているとしよう．太陽が真上にある場合（例えば赤道直下）に直光が当たる面積は πr^2，散光が当たる面積は円柱の側面積であるから $2\pi r l$ で，

$$\frac{全光量}{直光量} = \frac{\pi r^2 + 2\pi r l}{\pi r^2} = 1 + \frac{2l}{r}$$

$l = r$ のとき，

$$\frac{全光量}{直光量} = 3, \quad \frac{散光量}{直光量} = d = 2$$

散光の割合は太陽高度が高いほど多いと言われている．散光と直光の照度が違うから散光の効果 d は上の比とは直ちに比例するとは言えないけれども，仮に照度は同じだと仮定すれば，d は面積比である．すなわち，この実験では $d = 2.38$ であるから，散光はごく浅い部分，ほぼ r，すなわち1株の茎の束の半径ぐらいの深さまでしか当たっていない．それは，隣接個体によって相互遮光が起こるからである．故に，個体が受ける散光の割合は先端の葉ほど大で，成長が進むほど，密植，多肥ほど，植物高は高いほど，散光を受ける割合は低くなる．

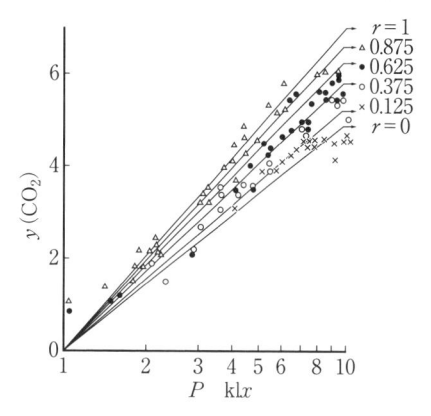

図2-127　イネ：光合成における散光の効果

9.2 光合成の飽和

　光合成反応では，例えば照度が大になっても光合成量が増加しない現象，**光飽和点**が見られることがある．何故に飽和するのであろうか．

　今，光飽和の場合を例にとれば，
$$\frac{d[CO_2]}{dP} = k\cdot\frac{1}{P}$$
この微分式の $d[CO_2]$ は CO_2 の流入量で，この式は単位光量 (P) 当たり k 量の CO_2 量が流入してくる事を示している．ところが，P が非常に大きくなると，吸収光子の増加ほどには CO_2 の流入速度が速くなり得なくなり，比例係数 k の維持が不可能となり，上式＝0 となる．k は $P=1$ のときの光合成量である．

　また，$P=$ 一定の下で CO_2 濃度を高めてゆくときに **CO_2 飽和点** が出現する．上式の P を $[CO_2]_{環境}$ と書き替えると，
$$\frac{d[CO_2]_{吸収}}{d[CO_2]_{環境}} = k\cdot\frac{1}{[CO_2]_{環境}}$$
この場合には CO_2 量に対して P が不足するために頭打ちが出現する．故に P を増加すれば飽和点は解消する方向へ移動する．同様に光飽和の場合に CO_2 量を増すと光飽和点は現れにくい．

　まとめると，飽和点は次のように現れる．

　①光飽和点は $[CO_2]_{環境}$ が小量のときに現れ，勾配 k は小さい．

　②CO_2 飽和点は照度が低いときに現れ，勾配 k は小さい．

　以下に実例を示す．

† 図2-128 キャッサバの葉：光合成速度の飽和 †

　4品種の切り離した葉が用いられている．図Aに示すとおりで飽和点が見えている．添字で品種を表すと式は次のとおりである．

		$-Ck$	Y_{sat}	$\log P\ (y_{sat})$
$y_1 = -70$	$+ 82.5 \log P$	5775	98	2.04
$y_2 = -64$	$+ 72.5 \log P$	4640	85	2.06
$y_3 = -47.6$	$+ 58.8 \log P$	2799	70	2.00
$y_4 = -46.6$	$+ 53.8 \log P$	2507	60	1.98
			平均	2.02

さて，図から明らかなように，yは$|C|$とkが大きいほど大であるから，以後$|C|$を単にCと表すことにすると，

$$Ck \propto y_\infty \propto y_{sat}, \quad y_{sat}:y\text{の飽和量}$$

Ckとy_{sat}との関係は図Bに示してある．図から，

$$y_{sat} = 40 + Ck \times 10^{-2}$$

$Ck = 0$とおく．$C \neq 0$であるから$k = 0$．このとき$y_{sat} = 40$で，どのようなPを与えてもy_{sat}が40以下になるような品種は存在しない事を表している．

次に，光補償点は暗呼吸のCO_2を使って光合成をしている照度であるから，暗呼吸に品種間差が無いならば，図Aで$y = 0$のときの$\log P =$一定であるから，近似的に，

$$y_{sat} \propto k$$

図Cにその関係が示されていて，直線性も悪くない．

なお，図DにCとkの関係が示されている．暗呼吸が全く等しいなら，図Aで$\log P$の同じ値で$y = 0$の横軸と交わることになるから，Cとkとは比例するはずである．従って今は，近似的に，

$$y_{sat} \propto C$$

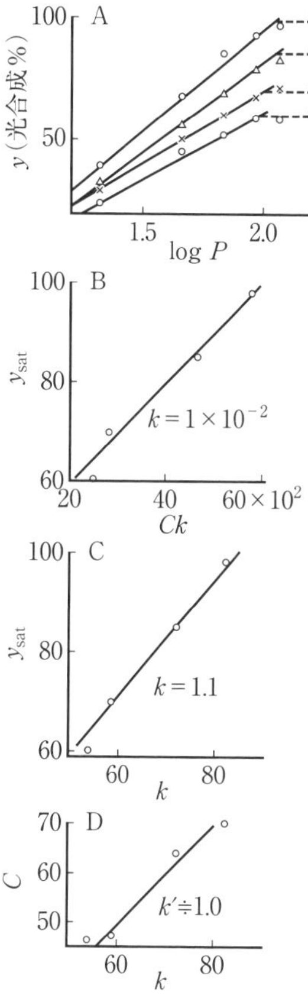

図2-128 キャッサバの葉：光合成速度の飽和

† 図2-129 イネ：葉の湾曲と光合成速度 †

人為的に葉を湾曲させると図Aに示すように，切片（$\log P = 0$におけるCO_2吸収の値），勾配共に小となり，同時に低照度で光飽和に達する．それは，①散光が当たる割合が小さくなり，②空間における葉の密度が高くなるからである．その結果としてkは小となる．得られる式は，

標準区：$y = 6.4 + 5.7\log P$

湾曲区：$y = 5.0 + 4.5 \log P$

この実験では，本来同一の Ck の値であるべきものを，強制的に k を小としたものであるから，C と k は反比例するはずであり，

$C_1 k_2 = C_2 k_1$

この式に実数を入れると，$6.4 \times 4.5 = 28.8$, $5.0 \times 5.7 = 28.5$ で，式は成り立っている.

次に，y_{sat} は湾曲区でしか出現していないが，これから標準区の y_{sat} を推定することができる．$y_{sat} \propto Ck$ であるから，

$$\frac{5.0 \times 4.5}{6.4 \times 5.7} = \frac{4.5}{y_{sat}}$$
$y_{sat} = 7.3$

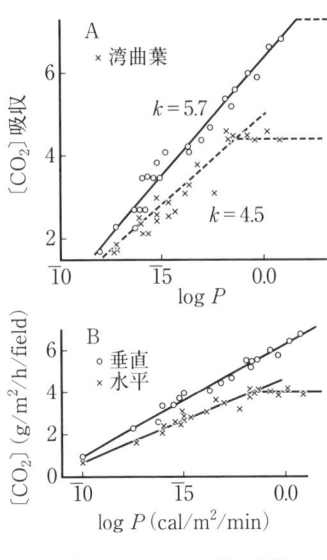

図2-129 イネ：葉の湾曲と光合成速度

図にその位置が示されている．標準区でももう少し P を大にすれば，光飽和が出現したことであろう．

図Bは図Aとは別の資料によって求めたものであるが，観測点の分布が図Aと非常に似ている．同じ実験であるかもしれない．式を求めると，

標準区 $= 6.3 + 5.4 \log P$

湾曲区 $= 4.7 + 4.4 \log P$

$6.3 \times 4.4 = 27.7$, $4.7 \times 5.4 = 25.4$ で，やはり C と k とはほぼ反比例している.

9.3　2環境因子が変化する場合の光合成量

さて，これまで，環境濃度は単独では光合成量との間に密度(1)式が成り立つことを見てきた．次に，P と $[CO_2]_{環境}$ の2因子を変化させた場合に両者の関係をつなぐ関係式を求めておこう．

† 図2-130　クロカワゴケの光合成：P と $[CO_2]_{環境}$ との関係 †

図Aは $[CO_2]_{環境}$ を変化させたときの光合成量を P の強さ別に示してある．

水生生物であるから，後述する理由によって信頼性の高い，CO_2の低濃度の部分の数値を用いてkの値を求める.

$$y = C + k \log [CO_2]_{環境}$$

このときのkの大きさは光合成の大きさを表しており，$\log P$に比例する. 図Bにそれが示されている. 同様に切片Cの大きさも$\log P$に比例している. これから，一般に2種の因子が反応に参加しているとき，

$$k_1 \propto \log x_2$$

この関係を前式のkに当てはめると，

$$k \propto \log P$$

従って，一般式は，

$$y = C_1 + (C_2 + k \log P) \log [CO_2]_{環境}$$

式からわかるように，Pと$[CO_2]$は交換してもよい.

3種以上の要因が関与する場合にはこのように簡単にはゆかない. $(x_1 x_2 + x_3$のような組み合わせを作って計算はできるかもしれない.

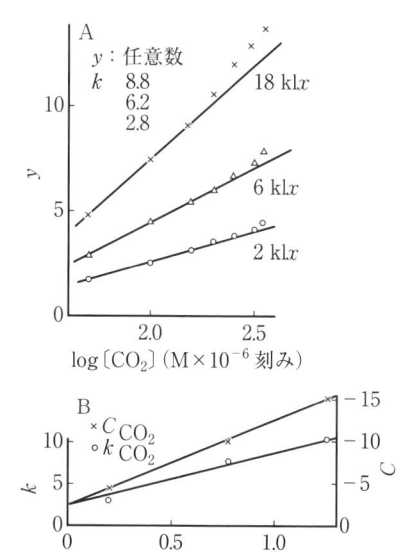

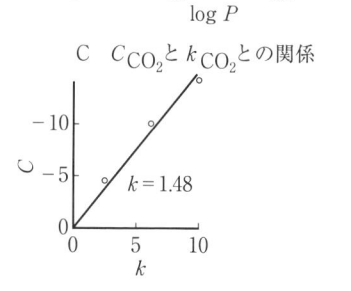

図2-130 クロカワゴケの光合成：Pと$[CO_2]_{環境}$との関係

9.4 酸素の光合成減速作用

次に，$[O_2]_{環境}$の濃度を高めると光合成速度が遅くなることは比較的に良く知られている現象で，O_2の阻害現象と理解されているようである. しかし，何故にO_2が害を与えるか説明はなされていない. そこで，この現象のメカニズムを考えてみよう.

† 図2−131 ソラマメ：O_2濃度と光合成，及びO_2補償点 †

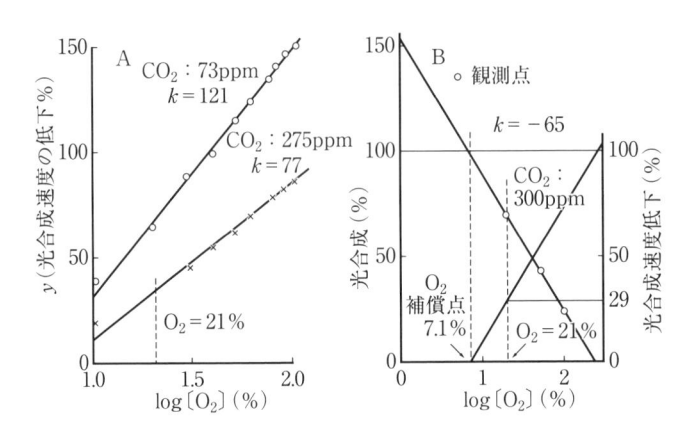

図2−131 ソラマメ：O_2濃度と光合成，及びO_2補償点

光合成反応は次のような反応式である．

$$CO_2 + H_2O \rightarrow CH_2O + O_2$$

この反応は可逆反応ではなく，常に矢印の方向に進行する．ただし，**葉緑体**内ではCH_2Oの輸送・重合のために呼吸によって生成されるCO_2は直ちに葉緑体へ回送されるから，あたかも可逆反応のようになる．しかし，この場合重要なことは，この呼吸は生成されたCH_2Oの輸送・縮合重合のためのものであって，呼吸を多くすればCH_2Oの生成量が増加するわけではないから，やはり式は不可逆である．一般に光合成と呼吸とは別の場所で起こっており，可逆ではあり得ない．故に，葉緑体内でO_2濃度のみが高まり，上式において右辺のO_2のみが増加すれば全反応が遅くなり，CH_2Oの生成量も少なくなる．従って，この現象を阻害と言うのは適切ではない．反応速度の減速とでも言うべきであり，本著では**酸素の光合成減速作用**と言う．

さて，ここに紹介するデータは$[O_2]_{環境}$を変化させたときに低下するソラマメの光合成低下量を$O_2 = 0$区の光合成量に対する比率％で表している．これに密度(1)式を適用すると図 A が得られ，式は次のようになる．

$CO_2 = 275\text{ppm} : y = -67 + 77 \log[O_2]$, $y=0$のとき$O_2 = 7.4\%$

$CO_2 = 73\text{ppm} : y = -87 + 121 \log[O_2]$, $y=0$のとき$O_2 = 5.2\%$

上式において，$CO_2 = 73$ ppm区で低下量が100％以上になることがどういうことか理解できないので，ここでは除外しておく．

さて，$CO_2 = 73$ ppm区で$y = 0$のとき$O_2 = 5.2$％で，0％になっていない．その理由を明らかにするためには光合成測定器（同化箱）の中の空気を考えなければならない．無O_2の空気を送風しても植物体からは光合成によって生成，排出されるO_2が存在する．故に，この排出量と送風する空気中のO_2量が等しくなった時に光合成低下％は0となる．従って，同化箱で観察している人にはそこではO_2の出入は見えない．光やCO_2の場合に補償点が見られるが，これは**酸素（O_2）補償点**である．

$CO_2 = 73$ ppmの数値が採用できないならば$CO_2 = 275$ ppmのデータも採用してよいかどうか若干の疑念が残るので，もう一例を検討する．

図Bの右下がりの直線はある植物について光合成量とO_2濃度との関係を見たものであり，光合成量は無O_2区に対する％で表されている．このときの$[CO_2]_{環境}$は不明であるが，300 ppmであったと仮定する．次に100％以上の光合成量はあり得ないから，直線が100％と交わる所を求める．このときの$O_2 = 7.1$％はO_2の補償点である．図Aの場合と似た値である．そこで，低下率を見るために，図にあるように補償点を始点として勾配が同じ右上がりの直線を引く．これから，普通の空気中のO_2を変化させたときの光合成速度の低下率を知ることができる．例えば$O_2 = 21$％のとき，低下$= 29$％，100％の低下（光合成速度$= 0$）は$O_2 = 240$ ppmのときである．ここで図Aと図Bを比較すれば，数値はよく似ているから，図Aの$CO_2 = 275$ ppmのデータは採用してよさそうである．

次に，陸上と水中で光合成速度に違いがあるので，その点を検討する．

† 図2－132 表層植物プランクトン：光合成速度 †

資料では観測点の無い滑らかな曲線で示されている．これから数値を読み取ると図Aのようである．Pがある強さになると，光合成速度は遅くなり始める．すなわち，P_{opt}（**最適照度**）が存在する．陸上植物では決してこのような現象は見られず，破線で示すように一定値に飽和するのである．何故に水生プランクトンにはこのような現象が起こるのであろうか．

2章 植物の成長現象の解析

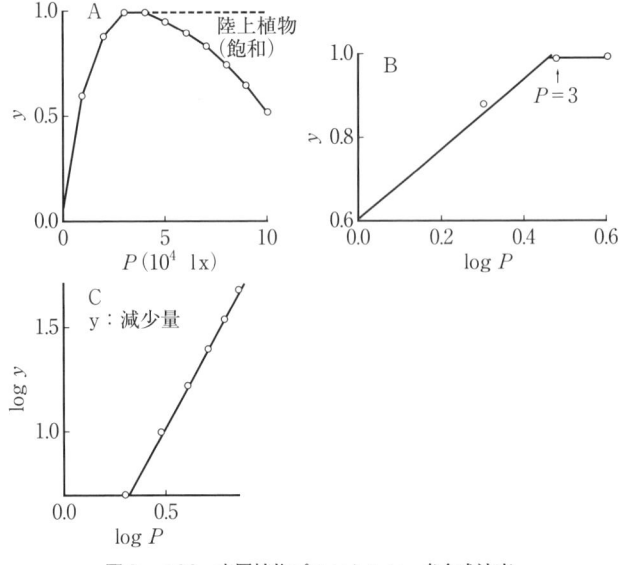

図2-132 表層植物プランクトン：光合成速度

　陸上と水中の環境の大きな違いは体が水で覆われているか否かという点である．体が水で覆われていると陸上植物では死が起こる．水害である．一方，水中植物では死ぬことはないが，次のような現象は起こっている．それは気体の交換，特に O_2 の出入が CO_2 に比べて非常に遅いことに関係がある．これは O_2 の水溶解度が極めて小さいためであるが，この事によって照度が強くなるに従って O_2 の排出量が多くなったとき，その排出速度が制限因子となって，光合成速度が遅くなるということは起こり得る．

　図Bによって飽和に達したのは $\log P = 3$ の所である．このとき，CO_2 の流入と O_2 の排出の速度とが等しくなったのであり，これより P が大きくなれば O_2 が植物体内に滞留するようになる．水田で早朝に観察すると藻類や水中の小植物の葉に多数の泡が付着しているのを見ることができるが，これを分析すると大部分が O_2 である．太陽が昇って急に光合成が始まった時に，O_2 の排出速度が CO_2 の吸収よりも遅いために起こるのである．このように，目にはっきりとは見えなくとも，植物体表が O_2 の膜で覆われているであろう．そうすると，いわゆる O_2 の阻害現象が起こっていることになる．

　さて，O_2 が高まってくると O_2 の全量が滞留するわけではなく，その一部は

水を通って結局は空中へ出て行っているが，その量はわからない．そのような場合に取る常とう的方法は，変化率は平均量に比例するという法則を使って，次の式を得る．微分形と積分形は，

$\dfrac{dy}{dp} = \dfrac{ky}{p}$, $\log y = C + k \log P$, y：$[CO_2]_{max}$からの減量，P：始点P_{opt}から測る照度

この実験では$\log P = 3$から改めてPを取ると図Cのような結果となる．今は表層植物プランクトンの例であるが，資料には深層プランクトンにも同様な現象が見られる事が紹介されている．

なお，陸上植物の水死は反応が逆であって，空中からのO_2の流入速度が遅いために好気的呼吸が阻害される現象である．陸上，水中いずれの場合もO_2が水に難溶であるという共通の事がその原因である．

9.5 発芽速度と光合成速度

† 図2－133 グレインソルガム：温度と光合成速度 †

温度と光合成速度との関係は本章6で取り扱ったが，この資料では図Aのとおりになっている．

　光合成速度 $\propto$ CO_2同化速度 $\propto$ 成長速度

これから，**成長温度速度式**V_θを求めることができる．図から，

　$k = 140$, $\theta_0 = 9℃$, $\theta_{00} = 55.5℃$,
　$a = 0.0215$

故に，

　$V_\theta = 140a\theta (1 - 10^{k(a\theta-1)})$

kを未知数として式を変形すると，

　$\dfrac{V_\theta}{140a\theta} = 1 - 10^{k(a\theta-1)}$
　$1 - \dfrac{V_\theta}{140a\theta} = 10^{k(a\theta-1)}$
　$\log \left(1 - \dfrac{V_\theta}{140a\theta}\right) = ka\theta - k$

図Bから勾配を求めると，

　$k = 1.538$

V_θ式に定数を入れると，

$$V_\theta = 3.01\,\theta\,(1 - 10^{1.538(0.0215\theta - 1)})$$

発芽速度から求めたイネの V_θ と右辺の初めの係数の値が違うほかはよく似ている．この点を次に検討する．

† **図2-134 グレインソルガム：発芽速度と光合成速度との関係** †

資料には地温と発芽までの日数が与えられている．この発芽は出芽と思われるので，発芽とは少し異なると思われる．また，温度領域がわずかに5～15℃の10℃であるから，近似的に，

$$\theta \propto V_\theta$$

図によって V_θ を求め，次に図2-133で得られた式で計算した光合成の V_θ を求めると，両者は比例するはずである．図Aの直線上の点から V_θ を求めて両実験の関係を示すと図Bのようである．直線性は良いが，点0を通っていないので，若干の誤差があったことになる．温度が地温であって気温でない事もその一因かもしれない．

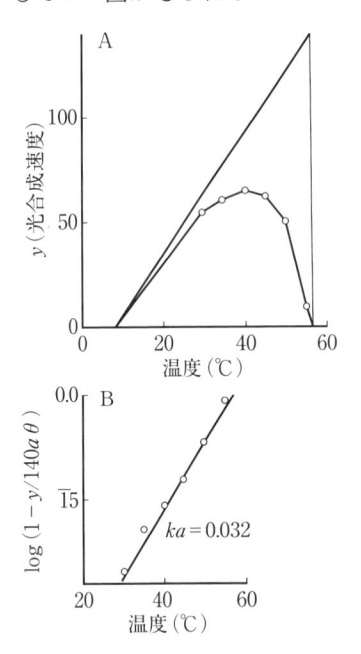

図2-133 グレインソルガム：
温度と光合成速度

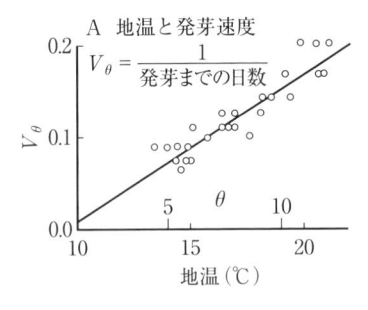

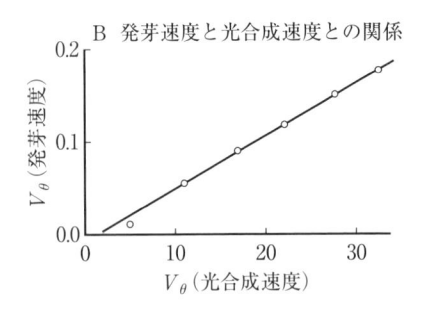

図2-134 グレインソルガム：発芽速度と
光合成速度との関係

次のように言うことができる.

　　照度 P =一定の条件下：発芽速度∝光合成速度∝成長速度∝V_θ

これは，既にイネで知られている関係がさらに**光合成速度**との関係にまで拡張される事を表している.

9.6 光合成における「昼寝」現象

† 図2-135　イネ：時刻別光合成速度，昼寝現象　†

　野外の光合成実験において観測時刻が違えば密度（1）式に従わなくなることがあり，一見，飽和現象が現れたかのように見えることがある．その例を図Aに示す．これが昼ころに出現することが多いので**昼寝現象**と呼ばれることがある．これは日照の強さのほかに気温が変化しているからであって，そのことを以下に証明してみよう.

　図 A_1 の温度は幸いに同化箱内のものであることが明示されている．図 A_1 から $\log P$ に対してプロットすると図Bのように，二つの線に分かれる．おおよそ午前と午後に分かれている．このようなことが起こるのは温度，今は呼吸を無視しているからである．今，仮に呼吸だけが関係しているとすれば，式は次のようになる.

　　y（光合成速度）$= (C + k \log P)(1 - 10^{k(a\theta-1)})$, $k(a\theta - 1)$：2章6.1の式（1）

これから次式を作る.

$$\frac{y}{1-10^{k(a\theta-1)}} = C + k_p \log P$$

この計算の結果は図Cのようになり，良い直線性を示す．ただし，2点は大きく飛び離れているが，その理由は今はわからない．図から得られた式を変形すると，

　　$y = 107 (1 - 10^{1.480(0.0263\theta-1)})(\log P - 1)$

図Dでこの式が適合することを再確認している.

　この式から，$P = 10 \text{cal/cm}^2 \cdot \text{h}$ で $\log P = 1$ となり，$\log P - 1 = 0$ となって，光合成は0となる．これは**光補償点**である．この実験（図 A_1）における日中最大の $P = 60 \text{cal/cm}^2 \cdot \text{h}$ であったから，その $\frac{1}{6}$ の値が光補償点であっ

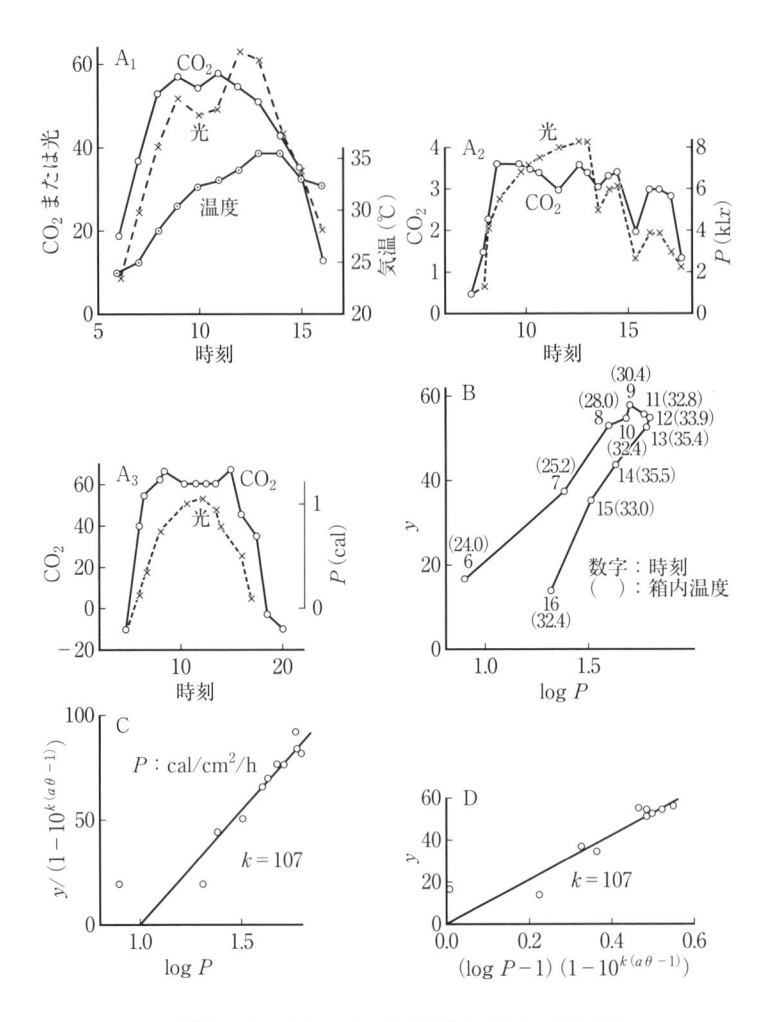

図2–135（1） イネ：時刻別光合成速度，昼寝現象

た．意外なほど明るいときに正味の光合成量＝0である．すなわち，光補償点のPが非常に高い．ここでPの測定が同化箱の中であったか外であったか，資料には明示されていない．外であったと推察されるが，もしそうであったなら，実際のPの補償点はもう少し小さくなる．それにしても，光補償点はかなり高いようである．

さて，昼寝現象の説明はこれで十分だとは言えない．何故なら，θ_0を代入

E 日中大気 CO_2 濃度の時刻別変化
（トウモロコシ畑植被直上，8月ころ）

F 温度と CO_2 濃度との関係（6〜16時）
○ 午前
○ 正午
× 午後

G CO_2 濃度の日中低下量

H 温度と $\log P$, $\dfrac{\log P}{\theta}$ との関係
数字：時刻
$k = 0.35$
$k = -0.21 \times 10^{-2}$（7〜13時）

I 温度と $V_{\theta P}$ との関係
$V_{\theta \max}$
$V_{\theta P \max}$

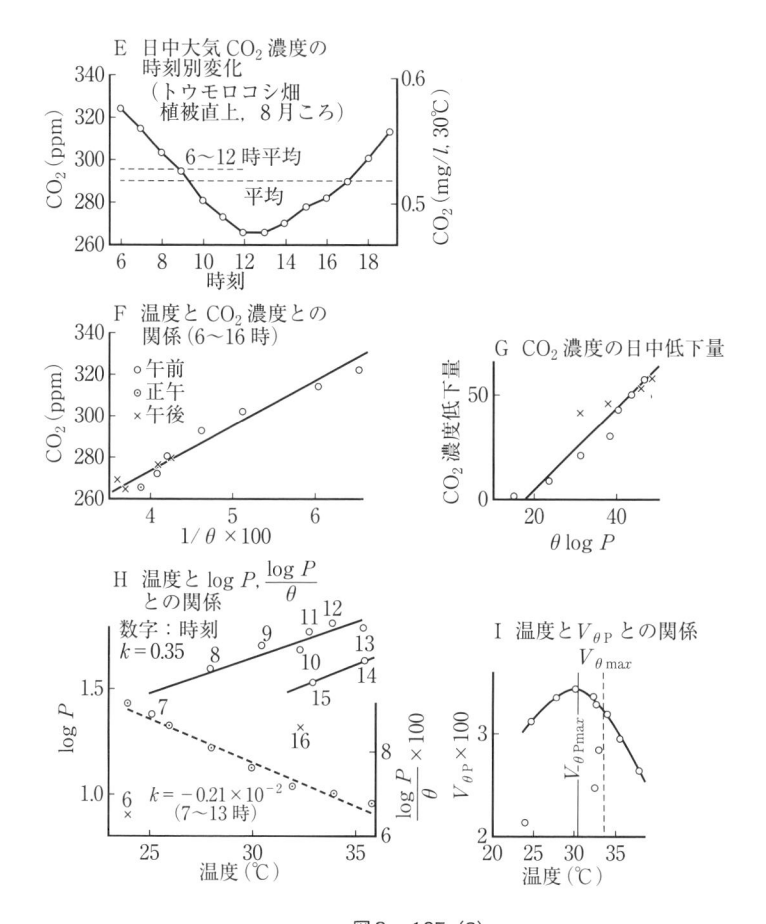

図2-135 (2)

すると上式の $0.0263\,\theta = 0$ となり，10の指数 $= -1.480$ となって，$10^{k(a\theta-1)}$ が最小となるから，光合成は最大となるが，これは事実に反するからである．そこで式を眺めれば次のとおりになっていることに気付くであろう．

$$y \propto \dfrac{V_\theta}{\theta} \log P \quad (1)$$

故に，式が成り立つためには，一方において次の関係がなくてはならない．

$$CO_2（環境）\propto \dfrac{1}{\theta} \quad (2)$$

ここで，θ は V_θ 式中にあるように CO_2 の流入速度を決めている事に留意する必要がある．そうすると，$\dfrac{1}{\theta}$ は CO_2 流入速度の温度による変化を消去して

いるのであって，そのとき光合成速度は正しく $\log P$ に比例する事を表している．

そこで考えなければならない事は，この実験は野外実験であって，大気中の CO_2 濃度が一定ではないという点である．この実験では大気中の CO_2 濃度の観測を行っていないので，他の資料のトウモロコシ畑のデータを借用する．CO_2 濃度の変化は主としてその場所における光合成量によって生起するのであるから，CO_2 濃度の変化の仕方は植物の種類とほとんど関係無く，同じと見てよい．さて，7月下旬から8月中旬ころまでの4回の観測値の平均を求める．ただし，4回の時刻を合わせるために傾向線から目測した値も用いる．観測時刻は6～19時であるが，その結果を示すと図Eのとおりである．

仮に6～19時を日中とすると，日中の総平均 = 290ppm，およそ0.52mg/l，30℃である．また，通常の実験が行われる時間帯を6～12時と仮定すれば，平均 CO_2 濃度は295ppm，0.53mg/l くらいである．

さて，式(2)が成り立つかどうかを見るために図Fを作成した．直線と見なしてよいであろう．故に，式(2)が成り立っている．そうであるなら，大気中の CO_2 濃度の減少量は CO_2 の植物への流入速度を決定している θ と $\log P$ に比例するはずである．故に，

$$\text{大気} CO_{2\text{減少}} \propto \theta \log P \quad (3)$$

今，6時における大気 CO_2 濃度を始点として各時刻における減量を用いると図Gに示すとおりになる．データが別の実験のものであるにしては良い直線を示していると見なせよう．すなわち式(3)は成り立っている．

以上によって，昼寝現象は大気中の CO_2 濃度がその場所の光合成によって低下するから起こるものである事が明らかになった．

さて，大気中の CO_2 濃度は温度，日照度の変化のほかに対流，風等によってかく乱され平均化が起こっているから，大気 CO_2 濃度の変化が $\frac{1}{\theta}$ に比例するという事はかなり広範囲に葉緑体量が存在するような場合，例えば森林，草原，畑地帯，水田地帯などに限られる．また水藻，植物プランクトン等の成長広水域も同じである．

次に，このデータから温度と光合成速度を結ぶ関係式を求めよう．まず，温

度と$\log P$がおおよそ比例することを図Hに示す．もし，終始快晴なら物体の水分の蒸発熱量は$\log P$に比例することから，その事が類推できる．ただし，Pの変化に対して気温の応答速度が非常に遅いために，Pの変化が早いときには両者の比例関係が乱れる．次に，図にある直線を用いて$\frac{\log P}{\theta}$を計算し，温度との関係を求めてみると，これがほぼ直線式になっている．故に，時刻7〜13時の間では，日照の関与する$V_{\theta P}$は，

$$V_{\theta P} \propto V_\theta \frac{\log P}{\theta} \fallingdotseq V_\theta (C - k\theta) \quad (4)$$

右辺の式は右上がりと右下がりの曲線と直線の積で，近似的には放物線形であり，温度に対して山形の曲線を描く．そこで，実際にはどのようになっているかを見ると図Iに示すとおりである．これから，$V_{\theta P\max}$の温度は30.5℃であり，$V_{\theta\max}$の温度33.5℃よりも3℃だけ低温になっている．すなわち，大気CO_2濃度が自らの光合成量を含むその場所の光合成によって低下し，そのために最適温度が低下するのである．

イネの最適温度を求めた実験はかなり多く行われているが，その結果はまちまちで一定ではない．ただ，多くの場合に30℃以下という点で一致している．今の実験はその理由をよく説明している．

さて，式(4)によればθを低下させれば光合成速度は速くなる．実際にそのような実験結果が得られた例が本実験の資料等に紹介されている．しかし，θの低下にも限度があって，式(4)が$\theta < \theta_{opt}$の範囲においては近似的に放物線形であることから，θを低下させれば光合成速度は早くなると言うことができる．

さて，$\frac{\log P}{\theta}$の値は時，場所，時刻によって変化する．

① $\log P$が同じであれば比較的低温である高地の方が比較的高温である低地よりも$V_{\theta P}$は大である．

②「時」の代表的な違いは冬と夏である．大気CO_2濃度は冬高夏低，温度は冬低夏高，雲量を考慮しなければ日照度は冬弱夏強である．そのような場合に光合成最適温度はどのようになるか．イネ以外の植物のV_θがよくわかっていないので，今は何とも言えない．

よって，温度とCO_2光合成速度との関係をまとめると，次のようになる．

① CO_2濃度，温度が一定：$y = k \log P + C$
② CO_2濃度，照度が一定：$y = kV_\theta$
③ 広葉緑地帯，θとPが日変化：$y = k \dfrac{V_\theta}{\theta}(C + k \log P)$，すなわち，$y_{\theta P} = \dfrac{V_\theta}{\theta}(C + k \log P)$，$C$，$k$が改められた．

上の③が実際の野外における個体の光合成速度ないしは乾物成長速度を表しているので，最も重量な式である．

9.7 葉緑素密度と光合成速度

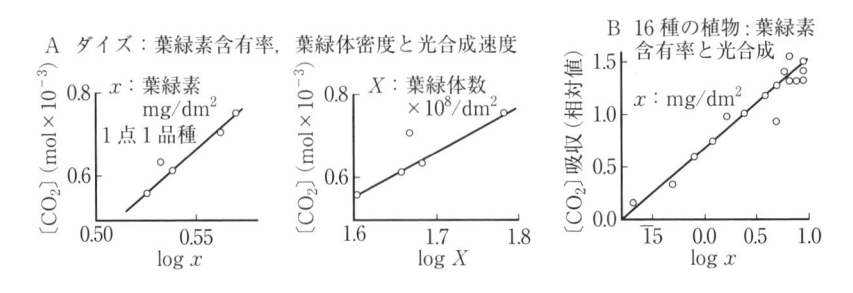

† 図2-136 葉緑素，葉緑体数密度と光合成速度 †

葉緑素含量も密度であるから葉緑体数密度と共に密度(1)式に従う．図Aのとおりである．なお，光合成量はmgで表されることが多いが，モル収量で表す方が都合の良い場合があるので，その例として図ではモル数で示してある．

一般に，光合成速度を葉緑素単位当たりで表す例は非常に少ない．〔N〕の施肥によって光合成速度が速くなるのは，一つには葉の葉緑素含量が多くなるからで，次いで葉面積が大になるからである．

図Bに示したのは16種の違った植物を用いクロロフィルaとbの合計量をxとして，光合成曲線の立ち上がりの大きさとの関係を示したものである．密度(1)式が成り立っている．クロロフィルaとbとは光合成の経路が多少違っているとされている．また，葉緑体の構成分子，構造なども植物の種類によって差がある．従って，上式の適用には限度が有るであろうが，有用植物の間で余り大きな差が無いなら，光合成速度の差を葉緑素含量の差に置き換

図2-136 葉緑素，葉緑体数密度と光合成速度

9.8 成長期間中の光合成速度の変化

† 図2-137 イネ：日平均総日照量と日平均乾物増加量 †

　光合成量はCO_2同化量であって，これと乾物重増加量は光合成期間中は同じものである．もし，夜間の温度，時間を一定と仮定すれば，両者は高い近似性をもって比例する．

　さて，高等植物の成長時間単位は日で，1日の光合成量は定温なら，

$$y = \Sigma \Delta y = \Sigma \Delta t \, (C + k \log P)$$

　しかし，違った日でいちいち上式によってyを求めるのは厄介で実際的ではない．また，実際は温度も日によって違っている．従って，長い成長期間にわたって正確な成長速度を日照量だけから計算するのは非常に難しい．そこで，どのくらいのばらつきが出るかわからないけれども，日当たりの日照量から日当たりの光合成量∝乾物増加量を求めてみよう．1日間が晴天であればPの日変化は一定と見なすことができる．実際には雲量が変化するので一定とはならないが，観測期間を少し長目にとれば雲量は平均化されて一定に近付くから，Pの日変化はすべて相似形に接近する．観測期間が短過ぎると相似形になりにくい．また，期間が長過ぎると日当たり光合成期間が一定という仮定が成り立たなくなる．故に観測期間の長短が問題となるが，今用いる資料では1回目と2回目の観測の隔たりは1～2週間で，その間の平均$\Delta y, \Delta P$が用いられている．日変化が相似形であるなら平均光量が使えて，それは総光量に比例するから，密度(1)式が適用できる．故に，近似の程度はPの日変化の相似の程度に掛かっている．

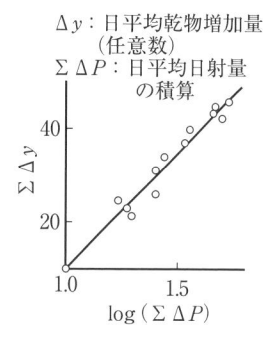

　$\Delta y, \Delta P$共に単位は付けない任意数が与えられている．図にばらつきが見られるが，$\Sigma \Delta P$を用いてもかなり良く密度(1)式に近似していることがわかる．故に，近似程度を余り厳格に問題にしないなら，

図2-137　イネ：日平均総日照量と日平均乾物増加量

$y = \Sigma \Delta y = C + k \log \Sigma \Delta P$, Δy：日乾物増加量, ΔP：日平均日照量

† 図2－138 イネ（個体）：全成長期間における光合成速度 †

全成長期間にわたる，個体の光合成量の変化は乾物成長速度に比例すると考えることができる．故に，yを光合成量とすれば，S成長速度式を用いて，

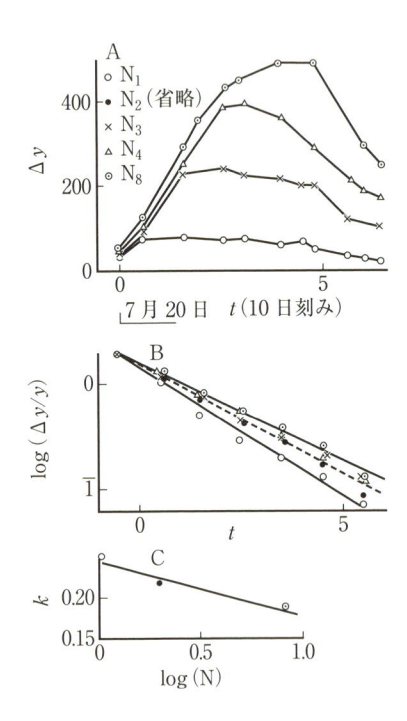

$$\Delta y = \frac{dy}{dt} = k y e^{-kt}$$

この実験は〔N〕肥料の施用量を変えて行われている．〔N〕の添字は貫/反を表している．図Aから図Bが作成される．始点は－1, 7月10日である．勾配kは〔N〕が多いほど小さくなっているが，kの大きさは〔N〕の密度式に従うはずである．ばらつきの大きい区を除いた3区については図Cに示すとおりで，

$$k = C - k' \log [N]$$

今までは，光合成量と乾物成長量とは比例すると仮定してきたが，厳密に言えば比例するとは言えない．光合成量はCO_2吸収量であるのに乾物重量はCO_2以外の原子の吸収量を含んでいるからである．しかし，でんぷん植物は乾物中に占めるCO_2由来の$(CH_2O)_6$以外の原子の含量は非常に少量であるから，両者は比例すると見なしても余り大きな誤差は生じない．

† 図2－139 イネ：直射日光遮断による減収 †

イネの成長中に，6月（多分，田植期）から10月（多分，収穫期）までの長期間にわたって10日間ずつ直射光を人為的に遮断し，光合成を阻害したとき玄米重量が減少したが，処理時期tと減収量yとの関係は当然S成長速度式に従う．結果は図Aに示すように変動が大きいので図のように線を引き，数値

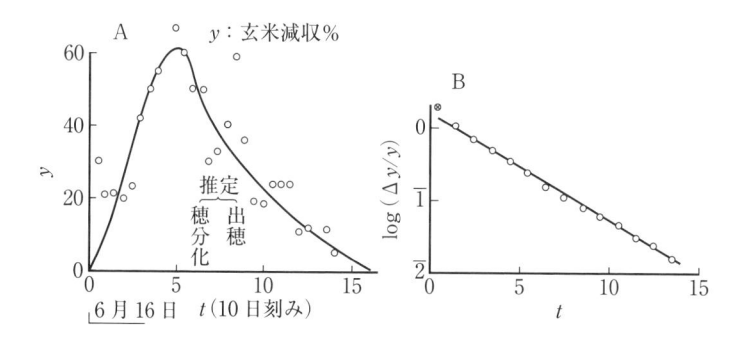

図2-139 イネ：直射日光遮断による減収

を読み取って作図すると図Bのとおりになる．始点は6月8日であったと推定される．また，図Aにはおよその推定によって穂分化期，出穂期が添えてあるが，この時期に特に減収が著しいとは見えない．子実収量は全収量に比例するという法則からすれば，これは当然の事であろう．

9.9　2種混合集合の成長における相互作用

高等植物の集合では個体間に相互作用が起きている．光の場合にはそれは相互遮蔽と言われる．単一集合では相互遮蔽の大きさはすべての成員に対して等量であるから考慮する必要は無いが，異種の混合集合では種類の違う成員間の相互作用の大きさは等しくない．

† 図2-140 clover | grass：光と陰 †

この実験はいわゆる競争関係を見ようとして行われたもので，相互遮蔽の程度を見るためにそれぞれの植被の上面における日照度が調べられている．なお，実験は南半球のAustraliaで行われた．

実験1：始点は7月．肥料の量が変えてあり，〔N〕の添字でその量が示されている（単位不明）．乾物重 y の添字は〔N〕量に対応させてある．

このデータから成長量の絶対値を求める事はできそうもないが，相対的な大きさなら求められるかもしれない．すなわち，図2-137における方法に準じるなら近似的に収量比は積算日照の対数に比例すると仮定してみる．勿論，このときの積算は出芽日から始めなければならない．

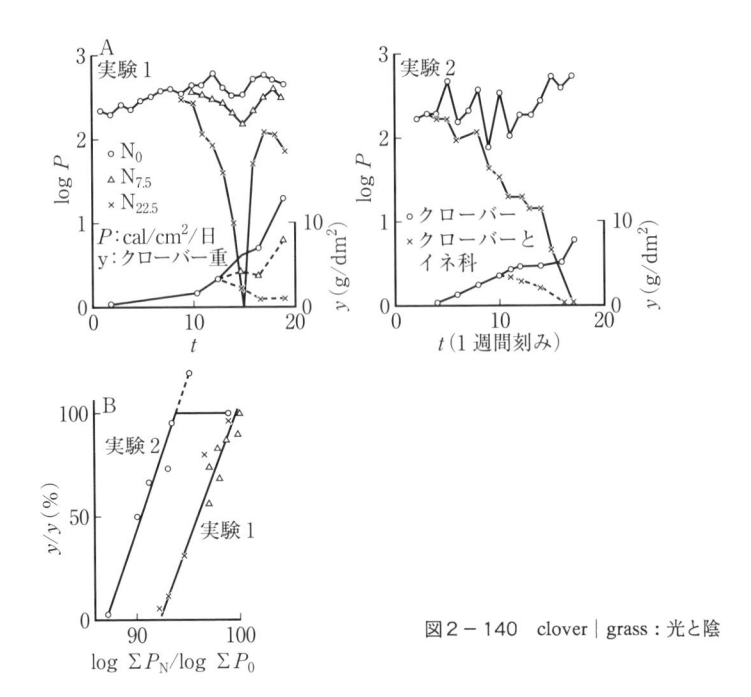

図2−140 clover｜grass：光と陰

$$\frac{y_N}{y_0} \propto \frac{\log\Sigma\Delta P_N}{\log\Sigma\Delta P_0}, \quad N：肥料の量$$

その結果は図Bに示す通りで，かなり良い直線性を示している．

実験2：相互作用を厳密に光だけにするために2種の植物をそれぞれ独立した別の短冊形のポットに植え，これを交互に配列して，実験1と同様の調査を行った．実験開始は5月上旬．

$$\frac{y(集合中のクローバー)}{y(純クローバー)} \propto \frac{\log\Sigma\Delta P(集合中のクローバー上面)}{\log\Sigma\Delta P(純クローバー上面)}$$

この結果も図Bに示してある．乾物重に誤差があってyの比が1以上になっている点も見られるが，全体としては直線関係が見られる．しかし，この直線は100％に収束していない．恐らく分母の$\Sigma\Delta P$が一定割合大きかったからだと思われる．

以上のように，2種混合集合における相互作用の大きさを見積るのに図2−137の近似式，$y = C + k\log\Sigma\Delta P$が利用できそうである．

9.10 葉面積と光合成

　光合成の表示には多くの場合に葉面積当たりの〔CO_2〕吸収で示されている．また，集合の光合成は，例えば全葉面積＝LAI当たりで論じられることが多い．しかし，葉には老若，大小の差が有り，集合中で占める空間的位置の違いも有る．そのように違った葉を単純に合計した総葉面積は何を表しているのであろうか．

† 図2－141　ヒマワリ：葉高と光合成能力　†

　葉の位置する高さ，これを葉高 x と呼ぶことにする．節や出葉順位ではない．光合成能力＝$\dfrac{光合成量}{葉面積×時間}$ とする．1枚の葉の光合成能力のことではない．

　さて，

　　　　成長速度 ∝ 光合成速度

y を光合成速度とすると，個体については図2－139によってS成長速度式に従うから，

$$\log_e y = \log_e y_\infty (1 - 10^{-k_y t}) \quad (1)$$

後出の図2－144によって葉面積を F とすれば，

$$\log_e F = \log_e F_\infty (1 - 10^{-k_F t}) \quad (2)$$

ヒマワリの x はS成長速度式に従う（図2－34参照）．

$$\log_e x = \log_e x_\infty (1 - 10^{-k_x t}) \quad (3)$$

ここで，k の大きさの関係は不明であるが，( )内はすべて成熟期にはほとんど同じ値に達するので，

$$k_y = k_F \fallingdotseq k_x \; (\fallingdotseq k とする) \quad (4)$$

故に，

図2－141　ヒマワリ：葉高と光合成能力

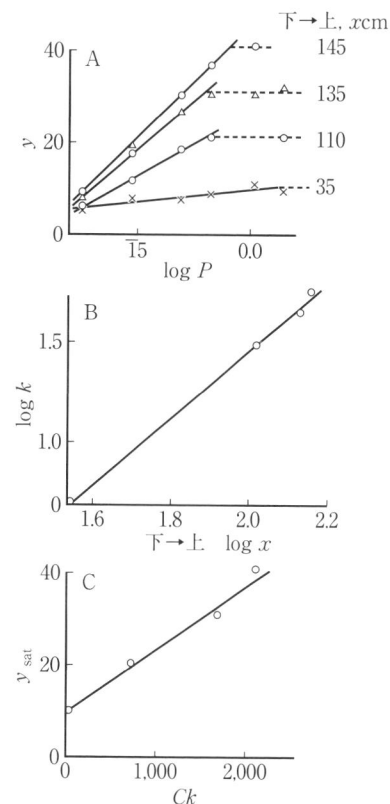

$$\log_e (\text{光合成能力}) = \log_e \frac{y}{F} \propto (1 - e^{-kt}) \propto \log_e x \quad (5)$$

図Aからkを求める．kは葉高別の光合成能力を表しており，$\log k$は図Bに示すように$\log x$に比例している．すなわち式(5)が成り立っている．

なお，図Aでy_{sat}が見えているので，Ckとの関係を図2-128にならって図Cに示しておく．また，言うまでもなくxがS成長をしない場合にはこの関係は成り立たない事を付言しておく．従って，恐らくイネではこの関係は見られないであろう．

† 図2-142 キャッサバ：一葉面積（cm²）の変化 †

成長時期に従って平均1枚の葉の大きさ（面積）は変化する．資料の観測点に沿って滑らかな曲線を描いて数値を読み取ると，図に示すようにS成長速度式に従っている．故に，少なくとも近似的に，

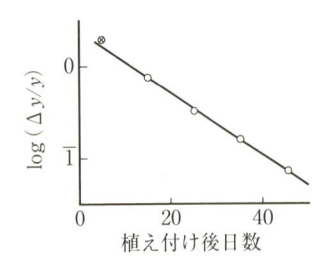

　　　平均一葉面積 ∝ 個体重

もし，葉の厚さ，比重が近似的に一定と見なせるなら，

$$\frac{\text{平均葉面積}}{\text{個体重}} \propto \frac{\text{葉重}}{\text{個体重}} \fallingdotseq \text{一定}$$

図2-142 キャッサバ：一葉面積(cm²)の変化

† 図2-143 イネ：LAIと生葉重 †

平均の葉の厚さ，比重が一定なら葉面積は葉重に比例する．しかし，この仮定は厳密には成り立たないから，近似的な関係しか求められない．図は全体として直線と見なして，

　　　LAI = -1.3 + 0.028W, W：生葉乾物重

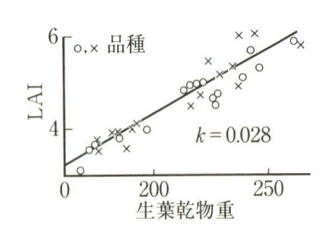

この式は，もし成り立つとすれば点0に収束すべきものである．問題は生葉重とあり，枯葉は除外してある．どのようにして枯葉を区別したか，説明は与えられていない．ここで，もし葉重∝個体重と仮定できれば図2-142の関係式が成り立つ．

図2-143 イネ：LAIと生葉重

† 図2-144 イネ：葉面積とその重量との関係 †

葉の面積と葉重の関係が示されている．厚さ，比重が同じなら両者は直線となる．図で直線と見なしてみると，

　　実線：$y = -22.5 + 5.5S$

この式が点0に収束するには破線のとおりでなければならない．そうすると，古い葉が直線から下方へ離れる．すなわち，古い葉は比重が軽いので，これは当然であるから，結局上式は余り古い葉を含まないという条件付きで成り立つ．

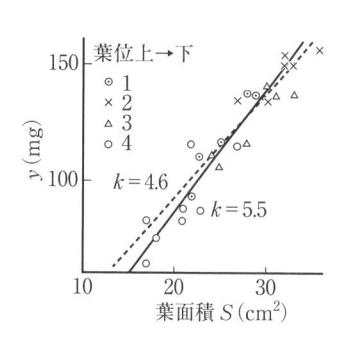

図2-144　イネ：葉面積とその重量との関係

† 図2-145 照度と葉面積指数（LAI）†

違った照度の下で栽培したときのLAI（F）の変化である．図Aはクサフヨウ，図Bはサブクローバーの例で，共にFは$\log P$に比例している．なお，これから$\text{LAI}_{\max} = \text{LAI}_{\text{opt}}$（最適**葉面積指数**）を決定しているのは$\log P$であることがわかる．一方，光合成速度，重量成長速度，従って個体重量成長速度などはすべて$\log P$に比例する．故に，

　　$F \propto$ 光合成量 $\propto$ 個体重

† 図2-146 マンゴールド：LAIと収量（Watson，転写）†

Y，F共に成長期間中の平均値が用いられている．

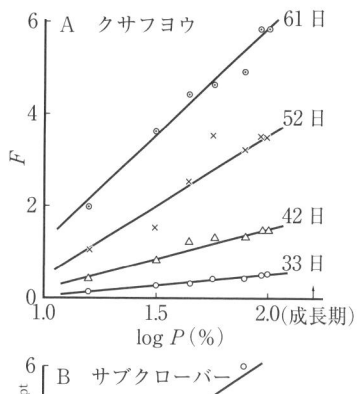

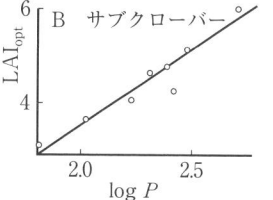

　　$Y = kF$

この直線は点0を通っていないが，点0を通るのが正しいであろう．
以上によって，次のように言える．

図2-145　照度と葉面積指数（LAI）

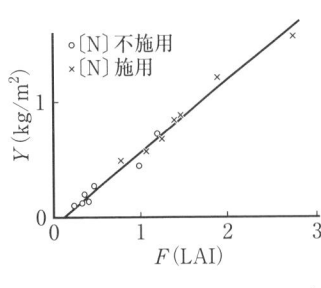

図2-146 マンゴールド：LAIと収量（Watson, 転写）

① 平均的な葉の厚さ，比重（密度）は近似的に一定と見なして差し支えない．従って，近似的に，

　　LAI∝葉重∝個体重

② これから類推すれば，次の関係が成り立っていなければならない．

　　葉重∝茎重∝個体重

なお，LAIがS成長をすることが次図で示されているが，これからも①の関係があることがわかる．

† 図2-147 イネ：葉面積指数（LAI）の成長 †

〔N〕の施用量を変えて葉面積の成長が調べられている．添字の数字は〔N〕量の貫/反を表している．成長の様子をN_2を代表として示すと図Aのようで，ある時期になると減少し始める．山の前半はS成長である（図省略）．山頂に到達する時期は〔N〕の多少によって少しずれており，少〔N〕ほど山頂が早く出現している．この山頂の出現時期は出穂期（9月5日）付近である．このころ以後は出葉は無いから葉面積は飽和するはずである．しかし，図によると

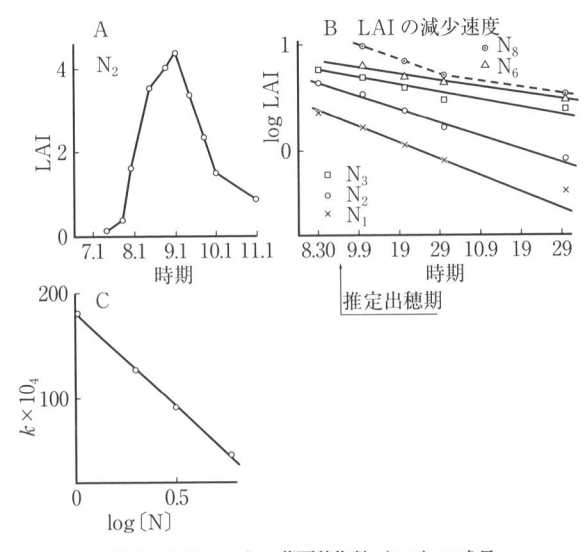

図2-147 イネ：葉面積指数（LAI）の成長

以後葉面積は減少している．飽和後は崩壊が有るだけで，それは崩壊式に従うはずであり，図Bにそれが示されている．また，勾配 k は〔N〕の密度 (1) 式に従うはずで，図Cにそれが示されている．この崩壊は葉が枯れるのではなく，葉を持つ茎が枯れているのである．これは無効分げつと言う．一方，分げつ（茎）数も S 成長速度式に従うから，分げつ全体を葉面積に置き換えることができる．すなわち，

$\quad$ LAI $\propto N$（分げつ数）

なお，図Cから〔N〕が多いほど LAI，従って有効茎の減少速度が小さいとがわかる．普通このとき有効茎歩合が高いという言い方をする．

† 図2-148 イネ：成長期間中の LAI と NAR との関係 †

温度が一定なら，光合成速度 ∝ 純同化速度（率） = **NAR** (net assimilation rate) である．今，葉面積 ∝ 個体重の関係を利用すれば葉面積は深さを持つ密度になるから，密度 (2) 式が成り立つ．

このデータの観測期間は田植えから出穂期までにわたっている．図にみられるように，式は成り立っている．ただし，田植え後しばらくの間はこの直線に載っていない．断根などの影響が現れているのである．

† 図2-149 つるなしインゲン：茎の光合成速度 †

光合成の研究報告を見ると $\frac{光合成量}{葉面積}$ で表示される場合が多い．また，茎が非同化部と見なされて光合成系から除外されてしまっている場合もある．葉の面積に比べれば茎の表面積は小さいであろうが，茎には葉緑素を含むものが多く，またイネ科植物には茎数の多いものが少なくない．故に，茎の光合成

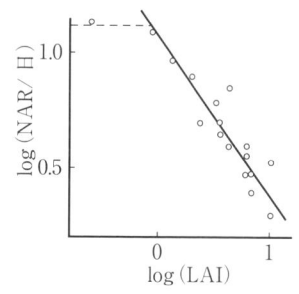

図2-148 イネ：成長期間中の LAI と NAR との関係

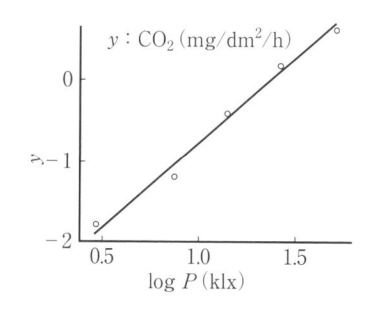

図2-149 つるなしインゲン：茎の光合成速度

を無視してよいとは言えない．特に，光合成物質は茎を通って他の場所へ輸送されており，そのためのエネルギーの一部は茎で生成される光合成物質（グルコース）の呼吸分解によって供給されている．この事からも茎も受光体の中に含まれていなければならない．しかし，茎の光合成を調べた資料は極めて少なく，この一例しか紹介することができない．

9.11 有害ガスによる光合成の阻害

空，水，土中に存在する有害物質や人工的に生成される有害物質の種類，量は近年ますます増加し，生物に害を与えている．これらは一括して日本では公害と呼ばれている．

† 図2-150 イネ：SO_2ガスの光合成阻害 †

図Aは葉にSO_2の水溶液を噴霧したとき，葉中の葉緑素含量の変化を調べたもので，密度 (1) 式である．葉緑体ないしは葉緑素が崩壊している．図Bは光合成速度の変化を見たもので，温度の影響を消すために不処理に対する比で表されている．図によって崩壊式である．故に，SO_2ガスは光合成器官である葉緑体の構造を破壊し，**光合成阻害**をする．

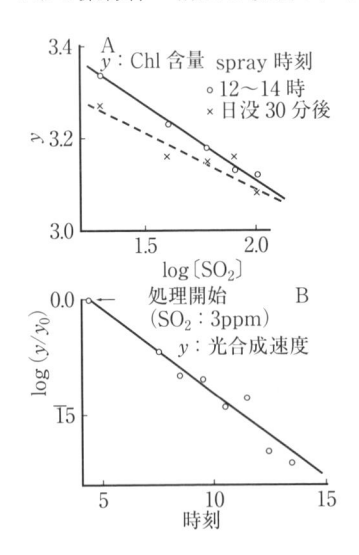

† 図2-151 イネ：〔F〕害－〔F〕対乾物含有％と収量 †

異なる栽培者の水田における子実重量減少％と葉中のふっ素 (F) 含量との関係を調べたものである．平均値を用いる．〔F〕の環境濃度は不明であるが，〔F〕を

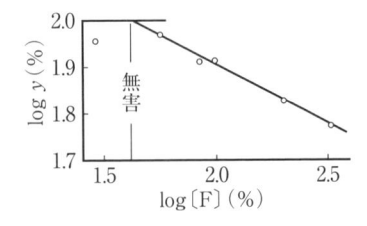

図2-150 イネ：SO_2ガスの光合成阻害

図2-151 イネ：〔F〕害－〔F〕対乾物含有％と収量

吸収すると収量 Y（全重量）の容積変化が起こるので，〔F〕の吸収量と収量 Y との関係は密度 (2) 式に従う．ここで，〔F〕の代わりに一般的な有害物質量 X とすることができる．密度 (2) 式は，

$$\log Y = C - k \log X \quad \text{(a)}$$

ここで，上式に $\log \dfrac{X}{Y}$ を組み入れるために工夫をする．まず $\dfrac{k}{1+k} \log Y$ を作る．

$$\frac{k}{1+k} \log Y = C' - \frac{k^2}{1+k} \log X$$

移項して，

$$C' - \frac{k^2}{1+k} \log X - \frac{k}{1+k} \log Y = 0 \quad \text{(b)}$$

式 (a) の右辺から式 (b) の左辺 = 0 を引く．

$$\log Y = C'' - (k - \frac{k^2}{1+k}) \log X + \frac{k}{1+k} \log Y = C'' - \frac{k}{1+k} \log X + \frac{k}{1+k} \log Y$$
$$= C'' - \frac{k}{1+k} (\log X - \log Y)$$
$$\log Y = C - \frac{k}{1+k} \log \frac{X}{Y}, \quad C \text{ は改められた．}$$

ここで葉重量 $\propto$ 全重量の関係を用いれば右辺は葉中の乾物重に対する X の含有率である．

一方，$Y \propto y$（子実重）であり，$\dfrac{k}{1+k}$ を改めて k とおけば，上式は

$$\log y = C - k \log \text{〔F\%〕}, \quad C \text{ は改められた．(c)}$$

図に見られるように上式は成り立っている．

以上をまとめると，
①公害を起こさせる物質の濃度は環境濃度を用いるときは密度 (1) 式である．
②この物質が植物体内に含まれる含有率を用いるときは密度 (2) 式である—上の式 (c)．

生物関係では，含有率を用いる場合が多い．これは，直接に環境濃度を知らなくても済むから非常に手軽で便利である．また，これは逆に生物を使って環境の有害物質の濃度を推定しているのであるから，一種の **生物検定** (bioassay) の方法である．

なお，葉数 = 0 は成長日数 3 日目である．土の中から子葉，すなわち第 1 葉が出るのに 3 日かかったというのであろうか．

9.12 まとめ

1）本節では高等植物と水生藻類の光合成作用について検討した．光合成速度は照度 P の密度（1）式に従う．

$$y（CO_2 吸収）= C + \log P$$

光合成の測定には色々な条件が影響するので，それらについて密度（1）式を用いて調べた．

2）光合成における飽和点には光飽和点と CO_2 飽和点があり，光飽和点は CO_2 の環境濃度が小さいときに現れる．

3）2環境因子が変化する場合の光合成量の一般式は，

$$y = C_1 +（C_2 + k \log P）\log〔CO_2〕_{環境}$$

4）酸素の光合成阻害と理解されている現象は酸素の水溶解度が極めて小さいことに基因する光合成減速作用である．

5）照度 P が一定，温度が変わる条件下では，発芽速度 $\propto$ 光合成速度の関係がある．

6）光合成における「昼寝」現象は，大気中の CO_2 濃度がその場所の光合成によって低下する事によって起こるものである．

また，広域に広がる葉緑地帯において日中の大気 CO_2 濃度が低下するので，実験式として，

$$y = \frac{V_\theta}{\theta}（C + k \log P）$$

7）光合成速度の植物種類間差異は葉の葉緑素含量と関係がある．

8）長い成長期間における光合成量の近似式は，

$$y \fallingdotseq k \log \Sigma \Delta P, \quad \Delta P：日々の太陽照度$$

9）2種混合集合における相互作用の大きさを見積るのに，近似式の $y = C + k \log \Sigma \Delta P$ が利用できそうである．

10）光合成速度は個体やその集合で求めることが必要で，葉の光合成能力だけでは個体の能力はわからない．もし，葉を用いるなら総葉面積を用いなければならないが，このときは密度（2）式，$\log y = k \log（LAI）$ である．

11）有害ガスによる光合成の阻害については，有害物質の環境濃度との関

係は密度 (1) 式，有害物質の乾物含量との関係は密度 (2) 式に従う．

12) 合成された CO_2 の分子数に対する吸収された光子数の比，すなわち光子要求数は弱光でしか求められないと言われているが，普通のマクロの実験からも求めることができる．得られた結果は定説と大きく違って光子要求数 = 1 である (3章10)．

13) 光合成反応を通じて次元の異なる種々の量的形質の間に比例関係が有ることがわかった．例えばイネでは，

　　葉面積∝葉重∝茎数∝個体重∝部分重

これは**形質量間の調和性**と言ってよいであろう．

10. 物質の流れと光合成，エネルギーの流れ

10.1 物流速度と運動エネルギー

本著では成長を環境（要素）が植物体内で流れてゆく過程として捕らえようとしている．物質の流れ（物流）は成長量に直接反映されるので，植物体内の物流速度には多くの人々が関心を寄せている．近年は放射能（または放射性）物質，例えば ^{32}P や ^{14}C なども研究に利用されている．一方，本著では**物流速度**には体内の物質の分子運動と水の流動とが関係するものと考える．

原形質流動は物質の分子運動そのものを見ているとは言えないが，間接的にその反映像を見ているものである．体内の物質の移動には分子の熱運動エネルギーのほかに，呼吸によって生じるエネルギーを使っているが，このときには**物質の輸送**と言うべきであろう．

10.2 分子の移動速度

まず，静止水中における物質の移動の様子から眺めてゆこう．

一種の気体が占有する空間において気体分子はその質量 m と結び付いた運動量を持っている．このときの速度に $V_空$ と記号を付けておくと，これが水に溶けると水分子と衝突して速度は $V_水$ となる．

2章　植物の成長現象の解析

　常温では気体として存在し得ない物質（液体，固体）も分子となって水中に入れば，気体分子と同格の取り扱いができる．離れ離れになった分子の状態においては，その前に物質が気体，液体，固体のいずれであったかという事は無関係になる．

1）分子の $V_水$

　質量，速度，温度，エネルギーは自由度当たり次式で結び付いている．
$$\frac{1}{2}mV^2 = \frac{1}{2}kT = エネルギー \quad (1), \quad k：ボルツマン定数，T：絶対温度$$
式(1)から V を求めると，
$$V = (kT)^{1/2}\, m^{-1/2} \quad (2)$$
今，水中である分子がある方向に向かって移動しているとすると，それは水分子と衝突しているが，その衝突回数は断面積 $= m^{2/3}$ に比例し，抵抗として進む方向と反対に作用している．従って，前進の方向には $m - m^{2/3} = m^{1/3}$ だけ作用している．故に前進方向の速度 V は，
$$V = (kT)^{1/2}\, m^{-1/2} \times m^{1/3} = (kT)^{1/2}\, m^{-1/6}$$
m の代わりに分子量 M を使うと，定温条件（$T=$一定）で，上式は，
$$V = kM^{-1/6}, \quad k は改められた．$$

今，表2-5の(1) V の列にある数値を用いて上式が成り立つか否かを確めてみよう．この数値は拡散係数から求められた根自乗平均速度である．その結果は図2-152Aに示すとおりで，予想どおりの勾配（$-\frac{1}{6}$）を持つ直線が得られた．上式は成り立ち，得られた式は，
$$\log V_水 = 1.862 - \frac{1}{6}\log M, \quad V：10^{-4}\,\text{cm/s} \quad (3)$$
$M = 1$ という分子は無いので，表では $M = 1$ の溶質分子は便宜的に $\frac{1}{2}H_2$ で表記されている．なお，M がある大きさ以上になると，例えばミオシンでは式が適合しなくなるが，それについては後で説明する．

　さて，上式は大きな分子について求めたものである．小さな分子についてどこまで延長できるかわからないので将来の課題として残るが，スクロースの大きさまでは適合することが確かめられた（図Aではチトクロームcまでの点が示されている）．表の(2) V の列には式(3)から求めた値が示してある．

表2-5 分子の水中移動速度と半径 (20℃)

溶質分子	M 分子量	(1) V 10^{-4}cm	(2) V 10^{-4}cm	(3) r Å	(4) r Å	f/f_0	備考
1/2 H$_2$	1		72.8	0.7			
H$_2$	2		64.8	0.8	1.38		
H$_2$O	18		45.0	1.51	1.45		
N$_2$	28		41.8	1.70	1.57		
O$_2$	32		40.8	1.79	1.47		(4) rは非理想気体の
CO$_2$	44		38.7	1.99	1.62		van der Waals式から求
NaCl	58.4		37.0	2.18			めた半径
KCl	62		36.6	2.27			
グルコース	180		30.6	3.18			*拡散式から求めたもの
スクロース	342	28.3	27.5	3.93			
チトクロームC	13,370	15.1	14.9	13.4		1.19	
ミオグロビン	16,900	15.0	14.4	14.3	19.0*	1.11	
キモトリプシノーゲン	23,240	13.8	13.6	16.1		1.19	
β-ラクトグロビリン	37,100	12.2	12.6	18.6		1.26	平均:1.21
ヘモグロビン	64,500	11.8	11.5	22.5	31.1*	1.16	
血清アルブミン	68,500	11.5	11.4	22.9		1.29	
カタラーゼ	247,500	9.1	9.2	35.2		1.25	
ウレアーゼ	482,700	8.3	8.2	44.3		1.19	
フィブリノーゲン	339,700	6.3	8.7	62		2.34	(2) Vは機械的に計算し
ミオシン	524,800	4.7	8.1	150		3.63	たもの
タバコモザイクウイルス	40,590,000	3.0	3.9	360		2.03	(3) rは本文を見よ.

注)(1):拡散係数から求めた根自乗平均速度,(2):$\log V = 1.862 - 1/6 \log M$ から求めたもの,(3):$\log r = \frac{1}{1.1}(3.516 - 2\log V)$ から求めたもの.

2) $V_\text{空}$ が $V_\text{水}$ に減速される割合

上述したように $V_\text{水} = kM^{-1/6}$ であり,また式(2)から $V_\text{空} = kM^{-1/2}$ が得られるから,両者の比は,

$$\frac{V_\text{水}}{V_\text{空}} \propto \frac{M^{-1/6}}{M^{-1/2}} = M^{1/3} \quad (4)$$

図2-153は上式が成り立つ事を示している.従って,この比は分子の半径(または直径)に比例する.これは気体分子が細胞水に溶解したときの減速の割合を示すものであるが,むしろ指数の逆数3をとって,細胞水中の気体が空中へ飛び出してゆく速度の度合(3乗)と見る方が参考になる.勿論,空中へ飛び出した分子は空気分子と衝突を繰り返して減速してゆくから,この逆数通りには速くならないけれども,非常に速いことがわかるであろう.気体を

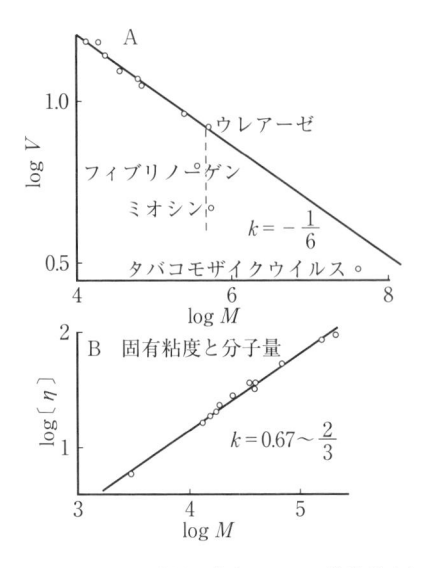

図2-152 分子の水中における並進速度と分子量

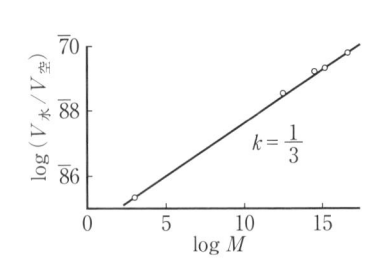

図2-153 分子の並進速度の水中での減速割合

完封するのがいかに難しいかは日常の経験からもよくわかっている.

そこで，気孔から$H_2O_気$が飛び出す場合を想像しよう．$H_2O_気$が体外へ出るには数分の1mmも植物体から離れればよいのであろうから，その間に存在する空気分子の数は多くなく，衝突回数も少ない．つまり，植物体からの蒸発速度は非常に速い．

3）分子の半径を求める

分子はおよそ10^{12}/sの速さで回転しているので球と考えてよいが，分子を構成している原子や分子の配置状態が違っているので，回転の中心は質量mの中心にないのが普通である．しかし，すべての物質で分子の立体幾何学的構造がわかっているわけではなく，また差し当たってはそれほど厳密である必要もない．一方，分子の中で原子はほとんど最密充填状態にあると言われているので，密度＝1とおくことによって，球の体積の公式から，

$$M = \frac{4}{3}\pi r^3 \quad (5)$$

これを式(3)に代入し，求められるrの$\frac{1}{1.1}$倍をもって真のrとすれば，次式が得られる．

$$\log r = 3.516 - 2\log V = \log 10^{3.516} - 2\log V = \log 3281 V^{-2}$$
$$r = 3281 V^{-2}$$

真の $r = \dfrac{1}{1.1} \times 3281 V^{-2} = 2983 V^{-2}$　(6),　V の単位 : 10^{-4}cm/s, r の単位 : Å

1.1 という数値についてはすぐ後で述べる．計算の結果は表の (3) r の列に示してある．比較のために，H_2O など非理想気体の van der Waals 式から求めた半径や**拡散**式から求めたミオグロビンなどの半径が (4) r の列に添えてある．両者の一致は余り良いとは言えないが，およその分子の大きさを知るには式 (6) は役立つであろう．

さて，分子の断面積は式 (5) からおおよそ，
$$m^{2/3} = \left(\dfrac{4}{3}\pi\right)^{2/3} r^2 = \left(\dfrac{16}{9}\pi^2\right)^{1/3} r^2 = 17.53^{1/3} r^2 = 2.6 r^2$$
これは球の体積の立方根の 2 乗であるから，球と体積の等しい立方体の一つの側面の面積に当たる．ここで真の半径を r_0 とすると，m から導いた r との間には次の量だけの差が生じる．πr_0^2 が $2.6 r^2$ に等しいとしたのであるから，両者の比は，
$$\dfrac{r^2}{r_0^2} = \dfrac{\pi}{2.6} = 1.21 = 1.1^2$$
よって，
$$r_0 = \dfrac{1}{1.1} r$$
これが m から r を算出するときに必要な補正項であり，式 (6) に組み込んでおいた．

さらに，分子の形が正球に近いか扁球かという問題がある．分子が溶媒の中を**拡散**しているとき溶媒分子との衝突によって減速されるが，このとき **Stokes の法則** が成り立つとして，

　　摩擦力 $= f_0 = 6\pi r_0 \eta$,　η : 粘度

実測による摩擦力を f とすると，摩擦力の比 $\dfrac{f}{f_0}$ が 1 に近いほど分子の形は正球に近く，1 より大きいほど扁球であるという．しかし，上式には粘度が含まれており，これには分子の断面積に比例する摩擦力が含まれているはずで，f の実測において前記の補正項が顔を出しておれば，$\dfrac{f}{f_0} = \left(\dfrac{r}{r_0}\right)^2 = 1.1^2 = 1.21$ となるはずである．例えば，図 2－152B は 2 種の化合物を含む溶液中の蛋白質の固有粘度 (η) を分子量との関係で示したもので，次の関係があることが認められる．

$$\text{固有粘度} \propto M^{2/3} \propto m^{2/3}$$

すなわち，固有粘度は分子の断面積に比例するから $\frac{f}{f_0} = 1.21$ となる．よって，表中の $\frac{f}{f_0} = 1.21$ のグループはすべて正球であると言える．

4）分子の生体膜通過

最後に，ある分子量以上の大きい分子が式に適合しない理由を考えてみよう．それは表2－5の $\frac{f}{f_0}$ の値から明らかなように1.21より大きく正球ではない分子である．定性的にも，分子量が同じなら棒状に近いほど回転半径が大きくなり，水分子間を通過するのに抵抗が大である事は理解できるであろう．表にはこれらの大分子が正球であると仮定して (2) V と (3) r を計算して示してあるが，もちろん正しい値ではない．

† **図2－154 分子の生体膜通過速度** †

生物には色々な膜があるから，膜と言うときにはどの膜かを指定しなければならない．この資料では，どこに在る膜か不明で，単に生体膜と言うだけである．しかし，植物の膜は知る限りでは単純なふるいであるから，今はどの膜であっても構わないけれども，実験の様子から見て根の膜ではないかと想像される．また，資料では分子の大きさは相対値で示されているので，幾つかの既知の分子から他の分子の大きさを計算によって求めて用いることにした．多少の誤差は免れない．

膜通過量と分子量との関係は図に示すとおりである．この膜は水以外の分子も通過させているから完全な半透膜ではない．一般に**生体膜は完全な半透膜ではない**としなければ，物質吸収・輸送などの現象の説明ができない．

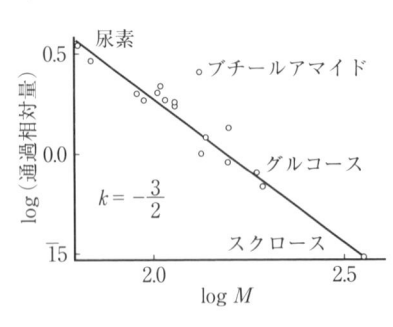

図において勾配 $= -\frac{3}{2}$ である．これは次のように説明することができる．膜面は不動とする．これに衝突する分子は反発されるが，その距離は質量 m の逆数 m^{-1} に比例する．一方，分子は式 (2) によって $m^{-1/2}$ に比例して進むから，

$$V \propto m^{-1} \times m^{-1/2} = m^{-3/2}$$

この指数の $-\frac{3}{2}$ は図の勾配と一致する

図2－154 分子の生体膜通過速度

ので，この説明は正しいと言えよう．

　この式に数値を入れると，
$$\log V = 3.280 - \frac{3}{2}\log M \quad (7), \quad V:通過速度の相対値$$

5）イオンの吸収

　植物の根は負に荷電しているから陽イオンはよいとしても，陰イオンはクーロン力（反発力）で反発されるから陽イオンよりも多くの吸収エネルギーを必要とすると，すべての入門書に説明されている．一方，土粒子も負に荷電しているから，根と土粒子との中間に在るイオンは一体どのように振る舞っているのであろうか．もっとも，根は土粒と接触して直接イオンを吸収しているという説もある．また，水の誘電率は20℃で80で，クーロン力を$\frac{1}{80}$にまで弱めており，その結果，クーロン力は分子の熱運動エネルギーと余り大きくは違わないくらいにまで小さくなっている．故に，負のイオンも比較的容易に根と衝突し得ると考えていてよさそうである．

　無機塩類の吸収がどのような方法で調べられているのか，資料には明記されていないが，多くの場合に水耕法のようである．そこで疑問がある．図2-154に示してあるように，膜はかなりの大きさの分子が通過（吸収）することができる．水耕液に塩として与えたのであれば，そのままの形で吸収されるのではないかと思われるが，何故か一般的に吸収量はすべてイオン量で示されている．

　今，塩の形で吸収されたとしよう．吸収された塩は植物体（根）の中でイオンに分かれるであろう．例えば，根の内皮付近で合成反応が起こって，例えばある種の蛋白質が生成されているという説がある．そうすると，不要になったイオンが根から排出されるということもあり得るであろう．

† 図2-155 オオムギの根：温度と〔K〕の吸収量（10時間後）†

　成長用物質を吸収するとき，気孔のように単なる孔隙を通るときには，V_θ式に表されているように流入速度は温度に比例する．しかし，根では後述するように，原形質流動によって分子（イオン）は膜の内面から離れ，それに比例して膜外から新しい分子が補充されるので，分子は原形質流動速度$\propto e^{k\theta} = $呼吸エネルギー量に比例して吸収される．図はその事を示したもので，30℃

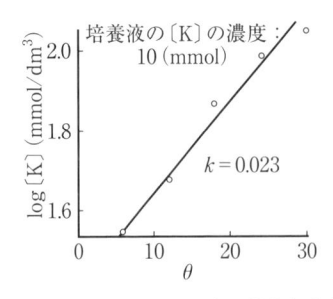

図2-155 オオムギの根:温度と〔K〕の吸収量（10時間後）

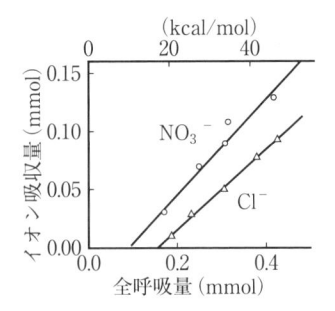

図2-156 コムギの根:呼吸とイオンの吸収量

で少し適合が悪いが，成り立っていると見られよう．

† 図2-156 コムギの根：呼吸とイオンの吸収量 †

資料から転写した図であるが，横軸を呼吸エネルギー量$\propto CO_2$量で表してある．NO_3^-とCl^-とで勾配の大きさが少し違っているが，その理由は図2-157で説明する．

さて，図において吸収量＝0となる呼吸量を求める．図の上方に呼吸エネルギー量の概数が示してあるが，それによると，NO_3^-の場合に約9cal/mol，Cl^-の場合には約16kcal/molである．この実験では呼吸量を変化させた方法は記されていないが，恐らく温度を変化させて得られたものであろう．そうすると，これはθ_0における呼吸エネルギー量を表している事になる．イネでは図2-76の所で示したように22kcal/molであるから，冬植物のθ_0における呼吸エネルギー量は夏植物のそれよりも小さいと言えそうである．

以上の諸実験の重要性は成長用物質の吸収には吸収量に比例するエネルギー量が必要であることを示している事である．後にさらに詳細に検討されるが，この呼吸は後出の図2-161によって，$\theta<\theta_{00}$における根の原形質流動のための**自由エネルギー**の生成反応であることがわかる．

† 図2-157 コムギの根：KCNによるイオン吸収阻害 †

KCNは呼吸阻害剤である．培養液にKNO_3を2.5mmol与えておき，KCNの濃度を種々変えてK^+とNO_3^-の吸収阻害量が調べられている．

まず，呼吸量と吸収量との関係を見てみよう．図Aに示すように，K^+では

ばらつきが大きいが，図のように直線を引くと，呼吸量と吸収量との間には直線的関係がある．K^+ と NO_3^- の間に多少の差があるらしく見える．そして，このような直線的関係が有るのであれば，呼吸量と KCN 濃度との間には密度 (1) 式の関係が成り立っているはずである．図 B にそれが示してある．ばらつきが大きいが，図のように直線が引けるであろう．そうすると，両イオン間に差が有るか無いか，はっきりとはわからなくなる．故に，両図におけるばらつきは共に誤差と見ることができるなら，両イオン種間に，すなわち陰陽のイオン種間に吸収速度の差は無いと言えるのではないか．もし，そうであるなら吸収がイオンではなく，KNO_3 分子として行われているとした方が合理的と思われる．

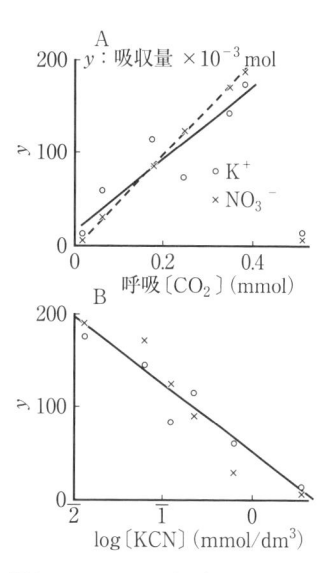

図 2-157　コムギの根：KCN によるイオン吸収阻害

そうすると，図 2-156 で NO_3^- と Cl^- の勾配の大きさが少し違っているのは何故かという疑問が残る．一般に，水耕液は緩衝作用 (buffer reaction) を大きくするために，同じイオン種に対して複数の違った塩を混用する．この図の場合にはどのようであったか不明であるが，塩の種類が違えば分子量が違っており，イオンに限らず塩としても膜を通過することができるという本著の説に従えば，分子量の異なる塩の膜通過量，従ってイオンの膜通過量が違うということが当然起こり得る．

† 図 2-158　植物名不明：切断根による K^+ の吸収，[K] 環境濃度と [K] 吸収 †

培養液濃度と吸収量との関係が密度 (1) 式に従うことを示す．ただし，高濃度の所で飽和している．

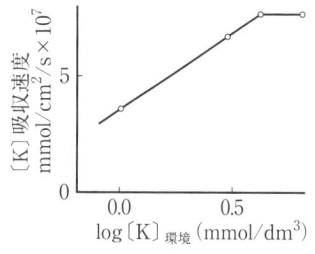

図 2-158　植物名不明：切断根による K^+ の吸収，[K] 環境濃度と [K] 吸収

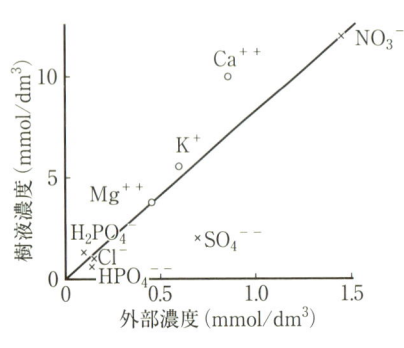

† 図2-159 ヒマの切断根：外部濃度と樹液濃度との関係 †

図2-159 ヒマの切断根：外部濃度と樹液濃度との関係

培養液の濃度と溢泌液の濃度との関係，つまり吸収して間もない時期の状況を示していると考えられるもので，図に見られるように，2種のイオン種を除き，すべて直線上に並んでおり，しかもイオンの正負や荷電数とも関係が無い．よく**選択的吸収**ということを聞くが，すべてのイオン種に起こるのではなく，この例に限れば，選択的吸収の方がまれである．

　成長用物質，特に元素＝原子の吸収は CO_2 を除けばすべての根において起こっており，実際の吸収については本編著ではこの程度にとどめておく．ここでは，成長用物質の吸収にはすべてエネルギーが必要であるという事を明らかにしておけば十分である．

10.3　浸透圧

　浸透圧は次のように表されている．

　　Barrowの式：$V_A \Pi = x_B RT$　(1)，Π：浸透圧，V_A：溶媒の占めるモル容積，x_B：溶質のモル分率，R：気体定数＝ $0.082 l \cdot atm/T \cdot mol$

　　$\Pi V \fallingdotseq n_B RT$　(2)，n_B：溶質のモル数

　　van't Hoff 式：$\Pi = CsRT$　(3)，Cs：質量モル濃度（mol/kg）

　　理想気体の状態方程式：$PV = nRT$　(4)，n：モル数

　式(1)は熱力学的に導き出されたもの，式(2)は希薄溶液における近似式，式(3)は日本で使われているもので，これは式(4)と同じである．van't Hoffは浸透圧とは運動分子が容器の壁に衝突する圧力と考えているが，Barrowはこの考え方を否定し，式(2)と式(3)とが近似しているに過ぎないと言っている．

　今，浸透圧は溶質の熱運動分子が容器に衝突する圧力であると見なすと，以

下のような関係が成り立っている．

まず注意すべきことは，実験は1気圧（atm）の大気圧の下で行われているという点である．以下，理想気体について考える．1molの溶液の体積は1lである．このとき，溶質分子は気体分子となっているから，1molの溶質は273K（0℃）において22.4lの体積を持つ．故に，もしこの容積の膨張が起こらないなら体積は1lであり，それは大気圧と釣り合って1atmであるから，22.4lに膨張した1molの溶質気体の圧は22.4atmである．

そこで，1molの水溶液と純水とが接し，その間を完全半透膜で仕切った系を作ると，この系のエントロピー（系の無秩序の度合）は自然に増大するので，純水の水は膜を通って水溶液の方へ移動（浸透）するが，そのときに生ずる圧は22.4atmである．これを**浸透圧**と言う．

次に，体積は温度に比例して大になるから圧は温度に比例して大となり，また，圧は溶質分子数すなわち体積モル濃度に比例して大となるから，次式が得られる．

$P = 22.4 \times \dfrac{T}{273} M$ （5），P：浸透圧 atm，T：絶対温度，M：**体積モル濃度**（質量モル濃度では，例えばNaClは1分子として扱うが，体積モル濃度ではNa$^+$ + Cl$^-$の2粒子として扱う）

ここで，上式の係数を正確に計算すると，$\dfrac{22.414}{273.15} = 0.08206$ で，R（気体定数）= 0.08206と全く同じである．従って，式は，係数の表し方は異なるけれども，van't Hoffの式と同じであることがわかる．

以上によって，浸透圧現象のメカニズムと**浸透圧式**が簡明化された事がわかるであろう．式の適用性を調べてみよう．

観測例として表2-6のデータを用いる．質量モル濃度Mと観測値の相関は

表2-6 スクロースの浸透圧（20℃）

質量モル濃度M	観測値 atm	計算値		
		(1)	(2)	(3)
0.1	2.59	2.29	2.40	2.36
0.2	5.06	4.96	4.81	4.63
0.3	7.61	7.62	7.21	6.80
0.4	10.14	10.29	9.62	8.90
0.5	12.75	12.96	12.0	10.9
0.6	15.39	15.63	14.4	12.8
0.7	18.13	18.30	16.8	14.7
0.8	20.91	20.96	19.2	16.5
0.9	23.72	23.63	21.6	18.2
1.0	26.64	26.30	24.0	19.8

注）(1)：$P = -0.38 + 26.68M$（実験式）
(2)：Barrowの式
(3)：van't Hoffの式

高く，式は，
$$P = -0.38 + 26.68M, \quad r = 0.9997$$

式 (5) の $22.4 \times \dfrac{T}{273}$ は 20℃，すなわち $T = 293$ とき 24.04 であるから，M の係数が少し異なるが，もしかしたら，これは誤差かもしれない．実験法の説明が無いから何とも言えないが，例えば，よくやるように，最初に 1 mol 溶液を作っておき，以下等分しながら低濃度の溶液を作っていったとすると，最初の誤差がすべての濃度に現れる．それはさておき，計算の結果を表の (1) の列に示した．なお，表には式 (1)，式 (3) による計算値も添えてある．

次に，式 (5) が成り立つとして同じ資料にある以下の問いに答えてみよう．

①海水から純水を造る逆浸透法には溶液の浸透圧よりも大きい圧が必要である．海水の主な溶質は海水 1 kg 当たり，次のモル数である．逆浸透圧はどれほどか．

Cl^- :	0.546 mol	SO_4^{2-} :	0.028
Na^+ :	0.456	Ca^{2+} :	0.010
Mg^+ :	0.053	計 :	1.093

温度条件が付けられていないので 25℃ と仮定してみよう．
$$P = 22.4 \times \frac{298}{273} \times 1.093 = 26.7 \text{ atm}$$

求められている正解は 27 atm である．データはイオン量で示されているが，塩として表しても結果は同じである事に注目する必要がある．

②通常の生理的食塩水は 1 l の水当たり 9 g の NaCl を含む．37℃ における浸透圧はどれほどか．
$$P = 22.4 \times \frac{310}{273} \times \frac{9 \times 2}{58.5} = 7.8 \text{ atm}$$

正解の 7.8 atm と一致しているから，NaCl のすべての分子が Na^+ と Cl^- の 2 粒子に完全に解離しているのである．

以上によって，分子もイオン（粒子）も荷電が何か別の作用をしていない限り，両者を区別する必要がない．しかし，多くの場合にイオン粒子間に相互作用が働いて有効な粒子数が減少し，圧は式から求めたものよりも小さくなると言われ，さらに水分子と溶質分子との間に働く水和性の強弱なども関係すると言われている．

次に，生体内の水の運動を知る上で，$H_2O_気$の振る舞いを調べておく必要がある．

20℃において，次の数値が求められている．

P（飽和圧力）$= 0.02307$ atm

σV（飽和水蒸気の密度）$= 0.01729$ g/l $= 0.000961$ mol/l

$P = \dfrac{0.02307}{0.000961} = 24.0$ atm/mol, 20℃

これは式(5)の$T = 293$のときの値に等しい．これによって，$H_2O_気$は理想気体の振る舞いをする事がわかる．また，20℃における空気中の$H_2O_気$の飽和気圧 $= 0.023$ atm であるから，これが水中の$H_2O_気$と平衡していると見なした場合に水中の$H_2O_気 = 0.000961 ≒ 10^{-3}$ である．これは，$H_2O_気$が20℃で$H_2O_液$に10^{-3} mol/$l = 0.018$ g/l 溶解，溶存しているという事である．

10.4 物質の流れ

物質の流れ（物流）の様子を眺めてみるが，説明の便宜上，物流の概要が図2-160Aに示されている．

1) 間隙

植物には色々な間隙が有る．小さいものは分子間間隙，膜にある微細孔，液胞や細胞間間隙，組織間間隙，時に破砕組織などが有る．これらの間隙はすべて物流の通路となり得るが，通常は通導組織とは呼ばれない．維管束に対して垂直方向への物流は多分これらの間隙が受け持っているであろう．しかし，それらの間隙量がよくわかっていないし，横方向の物流は本著では取り扱わない．

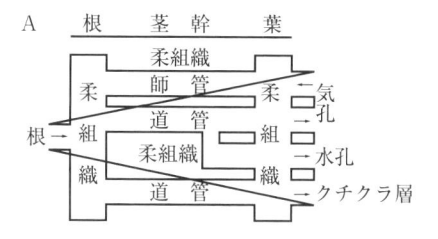

A 根　茎幹　葉
B 維管束（道管）の不連続と水流の連続
＃：連絡細孔
C 葉緑体の所在

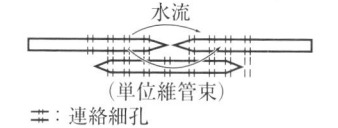

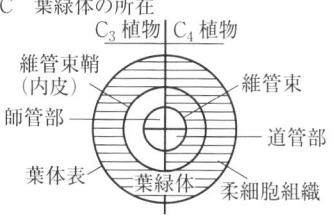

図2-160　物流系（高等植物）

2）道管

形態学における道管と仮道管とは機能上の差は無いから一つの道管として取り扱う．道管には原形質は無いが，両端は柔細胞に取り囲まれており，壁には多数の細孔があって，隣接する他の細胞・組織などに通じていて，単なる毛細管ではない．柔組織は原形質を持っており，後述するように，エネルギーを生成している活性細胞である．

（1）根における水の吸収：体内の $H_2O_気$ の蒸発によるほか，呼吸によって吸水している可能性がある（後出の図2－161参照）．

（2）体中の水の移動：太陽エネルギーの直接吸収と気温・水温を通じてのエネルギーを使う．道管中の水と種々の溶質を含んだ溶液は主として下から上へ向う流れである．これを**道管流**と呼んでおく．道管の他端の上部では柔細胞組織を通った後，気孔へ向う道と水孔へ向う道とがある．気孔は葉緑体に富んだ，すなわちエネルギーを生成する2個の孔辺細胞によって取り囲まれ，条件によって開閉する．通常は日中に開き，夜間に閉じる．その反対の植物も有る．水孔にも周辺には葉緑体を持った細胞が在る．常に開いたままで開閉の機能は無いとされている．水孔からの水の排出量については詳しい事はわかっていないので，気孔からの水の流れだけを考えてゆくことにする．

3）師管

師管（しかん，ふるいかん，元の字は篩）も両端並びに沿線は柔細胞に取り囲まれている．流れの方向は物質の消費地，すなわち細胞分裂，成長，貯蔵が起っている場所へ向う流れである．故に，流れは上下いずれにも向かっているが，葉における光合成物質の流れを見れば，**師管流**は下へ向う流れである．エネルギー源である糖は葉で生成されるので，葉や茎に近い消費地では物質輸送エネルギーは現場で生成されているわけである．もう一つの消費地は根で，ここでは消費一点張りであり，輸送距離も長いから輸送エネルギーは多く必要である．この見地から，物質の通路である緑色茎の役割を，非同化部分として無視することはできない．

師管は多くの細胞が大きな穿孔の有るふるい板を隔ててつながったもので，それが細長くつながっているので，管と呼ばれる．細胞の側壁には比較的大

きな孔隙が多数分布し隣接細胞へ通じている．細胞には原形質があり，ごくまれには核らしいものが認められることがある．被子植物では活性のある伴細胞が隣接している．両者の起源は同じであるから，合わせて一つの通道器官，すなわち師管と見なすことにする．上部の端は柔細胞組織の中に消えて，道管と共同の出入口である気孔に終わっている．

　道管と師管とは多くの場合に一緒になって維管束に収まっている．維管束は葉脈として観察される．節の所では色々な呼称が付いた維管束が集合しており，物質やエネルギーの分配が行われているようである．

　4）表皮

　気孔と水孔とを取り除いた表皮はクチクラ層（cuticule）で覆われている．植物の種類によって層の厚さにはかなりの差が有るようである．この層に在る間隙を通って主として気体が出入するとされているが，その流量について詳しい事はわかっていないので，当面は除外する．

　なおこのほか，植物では色々な物質が体外へ排出されている．気体，液体，固体がある．量的には比較的少ないので，今は除外するが，これらはすべてエネルギーを持っているので，マクロ的には一種の呼吸として取り扱うことができる．

　5）植物体中の水の上昇

　水の上昇については幾つかの説がある．本著ではエネルギー説を採っているので，諸説の説明は省略するが，蒸散・凝集説などで蒸散を上昇の原動力と見ている事が注目される点である．これらの諸説によって水の上昇がある部分で起こっている事は否定しないにしても，植物体全体を一貫して説明し得る説であるかどうか甚だ疑わしい．本著では**水の上昇理論**については以下のように考えている．

（1）水だけの上昇については極めて簡単に考える．すなわち，前出のように水は常に10^{-3}molぐらいの$H_2O_{気}$を含んでおり，その生成エネルギーは環境の気温，水温，土温であり，日中にはさらに光エネルギーが加わる．故に，これは$H_2O_{気}$が植物体中を通る蒸発現象であり，体中の抵抗は受けるが，無制限に上昇を続けることができる．上昇して体外へ蒸発するか，または気温が下

がれば $H_2O_気 \to H_2O_液$ となり，いずれの場合も体中の水は上昇する．故に，10m以上の高木で水が上昇するのは至極簡単な現象である．

（2）次は $H_2O_液$ の上昇である．水の移動だけなら上記の説明で十分であるが，これでは根で吸収された種々の成長用物質の移動はできない．故に水溶液の移動メカニズムがなければならない．このとき，浸透圧説は採用できないことは明らかである．この説明のために図2−160Bが用意してある．図は機能を説明するためのもので，実際の構造とは大きく違っている．特に維管束部には色々な型があり，植物の種類によって大きな違いがある．

さて，図の説明をすると，維管束は根から頂端まで1本に続いた管ではない．知られている限りの最長のものでも2mぐらいで，普通は数cmに過ぎないものである．故に，10m以上の高木は勿論，普通の植物では維管束は不連続である．この事を本著では**維管束の不連続性**と言い，重要視する．何故なら水の上昇説ではどの説もこの事を指摘していないからである．

それでは，不連続な維管束によってどのようにして水溶液は10m以上も上昇することができるのであろうか．不連続という事は，その維管束の単位は周りを柔細胞で取り囲まれているという事である．そして，側壁に在る細孔を通して隣接柔細胞へ通じている．通常この細孔には蛋白質に富む物質が在り，エネルギーが存在しているらしい事がわかっている．このような細孔が無いなら，道管中の物質は柔細胞に行き渡ることができない．すなわち，細孔を通じて水溶液は自由に出入し，それにはエネルギーを使っているであろう．この事によって道管→柔細胞→道管という経路が成り立ち，構造的に不連続の道管で機能の連続性が成り立つと考えるのである．そうすると，残る問題はいかにして10m以上にまで水溶液が上昇するかということになる．

道管の1単位は液胞と同じである．それは柔細胞ないしは細胞・原形質によって包まれた空所であり，外界とは遮断されている．この点が非常に重要である．単位と単位をつなぐ柔細胞の細胞質の中を水溶液は通ることができるけれども，通常の柔細胞内には液胞や細胞間隙などの空所があって抵抗が小さいので，主としてこのような通路を通って単位間の流れは連続流となっているものと考える．このとき，柔細胞が活性細胞である事を考える必要があ

る．このように考えてくれば，植物体内の水圧は外界の気圧と無関係になり，水は無制限に上昇し得ることになる．勿論，このときの上昇力は上部における蒸発，それに伴う減圧による吸引力である．さらに，本節12で述べるように，道管は太陽エネルギーを利用して土中，水中の希薄な成長用物質を吸い上げて，それを濃縮する機関である．

それでは，実際の水の上昇は無限大になり得るかと言えば，そうはならない．それは，道管流の連続性を維持するためには柔細胞によるエネルギー消費が必要であり，その量と植物の成長量∝エネルギー生成量とが等しくなった所で植物の成長は停止するからである．

また，実際の場面を考えると，畑植物では根群が土中，水中から成長用物質の溶解した水溶液を集水し得る吸水速度に限界があり，蒸散と土による給水の両速度が釣り合った所で頭打ちとなるから，この場合も**植物高**は無限大とはなり得ない．

ごく大まかに言えば，乾燥地の植物高が一般的に低いのは，このような理論で説明してもよいであろう．

結論として，植物体内における水溶液の上昇は太陽エネルギーによって起こっている．

10.5 細胞質運動，いわゆる原形質流動

植物のある部分の細胞を観測すると，小粒子が運動して移動しているのを見ることができる．これは，ブラウン運動とは別の運動で，**原形質流動**と呼ばれているものである．しかし，原形質に限ることはないのであって，細胞の内容物すべて，すなわち**細胞質**が**運動**していると見るべきである．

1) エネルギー源

細胞質運動速度とミオシン（myosin），アクチン（actin）の含量との関係が示されている．アクチンは全蛋白質の10〜20％を占め，6種ほどが知られている．その中の2種は広く細胞質に存在していると言われている．その作用はミオシンとアクチンが結合して**アクトミオシン**（actomyosin）となり，機械的エネルギーを供給する事にある．表2－7では両者が別々に示されている

が，アクトミオシンの組成が生物の種類によってどのように違うかわからないので，両者の合計量を仮にアクトミオシン量とする．

さて，細胞の中でアクトミオシンがどのようにして運動を起こしているのか，そのメカニズムはよくわかっていない．動物の筋肉の運動やある植物の原形質流動には滑り説が採られているが，今はアクトミオシン分子自身が分子運動をしており，この運動量が細胞質に伝わって全体が運動していると仮定してみよう．

$$E（エネルギー）= \frac{1}{2}mV^2,\ m：アクトミオシン質量$$

計算は容易にできて，ウサギの筋肉と粘菌とでエネルギーが全く同じであることがわかる．また，力とあるのは，この運動を停止させるのに要する圧力で，力（F）は次式で表される．

$$F \propto 加速度 = \frac{2mV}{t}$$

上式でV以外はすべて同一量にとってあるから，ウサギの筋肉と粘菌とでFの比は1：10となる．

アクチンとミオシンが生物に普遍的に存在するとすれば，活性細胞中に多かれ少なかれ必ず存在すると仮定することができる．すなわち，今までのところ細胞質運動はごく限られた細胞でしか観察されていないが，今や活性細胞のすべてに存在し，柔細胞，維管束などにも細胞質運動があると仮定する．近年の研究によると，これらの細胞や維管束にもミトコンドリアが存在するばかりでなく，ATPが生成されていると言われている．本著で採っているエネルギー論は，このような仮定を大前提として一貫した物質運動の説明を試みようとしているのである．

2）いわゆる原形質流動

原形質流動の仕方には幾つかの型があるが，その流れは左右，上下のあらゆる方向をとることができ，隣接細胞間では膜の所で物質分子は拡散して隣の細胞へ移動してゆくことができる．次に，原形質流動

表2-7　細胞液の運動

細胞	V μm/s	力 kg/cm^2	蛋白質 mg/g		
			ミオシン	アクチン	計
ウサギの筋肉	10	2	70	30	100
粘菌の変形体	100	20	0.5	0.5	1

† 図2-161 数種の植物:原形質流動速度

測定場所は根毛で,中庸の成長時期のものが用いられている.根毛が古いと運動速度が遅い.さて,ここで観察している原形質とは何かと言えば,細胞膜に接している接膜原形質中に浮かんでいるミクロソーム粒子を指している.この粒子はリボソームや細胞小胞体その他の細胞膜,ゴルジ体膜などを含む粒子から成り立っている.これらの粒子が接膜原形質中を移動する直線速度を450倍ぐらいの顕微鏡下で観察したものである.本著で知ろうとしている溶質分子に比べれば比較にならないほどの巨大な分子の運動を見ているのである.

さて,このときの速度Vは図Aに示すように$e^{k\theta}$〔呼吸(1)式〕に比例して速くなっている.

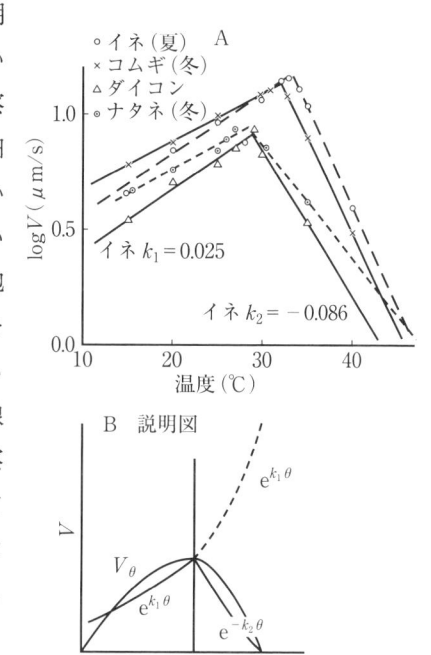

$$\frac{1}{2}mV^2 = \text{KE} \propto e^{k\theta} \propto 呼吸エネルギー, \quad \text{KE:運動エネルギー (kinetic energy)}$$

対数をとると,

$$\log V \propto k\theta$$

図2-161 数種の植物:原形質流動速度

図Aでイネを見ると,θ_{opt}はV_θのそれと一致して33.5℃である.θ_{00}ははっきりとは決められないが,$\log V = 0$の所で47℃であり,これは$\theta_{00} = 46.5$に極めて近い.θ_0については,この図からは何とも言えない.V_θ式ではθ_0においても$10^{-1.48}$molのグルコースの分解呼吸を行っているのであるから,原形質流動$= 0$である.ところが,この資料の別の所での説明によれば,原形質に異

常が出現せず，常温に戻せば常態に戻る低温限界は8.6℃である．これは正にθ_0に等しい．故に，原形質流動に見られる$\theta_0, \theta_{\text{opt}}, \theta_{00}$はすべて成長温度速度式$V_\theta$のそれらに等しい．

それなのに，原形質流動速度が温度に対して描く曲線がV_θの描く曲線と著しく異なって見える（図B）のは何故であろうか．これは次のように説明すべきであろうと考えられる．

まず，この実験を整理しておくと，

①根毛は根に着生したままのものであるが，根はある長さに切断されている．故に，短期間であれば呼吸基質は根毛に流入しているけれども，根毛は成長していない．

②観察中，根は空中に在り，しおれないようにしてはあるが，水溶液としての成長用物質の流入は遮断されている．短期間だとしても水の吸収が中断されている状態は水中に在るときと同じとは言えないかもしれない．

③呼吸基質は根中に多量に在るから，短時間であれば根毛に対してV_θ式に従って供給される．一方，実験に供された根毛は成長しておらず，呼吸基質は専ら原形質流動にだけ使われている．

④以上の事から次の関係式が導かれる．運動している質量は一定であるから，

　　速度 $\propto e^{k\theta}$

これによって，図Aの直線性が理解される．

さて，原形質流動速度 (u) は図Aから，

　$\theta < \theta_{\text{opt}} : u \propto 10^{0.025\theta}$

　$\theta_{\text{opt}} : u\ (\theta_{\text{opt}}) = 10^{1.16}$

　$\theta > \theta_{\text{opt}} : u \propto 10^{-0.086\theta}$

　$\theta_{00} : u\ (\theta_{00}) = 10^{-0.086(46.5-33.5)} = 10^{-0.086 \times 13} = 10^{-1.12}$

以上の数値を求めておいて，以下図Bによって説明する．$\theta < \theta_{\text{opt}}$の領域では$u$は呼吸エネルギーに比例している．呼吸基質の最大量はθ_{opt}のときであるから，ここでuは最大となる．故に，以後呼吸基質量が一定であるなら$u \propto \dfrac{1}{e^{k_1\theta}} = e^{-k_1\theta}$となるが，$\theta_{\text{opt}}$以上の温度では供給呼吸基質量が減少するので，$k_1$

$\to k_2$ ($k_1 < k_2$) へ変化する。θ_{00} において呼吸エネルギー量は環境の熱運動エネルギーと同量となり，ここで呼吸による運動＝0となる．このようにして k_2 の値は決定される．

以上の説明によって，根における成長用物質〔A〕の吸収速度は次のように要約される．

$\theta < \theta_{\mathrm{opt}}$ では $e^{k_1\theta}$，$\theta > \theta_{\mathrm{opt}}$ では $e^{-k_2\theta}$ となって，適温以上では〔A〕の吸収速度は急速に遅くなる．

次に，原形質流動速度の観測値の植物種類間差を眺めてみよう．

①直線の勾配は植物の種類によって違う．もし，すべての観測値が正しければ，これから $\theta_0, \theta_{\mathrm{opt}}, \theta_{00}$ の値が推定でき，ごく近似的に V_θ 式を求めることができる．また，$\theta_0 \sim \theta_{00}$ の大きさは成長温度領域を表しており，広温性，狭温性の指標である．すなわち，根毛の原形質流動速度の観測から成長に必要な温度項のすべてが求められることになる．

これは，例えば樹木のように必ずしも発芽速度が利用できない場合にとって極めて有用な方法であるばかりでなく，反対に発芽速度を用いるときに強力な補助手段となり得る．本著では発芽速度から V_θ 式が求められ，後に至って原形質流動速度によって，その確からしさが再確認された．

②ところで，図にあるように数例を見ても常識的でない現象が見えている．

図には示していないが，θ_{opt} が33℃のものとしてトウモロコシ，トマト，キュウリなどがある．典型的な冬植物であるコムギの θ_{opt} が夏植物のトウモロコシと同じで，イネともほとんど同じである．さらに，典型的な冬植物と見なされているナタネ，それに準じるダイコンなどは確かにイネよりも低温であるが，その θ_{opt} は28℃でこれは夏の温度と言って差し支えない高温である．

このように見てくると，夏植物とか冬植物とかという呼称にとらわれ過ぎると，誤った知識を持つことになるであろう．

10.6 水と光合成物質の移動

植物体中を流れる物質の平均流速を知っただけでは成長量との関係はわからない．知らなければならないのは流量であるが，通路の断面積がわからない現状では，それは難しい．ここで，水を物質の運搬者（carrier）と見なして水の移動に注目する．

1）気孔の水蒸発

図 2-162 は気孔を中心とした細胞の機能的な模型を描いたものである．物質の流れを矢印で示してある．ここで最も問題とすべきは気孔であって，気体の出入口であり，仮定により気体の唯一の出入口である．気孔は気孔膜を境にして外界と接している．外界には O_2，CO_2，H_2O，N_2，希ガスなどが存在しているが，N_2 以降のものは成長と直接的関係が無いから除外してある．まず，光合成開始前の状態を考える．

O_2：水溶解度が極めて低いから空気中の O_2 はその一部分しか植物体内へ入ることができない．20℃において 6.4 ml/l 水である．O_2 の入り得ない場所は1気圧と釣り合うために他の気体によって満されなければならない．気体の交換がどこで起こっているかわからないので，図では気孔膜の中に描いてあり，負圧の部分は（空所）と書いてある．この空所へ入る気体は CO_2 か $H_2O_気$ である．

CO_2：空気中の CO_2 濃度は非常に低く，一般に容量比で 300ppm，すなわち 0.03％とされている．これは平均的な値で，光合成の起こっている場所，温度，時刻によって変動している．幾つかの観測値の中，アメリカ Iowa 州の広

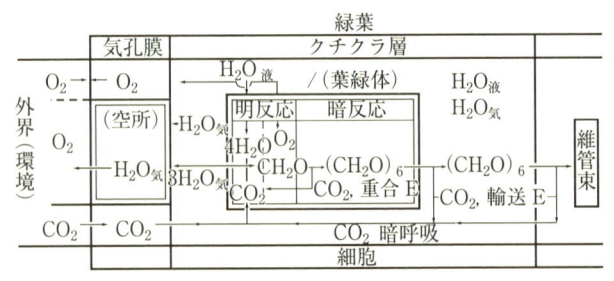

図 2-162 光合成中の緑葉における物質の移動　　注）$(CH_2O)_6$：グルコース

大なトウモロコシ畑におけるデータによると，地上1mにおける日中平均値は0.55mg/l，すなわち約300ppmである．その後調べたところによれば，図2-135に示したように，30℃で0.52〜0.53mg/lぐらいである．最近は大気CO_2濃度そのものが高くなっており，また，ここでは夏植物，冬植物を対象に20℃における大気CO_2濃度を考えているので，CO_2濃度には0.55mg/lを用いることにする．

$H_2O_気$：そうすると，空所を占める気体は$H_2O_気$以外に無い．光合成では$H_2O_気$は内から外へ移動するのであるから，外界の$H_2O_気$は湿度100％にならない限り考慮しないで済む．

さて，空所の容積はO_2の体積を差し引いたものである．空気中のO_2の‰（千分率，permille）を210とすれば，

空所の容積 = 210 − 6.4 = 203.6ml/l

故に，この容積を占める$H_2O_気$の量は，$H_2O_気$が理想気体であることを利用して，$H_2O_気$の1mol = 18gであるから，

$H_2O_気 = \dfrac{203.6}{24000} \times 18000 = 153$mg/$l$, 20℃

故に，$H_2O_気$とCO_2の重量比は，

$$\dfrac{H_2O_気(重量)}{CO_2(重量)} = \dfrac{153}{0.55} = 278$$

モル比 $= \dfrac{153/18}{0.55/44} = 680$

これは，気孔においてCO_2の流入が止まっている時の気孔における気体の動的平衡状態を表している．CO_2が流入しないという事は光合成を行っていないという事ではなく，ちょうど**光補償点**にあるという事である．故に，この時には気孔は開いている．そこで，上記の比を便宜的に**体水蒸発比**と呼ぶことにする．

2）CO_2光合成の熱力学

以上によって準備ができたので，光合成を熱力学的に考えてみよう．反応式に**エンタルピー**（熱含量）ΔHを付けて書いて，E_p（〔CO_2〕$_気$ 1molの光合成に光子から受け取るエネルギー，単位kcal）を求める．

その前に熱反応方程式を調べてみる．

$H_2O_液$ 1molの生成熱は，

$$H_2 + \frac{1}{2}O_2 = H_2O_液 + 68.3\text{kcal}$$

〔CO_2〕$_気$ 1molの生成熱（C 1molの燃焼熱）は，

$$C + O_2 = [CO_2]_気 + 94.1\text{kcal}$$

グルコース，$(CH_2O)_6$の結晶の生成熱の$\frac{1}{6}$から$CH_2O_結$の1molの生成熱50.8kcalを算出する．

E_pの計算は次のようにして行う．

	〔CO_2〕$_気$ +	$H_2O_液$ +	E_p	=	$CH_2O_結$ +	〔O_2〕$_気$
ΔH	-94.1	-68.3	E_p		-50.8	0
	$C_結$ +	〔O_2〕$_気$		=	〔CO_2〕$_気$	
ΔH	0	0			-94.1	
			E_p	=	17.5	

このE_pは光子から受け取らなければならない正味のエネルギーで，光子のエネルギーの大きさではない．

光合成反応式において生成されるO_2はH_2OのOに由来しており，まずH_2O分子の光による開裂が起こるというのが定説となっているようである．もし，そうであるなら，結合相手であるCO_2にも同時に開裂が起こらなければならないが，一般にこの点は曖昧にしたままの解説が多い．

さて，**葉緑体**内における光合成を考えてみよう．光合成は10の何乗分の1秒という短時間に終了する．まず，反応する水は$H_2O_気$でなければならないと考えられるが，水中の$H_2O_気$の濃度は前述のように10^{-3}molぐらいであり，一方，CO_2の濃度は10^{-5}molという低密度であるから，両分子の距離が離れ過ぎて，なかなか衝突が起こらないであろう．そこで考えられるのは多量の水分子が存在する$H_2O_液$である．

$H_2O_液$中の水分子のmol数 $= 1000 \div 18 = 55.5$

この水分子が常温でどのような構造を作っているかよくわからないが，氷の結晶に近い構造で，平均4.4分子が小集合を作っていると言われている．通常，溶質分子はこの4.4分子≒4分子に囲まれて移動するとされている．もう

一つの考え方は，水分子は全分子が正六面体を作って分布しているとするもので，これはほとんど均一な分布に等しい．

わからないのは，**葉緑体**の反応中心部における CO_2 と H_2O の分子の配列の仕方である．今は，正六面体格子構造を想定し，葉緑体の反応中心部と水分子の間に親和性が働いていると仮定しよう．そうすると，紙面を反応面とし，H_2O 4分子と CO_2 1分子が密着し，かつ反応面とも密着しているような配列を想像することができる．この関係が図2－163Aに示されているが，このような密な構造ができるためには水分子はエネルギーの大きい $H_2O_気$ でなくて，不活性な $H_2O_液$ でなければならない事がうなずけるであろう．

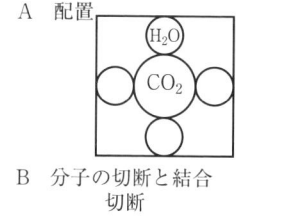

図2－163 CO_2｜$H_2O_液$ のモデル

さて，この複合分子集合に光子が衝突する．光子のエネルギーは葉緑体しか捕えることができないから，集合は葉緑体からエネルギーの供給を受けることになる．まず，$H_2O_液$ から $H_2O_気$ に活性化される．これに必要なエネルギーは蒸発熱量であって，$H_2O_液$ 1mol＝18g, 100℃の水の気化熱＝9.70kcal/molであるから，20℃において，

$1 cal \times (100 - 20) \times 18 = 1440$ cal/mol

$1.44 + 9.70 = 11.14$ kcal/mol

問題は CO_2 分子が受け取るエネルギーであるが，分子運動論によって分子の間で受け取るエネルギーには差が無いので，結局集合の受け取るエネルギーは H_2O 5分子の蒸発熱量に等しい．故に，CO_2 1molが光合成されるのに必要な光エネルギー（E）は，

$E = 11.14 \times 5 = 55.7$ kcal, 20℃

これは，ほぼ波長510nm付近（ほぼ緑色の中央値）が持つEで，太陽光の平均エネルギーと見てよいくらいのものである．そこで，この**平均光子エネルギー**に $\bar{E}_p$ と記号を付けておくと，反応式は次のように書くことができる．

$[CO_2]_気 + H_2O_液 + \bar{E}_p \rightarrow CH_2O_結 + [O_2]_気$

$\overline{E}_p$ は平均 1mol の光子を表しているから,平均 1 光子によって 1 分子の CH_2O が生成される事を表している.

次に,$CO_2 \to CH_2O$ に必要なエネルギー,$E_p = 17.5 \mathrm{kcal/mol}$ であるから,

$$\overline{E}_p \text{の効率} = \frac{17.5}{55.7} = 0.314$$

さて,CO_2 1 分子が光合成されるごとに葉緑体内で生成される $H_2O_気$ は 3 分子である.すなわち水蒸発に使われるエネルギー量は,

$$55.7 - 17.5 = 38.2 \mathrm{kcal}$$

H_2O の 20℃における蒸発熱量 11.14kcal/mol で割ると,

$$\frac{38.2}{11.14} = 3.43$$

端数はあり得ないので,$H_2O_気$ は 3 分子であると考えられる.故に,光合成を正しく記述すると次のようになる.

$$CO_2 + 4H_2O + \overline{E}_p \to CH_2O + O_2 + 3H_2O$$

また,H_2O と CO_2 の比は,

$$\text{mol 比}: \frac{H_2O}{CO_2} = \frac{3}{1}, \quad \text{重量比}: \frac{18 \times 3}{44} = \frac{1.227}{1}$$

ここで,生成される O_2 は H_2O 由来であるが,そのメカニズムを推定してみよう.図 B において,$CO_2 + 2H_2O$ の各分子の結合が切断され,再結合が破線で示すように起こると,H_2O の O が離れて O_2 が生成されるであろう.

さて,光合成が進行すれば気孔膜で $H_2O_気$ は蒸発し,CO_2 は流入してくるので,細胞水内における分子運動速度比が気孔における蒸発量を決定する.表 2−5 の (2) V 列によって,

$$V \text{比} = \frac{H_2O}{CO_2} = \frac{45}{38.7} = 1.163$$

ところで,蒸発面積は CO_2 を 1 とすれば,$H_2O_気$ のそれは図 2−162 の空所の容積比 = 0.204 であるから,気孔膜における H_2O と CO_2 の分子の流入速度比は次の通りになる.

$$\text{移動速度比} = \frac{1.227 \times 1.163 \times 0.204}{1} = 0.291$$

実際に気孔から出てくる $H_2O_気$ の量は次のとおりになる.光合成開始直前における $\frac{H_2O}{CO_2}$ の重量比は前記のように 278g/g である.今,葉緑体に向かって 1g の CO_2 が移動すると,気孔において移動(蒸発)する水量は,

$$\text{蒸発水量} = 278 \times 0.291 = 81 \mathrm{g/g}$$

さて、この時間内に気孔においてはCO_2も$H_2O_気$も共にちょうど1回入れ替わっており、このときのH_2O量278gは光合成に関係しない単純な蒸発水量であるから、CO_2 1gが光合成されるごとに蒸発する水量は、

$$278 + 81 = 359 \text{g/g}$$

3) 光合成熱力学の検証

以下に実例をもって、上記の推論を検証してみよう．

(1) $[CO_2]_{環境}$，温度＝一定，Pだけ変化する場合

† 図2－164 キャッサバ：Pの強さと光合成量，水蒸発量 †

実験はCO_2：350ppm，温度：25℃の条件下で行われている．その結果は図Aに示すように、Pが増加すると水蒸発量も$[CO_2]_{吸収}$も$\log P$に比例して増加する．

$$CO_2 = -15.6 + 18 \log P \quad (1)$$

$$H_2O = -812 + 1460 \log P \quad (2)$$

Pを消去すると、図Bに示したように、

$$H_2O = 81 CO_2 + 453 \quad (3)$$

CO_2の係数が81というのは、ほぼ予想の大きさであるが、切片は予想の278よりも著しく大きい．この理由として色々考えられるが、温度が最も強く影響していると仮定すれば、次の図2－165で求められる関係式$\dfrac{H_2O}{CO_2} = k\theta$とキャッサバの$\theta_0 = 10℃$とから次式が成り立つ．標準温度は20℃であるから、

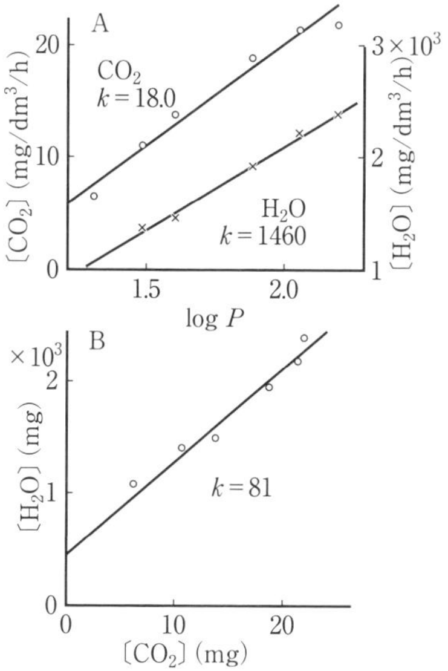

図2－164 キャッサバ：Pの強さと光合成量，水蒸発量

$$\dfrac{H_2O}{CO_2} = \dfrac{359}{1} \times \dfrac{25-10}{20-10} = \dfrac{539}{1}, \quad 25℃ \quad (4)$$

式(3)の切片をCとして、上式の値を式(3)に代入すると、$539 = 81 + C$，$C = 458 \text{g/g} (25℃)$．

これによると、切片の大きさは式(3)における切片の大きさ453に非常に近い値である．故に、この実験で切片の大きさが大きいのは主として温度に

よるものと判断される．

ここで後の参考のために取りまとめておくと，
$$R = \frac{H_2O}{CO_2} = 359 \text{g/g}, \quad 20℃ \quad (5)$$
また，同化によって $CO_2 \rightarrow CH_2O$ に変化をするから，このときの R を r とすると，分子量の間に $CO_2 = CH_2O \times \frac{44}{30}$ の関係があるから，
$$r = \frac{H_2O}{CH_2O} = 359 \times \frac{44}{30} = 527 \text{g/g} \quad (6)$$
この r は $\frac{水}{炭水化物}$ 比で，いわゆる**要水量**にほぼ相当するものであって，その実例は図2－175で検討される．

(2) P, $[CO_2]_{環境}$ ＝一定，温度だけ変化する場合

† **図2－165 キャッサバ：温度によるRの変化** †

温度と体水蒸発量や CO_2 合成量との関係は図Aに，CO_2 量と H_2O 量との関係は図Bに示してある．これらの関係を，このままでは簡単に数式化することはできない．そこで，式(5)の R を求めて温度との関係を求めてみると図Cに示すように直線関係が得られた．このとき，$R=0$ となる温度はおよそ10℃で，これはキャッサバの θ_0 と判断される．何故にこのようになるのであろうか．

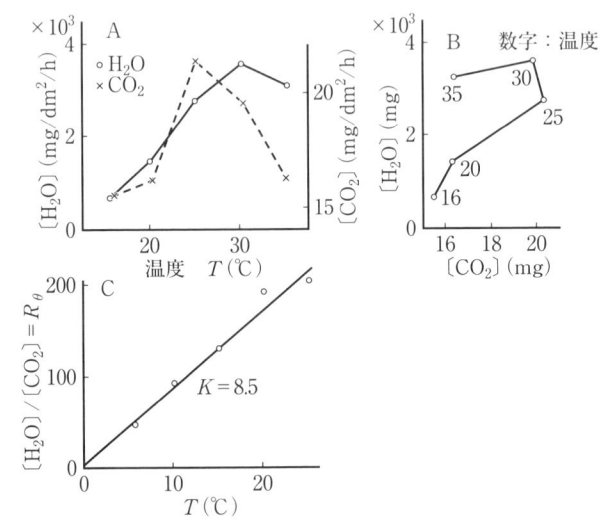

図2－165　キャッサバ：温度による R の変化

$P =$ 一定の場合には，図 2-133 で見られるように CO_2 同化速度 $\propto$ 成長速度，すなわち，

$$CO_2 = kV_\theta$$

また，H_2O については後述するように，

$$H_2O \propto CO_2$$

同時に水の蒸発は温度に比例して多くなるから，次のように直線式となる．

$$\frac{H_2O}{CO_2} = k\frac{V_\theta \theta}{V_\theta} = k\theta$$

さて，それでは何故にこの直線が θ_0 において $R = 0$ となるのであろうか．それを明らかにするためには，θ_0 における気孔の状態を考えてみなければならない．V_θ 式からわかるように，θ_0 における CO_2 の存在量はグルコースの 10^{-k} mol である．$H_2O_気$ もある量が存在している．光合成は停止しているけれども，これだけの気体は気孔から排出されている．何故なら，本著ではすべての気体の出入は気孔だけで行われると仮定しているからである．そうすると，測定器で観測しているとどうなるか．光合成では CO_2 の吸収の方向を正にとってあるから，排出は負である．故に，光合成が始まると CO_2 の流れは負から正へ変化し，そのとき直線 R は θ_0 を通る．

それでは，係数 k の大きさはどのようにして定まるのか，上の仮説によって，k の計算をしてみよう．ここでキャッサバの呼吸 (1) はわかっていないので，イネの値を借用する．グルコースを $(CH_2O)_6$ として計算すると，θ_0 における気孔の CO_2 重量は，CO_2 の分子量 $= 44$ を入れて，

$$CO_2 = 6 \times 10^{-1.480} \times 44 = 6 \times 0.0331 \times 44 = 8.74 \text{g}$$

$H_2O_気$ は図 2-164 によって 359g．ここで気体出入面積比を用いて，

$$重量比 = \frac{H_2O_気}{CO_2} = \frac{359 \times 0.204}{8.74 \times 1} = 8.4$$

これは図の勾配と一致している．これから，キャッサバでは θ_0 と呼吸 (1) の係数 k の大きさはイネの場合とほとんど同じであるという事がわかる．

これから明らかなように，このような実験を通じて，植物の未知の θ_0 と呼吸 (1) の係数を決定することができる．これは予想外の事である．

よって，キャッサバでは次式が決定された．

$$R = \frac{H_2O_気}{CO_2} = 8.5\,\theta, \quad \theta > \theta_0 = 10\,°C$$

温度20℃で $R=85$，25℃で $R=128$．図2-164では温度25℃，中間的 P（$CO_2 ≒ 15$mg）のとき式（3）から $R=111$．

$$\frac{H_2O}{CO_2} = \frac{15 \times 81 + 453 \text{mg}}{15 \text{mg}} = \frac{1668}{15} = 111$$

大体似たような値を示している．そうすると，式には上限が付いていないから，θ_{00} 以上の温度ではどうなるかという問題が残った．

(3) $P, \theta =$ 一定，$[CO_2]_{環境}$ だけが変化する場合

† 図2-166 10種の植物平均：$[CO_2]_{環境}$ と光合成量，水蒸発量 †

$[CO_2]_{環境}$ が200ppmから2000ppmまで変化させてある．全植物の平均値を用いる事にする．この実験では P，従って $\overline{E}_p$ が一定である．故に，$[CO_2]_{環境}$ の密度が増せば水蒸発量は減少する．密度(1)式が適用され図から，

$[CO_2]_{吸収} = -16 + 18 \log [CO_2]_{環境}$，$[CO_2]_{環境}$：ppm，$[CO_2]_{吸収}$：mg/100cm^2・h

$[HO_2]_{蒸発} = 5870 - 1450 \log [CO_2]_{環境}$，$[H_2O]_{蒸発}$：mg/100cm^2・h

$[CO_2]_{環境}$ を消去すると，

$[H_2O]_{蒸発} = 4581 - 80.6 [CO_2]_{吸収}$

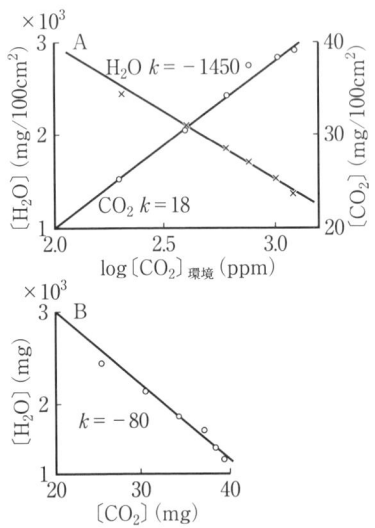

この式は $[CO_2]_{吸収}$ が増加すると水蒸発量が直線的に減少することを表している．ここで水蒸発量=0とおけば，

$[CO_2]_{吸収} = 56.8$ mg/100cm^2・h

以上の事から次の事が言える．植物体が反応場所へ供給し得る水の供給速度に限界があり，$[CO_2]_{吸収} = 56.8$mg の値で水蒸発量=0となり，光合成の増加は停止する．このように，H_2O の流入速度が光合成を律速するとすれば，照度を高めたときに起こる飽和も CO_2 の流入速度ではなく H_2O の流入速度によるものであるという可能性も否定できない．その理由としては，水は土水中から体中の抵抗に

図2-166 10種の植物平均：$[CO_2]_{環境}$ と光合成量，水蒸発量

抗しながら，はるばる葉まで運ばれて来なければならないのに，CO_2 は葉緑体のごく近くから余り抵抗無く流入することができるからである．

以上をまとめると，**光合成反応の飽和**には各種の要因があり得ることが考えられる．照度，葉緑体密度，吸水速度，CO_2 濃度，O_2 濃度などである．

4） 水と光合成物質の移動のまとめ

水と光合成物質の移動について検討した本項では次の**明反応式**が決定された．

$$CO_2 + 4H_2O + \bar{E}_p \text{ (56kcal)} \rightarrow CH_2O + O_2 + 3H_2O$$

この検討は幾つかの仮説に基づいて進められている．例えば，葉緑体の反応中心部に CO_2 1分子と H_2O 4分子の集合モデルの配列を想定している．また，光合成の最初の生成物をグルコース分子の 1/6 の CH_2O（formaldehyde）と仮定している．このような仮定に基づいて水蒸発量と炭酸吸収量の重量比が求められ，実際の観測とよく一致した．この事からこれらの仮定は確からしい．これが確かなら求められた光子要求数＝1という値も確かであろうが，成長時期を考慮しなければ光子要求数はどのような値もとり得るのである．

なお，ここで本著で光合成の最初の生成物と仮定した CH_2O について触れておく．かつて Moore らは高等植物にホルマリン（ホルムアルデヒドの約40％水溶液で還元性が強く，消毒剤としてよく知られている）の蒸気を当てて葉中の糖の増加を見ており，Baeyer, Warburg らは**ホルムアルデヒド説**を提出しているが，ホルムアルデヒドの有毒説から否定する意見もあった．しかし，CH_2O の体内における寿命は，それがグルコースに重合されるまでの時間から推定すると $10^{-3} \sim 10^{-2}$ 秒ぐらいで，その間何ものにも遭遇しそうもないから有害でありそうにもない．また，下等生物である光合成菌 *Chromatium* は完全に無 CO_2 の下で $(CH_2O)_2 = CH_3COOH$（酢酸）を同化できる．さらに，ある化学雑誌に簡単に紹介されていた無機質反応であるが，濃いホルムアルデヒドのアルカリ水溶液を加熱することによって糖が生成される**ホルモース反応**というのがあって，専門家には古くから知られていたということである．

10.7　CH_2O の縮合重合と移動速度

明反応は CH_2O 生成までであるとすると，その後，これが糖に合成される過程が続くことになるが，これは暗反応であって，分子生物学で詳細に解説されているから，本著ではその紹介は省略する．

さて，単糖類以上の糖類を $(CH_2O)_n$ のように書くことにすると，糖が生成されて輸送される間には次のような変化をする．

$$CH_2O \to (CH_2O)_6 \to (CH_2O)_{12} \to (CH_2O)_n \text{（でんぷん）}$$

この縮合重合は移動速度を変化させる．分子の移動速度は既述のように，

$V = CM^{-1/6}$, M：分子量

故に，最小の分子量を単位にとれば，n 倍の分子量の分子の移動速度は次のとおりになる．

$V = Cn(nM_1)^{-1/6} = Cn^{5/6}M_1^{-1/6}$, $M_1 : n = 1$ である M

これからわかるように，輸送速度はほぼ分子の倍率に比例して速くなる．光合成速度が非常に速く起こっているとき，でんぷん粒が葉緑体中に認められることがあるが，M が最大のでんぷん（固体）となり沈澱する事によって細胞液中の糖濃度が低下し，高濃度による光合成速度の律速が避けられているのである．

ところで，糖はどのような形で体中を移動しているのであろうか．一般には二糖類のスクロースの場合が多いということであるが，その場合でも維管束の入口では単糖類のグルコースに変化するとも言われており，はっきりしないけれども，単糖類で移動していると考えておいてもよさそうである．しかし，糖葉植物ではスクロースであるかもしれない．

さて，以上の縮合重合反応はどこで起こっているかと言えば，すべてが葉緑体中であるから，各段階の分子の移動距離は無視してよいほど小である．そこで残るのは**縮合重合エネルギー**はどれほどかという事である．

$(CH_2O)_6$ の分解反応はよく調べられており，その逆反応が光合成反応だと考えられている．エネルギーをEと書いて，

自由E生成率＝$\frac{7.3\text{kcal}\times 36}{688\text{kcal}}$ ＝ 0.38（呼吸率），グルコース1molの自由E：688kcal，グルコース1mol当たりATP：36分子，標準ATPの自由E：7.3kcal

本著によれば上式の結果は暗反応Eであり，それはグルコース生成Eに等しい．それはそれとして，グルコース生成Eはグルコースの自由E量に対して，かなり大きな割合である．しかし，気孔の所で観察している観察者には見えない．図2－162に示したように，光合成中は，上の反応によって生成されるCO_2は直ちに葉緑体の反応中心部に移動してCH_2O生成に使われるから，CO_2の生成と消費が相殺されて，光合成中は見えない．そして，光合成が停止すればCO_2の生成も停止するから，結局このCO_2量は観察者には見えない．

次に，$(CH_2O)_6$を輸送するために行う呼吸によってもCO_2が生成される．これも光合成中には葉緑体へ回送されて光合成に使われる．輸送Eはその生成される$(CH_2O)_6$の量に比例するから，CO_2の生成と消費は相殺され，光合成中には見えない．

以上の2種（縮合重合と輸送）のCO_2生成量と光合成量とが等しくなった所の照度を**光補償点**と言っているのである．ところが，この輸送のために生成されるCO_2の方は光合成が停止しても続き，暗呼吸の一部を占める．暗呼吸一般はいわゆる原形質流動，成長用**物質の輸送**，新物質の合成などに使われるもので，日中・夜間を通じて起こっている呼吸であるから，植物の生存・維持用の呼吸と見なされる．

以上によってわかるように，気孔で観察されているCO_2量が**正味の光合成量**であり，同時に光合成中にはCO_2同化量である．だからこそ，温度一定なら光合成量は単純に照度の密度(1)式に比例し，乾物生産量も同様に，log Pに比例する．もし，上記のものとは全く別の呼吸が有るとするなら，どうしてこのような簡単な反応式が得られようか．ここにおいて，呼吸とは何かという事が明らかにされたと思う．なお，これとは別種の呼吸があるという説があるが，本著ではこれ以外の呼吸の存在を認めていない．

10.8 蒸発散,蒸発

植物体から$H_2O_気$が外界へ出ることを**蒸散**(transpiration)と言う.土面や水面などからの水蒸発を**蒸発**(evaporation)と言い,両者を合計したものを**蒸発散**(evapotranspiration)と言う.しかし,前述したように,蒸散はほとんど植物体を通じて起こる蒸発である.このことを前提にすれば,以下の現象がよく理解できるであろう.

† 図2-167 サクランボの果実:浸透圧の上昇速度 †

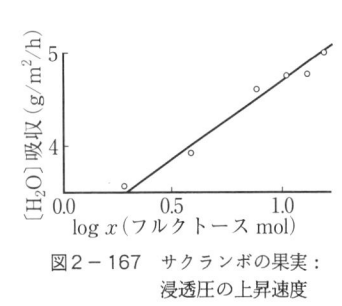

単糖類のフルクトース(果糖)の濃度xが高くなると,水が浸透する速度Vは密度(1)式に従う.

$$V = C + k \log x$$

浸透圧は吸水速度を速めるけれども,一過性のもので,ある平衡点で水の移動は停止する.このとき,果皮の抵抗力が弱いと

図2-167 サクランボの果実:浸透圧の上昇速度

果皮が破れる.花粉が水中で破裂することは,しばしば見られる現象である.

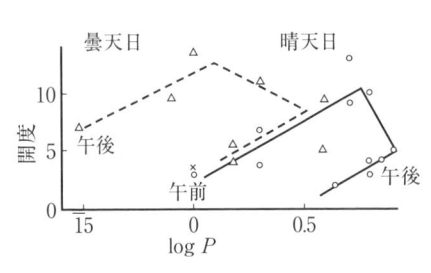

† 図2-168 イネ:日照度と気孔開度 †

イネの気孔は閉じている時は直線形であり,これが開くと長円形になるが,この時の短径の長さを**気孔開度**とする慣習になっている.気体の通路であるから面積で表すべきだと思われるが,長径の変化が小さいなら近似的に短径の長さをもって面積を表すことができる.

図2-168 イネ:日照度と気孔開度

さて,上式は速度を表している.これが気孔の孔辺細胞にも起こるが,xと照度Pとの関係は孔辺細胞の容積が変化するので密度(2)式に従う.

$$\log x \propto \log P$$

故に,$V = C + k \log P$

平衡状態においては V は気孔開度でもある．故に，

　　気孔開度 $\propto \log P$

図に $\log P$ との関係が示されている．大まかに見れば図のような線が引けるであろう．晴天の日には午前よりも午後に開度が小さく，**昼寝現象**が現れている．曇天の日には温度が影響しているのか，逆に午後の方が開度が大きい．よって次式が成り立つ．

　　CO_2 光合成速度 $\propto$ 気孔水蒸発速度 $\propto$ 気孔開度 $\propto$ 浸透圧 $\propto \log P$

気孔開度については，上式とは異なる解説がなされることもあるが，それは誤りであろう．また，光合成速度が遅くなるのは気孔が狭くなるからであるという説があるが，現象としてはその逆で，日照度が弱くなった結果として孔辺細胞の光合成速度が遅くなり，浸透圧が下がって気孔が狭くなるのである．

次に，蒸散は植物体からの水の蒸発量にほぼ等しい．そこで，蒸散を蒸発と見なして調べてみよう．

† 図2-169　*Quercus Ilex* L.：日照度と蒸発散速度　†

図はカシの一種を用いて照度以外の環境条件を無視して照度とだけの関係を見た場合に，蒸発散水量がどのくらい密度（1）式に従うか調べたものである．

低照度の所でばらつきが大きいが，図のように目測によって直線を引くと，$\log P = 0$，すなわち $P = 1\mathrm{cal}$ において $y = 1.50\mathrm{mg}$ であり，$\log P = 1$，$P = 10\mathrm{cal}$ において $y = 2.04\mathrm{mg}$ である．蒸発熱量はその逆数であるから，1.50 と 2.04 の平均 1.77 を用いると，

　　蒸発熱量 $= \dfrac{1}{1.77 \times 10^{-3}} = 565\mathrm{cal/g}$，水

温度が不明であり，また昼寝現象が起こっているかもしれず，正確な値は求められないが，25℃のときに同じ温度の気体にするための蒸発熱量，$44.0\mathrm{kg/mol} = 10.516\mathrm{kcal/mol} = 584\mathrm{cal/g}$ に近い値を示している．

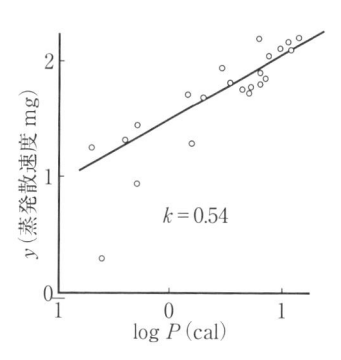

図2-169　*Quercus Ilex* L.：
　　　　日照度と蒸発散速度

10.9 葉の水分含量と光合成

本著の諸法則によって次の関係が成り立つ．

　　光合成∝水蒸発量∝水分含量

しかし，水分含量は一般には対乾物重または対新鮮重の％で表されることが多い．もし，観測時間中の乾物重の増加量が少なく，それが無視できる範囲にあるなら，

　　水分含量∝光合成量∝含水％

この関係を観測例によって調べてみよう．

† 図2−170　2種の高等植物：葉の水分欠差と光合成速度 †

図は資料から転写した．光合成量が最大のときのそれを100，このときの水分含量を100としたとき，水分含量％の差と光合成速度％との関係を見ると，図のような直線関係を示している．ヒマワリは水分含量％に約5％の誤差があったと見なすと，100％に収束する．

全体として植物種類間に勾配の差が見られる．

† 図2−171　畑イネ：土の水分含量と葉身の含水％ †

土の水分％が低くなると成長速度が遅くなる事はよく知られている．しかし，この現象に明快な説明は与えられていない．仮定として，

　　葉の水分含量 ∝ log（土の水分％）

葉の水分含量が普通用いられる対乾物％に置き換えられるためには測定期間中の乾物重が一定でなければならないが，時間が短いなら，その間の増量は乾物総量に

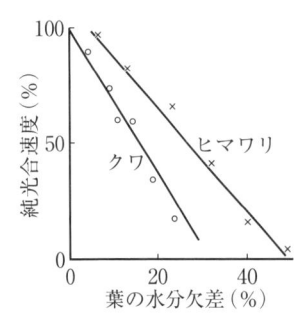

図2−170　2種の高等植物：葉の水分欠差と光合成速度

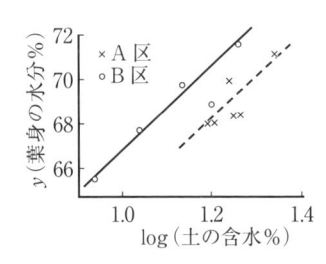

図2−171　畑イネ：土の水分含量と葉身の含水％

比べて少量であるから無視することができて，

　　葉の水分含量％＝ $C + k \log$（土の水分％）

　図ではそのようになっている．

† 図2－172　数種の植物：土の水分％と光合成速度 †

図2－170～172で明らかにされたことから次の関係のあることがわかる．

　　光合成速度 $\propto$ 葉の水分含量％ $\propto \log$（土の水分％）

　さて，この図のように種類によって切片，勾配共に差異があるが，植物ごとに密度(1)式が成り立っており，光合成速度は log（土の水分％）に比例している．

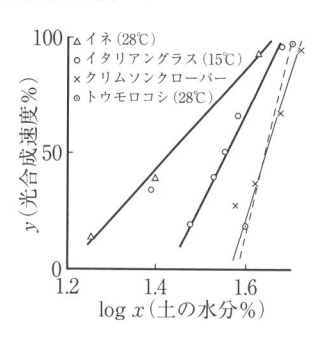

図2－172　数種の植物：土の水分％と光合成速度

10.10　要水量

　成熟期における個体重，普通には地上部の乾物重 g に対して成熟期までの期間に蒸散した総水量 g の比を**要水量**（water requirement）と言う．要水量は植物の種類ごとの固有値のように取り扱われている．この事に関連して，本節6.3)(1)で既に蒸発比 R と r という数値について検討している．$r = \dfrac{H_2O}{CH_2O}$ は全成長期間では $r = \dfrac{[H_2O]_全}{Y}$ となるから，$rY = [H_2O]_全$，すなわち r と全重との積は全成長期間における蒸散＝要水量に等しい．

　ところが，この r は環境によって変化するもので一定ではない．しかし，環境が一定であるなら比は一定値をとるから，

　　$[H_2O] = rY$，環境＝一定　　(1)

　　$\log Y = \log Y_\infty (1 - 10^{-kt})$　　(2)

　式(1)を式(2)のS成長速度式に代入すれば，

　　$\log [H_2O] = \log r + \log Y_\infty (1 - 10^{-kt})$　　(3)

　この式は，蒸散の積算値はS成長速度式に従って増加し，式(3)における切片は $\log r$ に等しく，また，蒸散量を測定することによって Y_∞ を求める事がで

きることを示している．しかし，$r=$一定の仮定で求めたものであるから，実測値とは合わないであろう（図2-175）．

ここで，蒸散量測定法のあらましを説明する．

①蒸散量とは植物体だけからの蒸発量であるが，土面，水面からの水蒸発量を完全に遮断することが技術的に非常に難しく，ほとんど不可能に近い．また，畑に成長する植物では時々給水しなければならないが，給水回数，1回の給水量などをどのようにしたらよいか，一定の規準が無い．従って，要水量は環境条件，実験法などによって，かなり大きく変動するであろう．

②chamber法：近年用いられるようになった方法で，光合成測定と同じように，植物を覆った室に送風し，H_2Oの入出の差から蒸散量を知る方法であるが，この場合にも土面からの蒸発を完全に遮断することはできない．

以下に，観測例を示して検討する．

† 図2-173 イネ：蒸発速度 †

Malaysiaにおける実験で，苗代期間は含まれていない．図によって蒸散量はS成長をする．

以下に示す畑植物のデータはすべてchamber法によるものである．この方法では夜間の測定はしていないが，実際夜間の植物体からの蒸散量がごく少量であることが前もって確かめられている．問題は，この方法では観測が飛び飛びの日に不連続に行われている事である．一方，観測値は観測日の気象条件に大きく左右されるので，データは大きく変動している．ところが水蒸発量には積算値が必要であるが，このようなデータから積算値を求めるのは非常に難しい．これは畑植物一般が抱えている問題点であるが，湛水イネではこの点は余り問題とならない．そこで，やむを得ず次のような方法を採ることにする．観測値を時間軸上にプロットし目視によって滑らかな曲線を描き，改めて各時期の値を読み取る．これによって，観測しなかった時期の値も

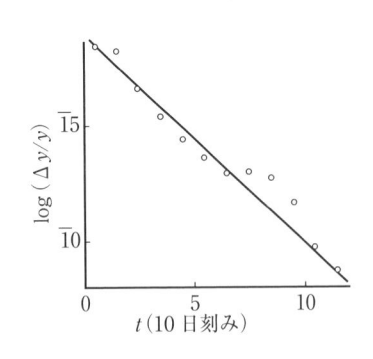

図2-173 イネ：蒸発速度

10. 物質の流れと光合成，エネルギーの流れ

推定でき，観測点の少ない資料も活用できるようになる．

† 図2-174 畑作水稲：蒸散速度 †

図によってS成長である．しかし，始点が35日ころとなっていて遅過ぎる．始点は播種期ではなく出芽期（emergence）でなければならないが，深播き，乾燥，低温などが関係して，両者が大きく違うことが起こる．この場合には何が起こったかわからない．

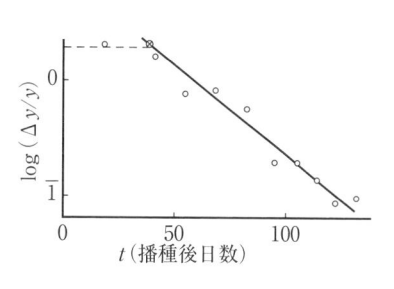

図2-174 畑作水稲：蒸散速度

† 図2-175 ダイズ：蒸散量のS成長速度 †

まず，1日の時刻別に調べた蒸散量を見ておこう．観測は8月12日で，快

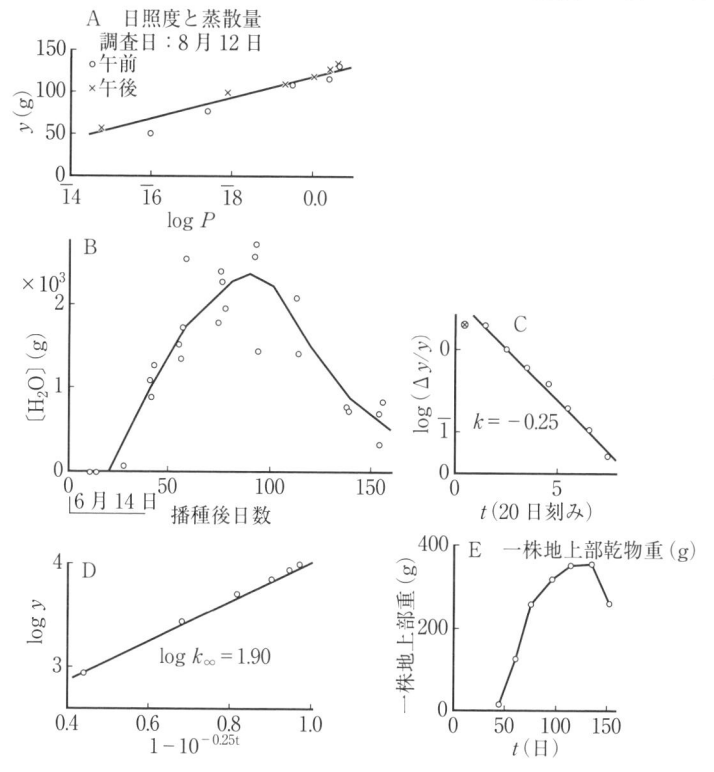

図2-175 ダイズ：蒸散量のS成長速度

晴の日に行われている．日照度との関係を図Aに示す．昼寝現象があるから，きれいな直線になるとは限らないが，かなり良い直線性を示している．

次に，1株当たりの蒸散量は図Bに示すとおりである．連続した観測値を求めるために図にあるような曲線を描く．ただし，この曲線が平均的な環境条件の観測値に相当するか否かはわからない．続いて図C，Dによって係数を求めると，式は次のとおりになる．

$$\log [H_2O] = 1.90 + 2.22 (1 - 10^{-0.014t}), \quad t：播種後日数 - 19日$$

この場合には，9回の蒸散量の平均的な値の積算値について求めたものであるが，蒸散量の変化はS成長速度式に従う事を表している．

† 図2-176 ミカン：蒸散量のS成長速度 †

冬に落葉しない植物では始点の決定が難しい．幸いにも，この資料には葉面積の成長が調べられているので，これから始点がわかる（図A）．勿論，そのときに存在している越冬葉からも蒸散しているから，その量も積算に入れなければならない．従って，始点における水蒸気量 $\neq 0$．

まず，水蒸発速度を時期に対してプロットすると，図BのようなS字を描いている．図CによってS成長速度式に従っている．

以上によって，植物体を通じて蒸発する水量は実用可能な精度をもって，乾物重量成長と同様にS成長をする事が確かになった．従って，植物体を通過する水量から乾物重量成長を知ることができる．すなわち，

　　全水量 ∝ 全重量 ∝ 部分重量

部分重量は，例えば子実重量である．

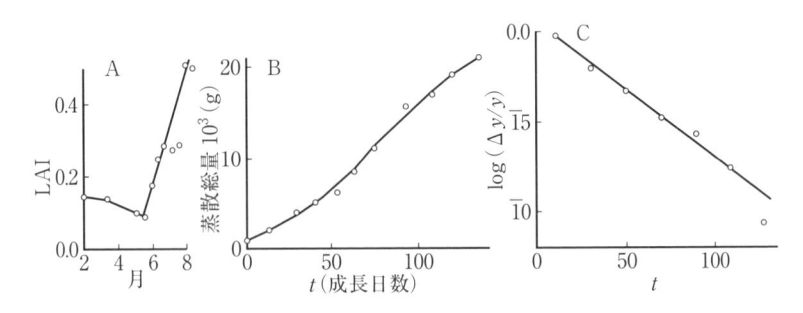

図2-176　ミカン：蒸散量のS成長速度

表2-8 各種植物の要水量（ブリクスによるデータを分類）

要水量×10^2 g/g								エネルギー獲得率
3	4	5	6	7	8	9	10	
ヒエ*，（イネ)[1]								2.0 %
	トウモロコシ，テオシント*，テンサイ，（イネ)[2]							1.5
		スーダングラス*，コムギ						1.2
			オオムギ，エンバク，カンラン，ササゲマメ，ソバ					1.0
			ライムギ，イネ，ヘアリーベッチ，ヒマワリ，ジャガイモ，カブ，ワタ					0.9
				ダイズ，スイートクローバー，エンドウ，アカクローバー，インゲンマメ，ナタネ，クリムソンクローバー				0.8
					アルファルファ，カボチャ，アマ			0.7
						ブロームグラス		0.6

注1) ＊：C_4であることが分かっているもの
2) （イネ)[1]：関東東山農試1957～'58によるもので，290．
（イネ)[2]：IRRI

ここで，既往の要水量のデータを眺めてみよう．幾つかの資料があるが，最も多くの植物の種類について紹介しているものとして表2-8を示す．これはブリクスのデータを見やすく分類したものである．測定法等は実験者によっても異なるであろうし，数値の信頼性については不確かさはあるが，植物間に大きな差が有る．例えば，イネは3例が示されているが，その間におよそ2倍もの違いが有る．

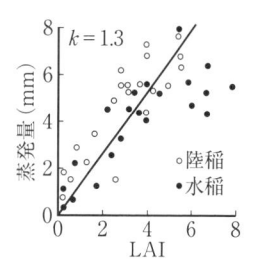

図2-177 イネ：LAIと蒸発量

なお，表にはC_4植物とわかっているものについてはそれを記載してあるが，この表で見る限りC_3植物，C_4植物は混在しており，両者に画然とした差は見られない．

さて，蒸散量の測定は古くから多くの人々が行っている．いずれも成長中のある日の蒸散量を見ているのであるが，それは次の変化を見ているのである．

$$\frac{d[H_2O]}{dt} = K\ [H_2O]\ e^{-kt}$$

そこで，時期を追って追跡すれば，観測値は山形をした曲線を示す（図2-

175).色々な工夫が試みられてはいるが,この山形を解消することはできない.その理由は至極簡単で,植被という蒸発面はS成長をし,葉面積成長は山形をしているが,一方,図2-177に示すように,$\frac{蒸発量}{葉面積}$＝一定の関係があるから蒸発量は当然,山形をしていなければならない.

なお,表2-8には各種の植物の要水量が示されているが,その変異の幅は非常に大きい.その理由の説明は今はできないが,この要水量の逆数から容易に**光子のエネルギー獲得率**の計算ができるので,その概数が示されている.何故にこのように低率であるかと言えば,植物では冷却のために水蒸発がなされており,光エネルギーの大部分がそのために消費されているからである.

10.11 維管束数の成長と物質の移動速度

体水蒸発比が一定なら,成長用物質の輸送速度も乾物重や体水蒸発量に比例しなければならない.輸送は維管束系を通って起こっているから維管束流量を知らなければならないが,その通路の面積が全くわかっていない.そこで,差し当たって維管束数の成長状況を調べてみる.今,イネ,トウモロコシの主稈の葉基部における維管束数を調べた資料があるので,これを利用する.

† 図2-178 イネ・トウモロコシ：主稈葉基部の維管束数の成長 †

まず,維管束数量成長はS成長速度式に従うと仮定してみる.節数nと時間とは互換できるから,

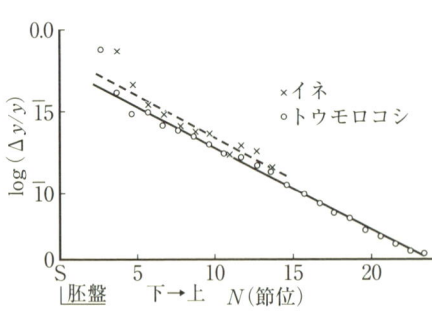

$$\frac{dy}{dn} = Ky e^{-kn}, \quad y:維管束数, \quad n:節数$$

資料では節数ではなくて葉数で表されている.一般に,わが国では子葉は葉数に算入しないし,イネでは葉身の無い第1葉も葉数に入れない慣習がある.しかし,今必要なのは節数であるから,第1節は胚盤である.このような事

図2-178 イネ・トウモロコシ：主稈葉基部の維管束数の成長

情から資料のデータには慣習上の第1葉以下の節の維管束数は算入されていないが，そのことを承知の上でS成長速度式を適用すると，図のようになる．nが小さい所では上記の理由から誤差が生じて適合は良くないが，算入できなかった数は余り大きいものではないので，nが大きくなるに従ってその影響は無視できるようになり，適合は良くなる．

　この事によって，節の維管束数はその節から生成される乾物重に比例すると言えるであろう．よって，

　　　重量成長量∝水蒸発量∝維管束数

なお，イネとトウモロコシとでは植物としては大きく違っているにもかかわらず，勾配kの大きさはほとんど同じである．偶然かもしれないが，興味のある現象である．それはさておき，数が何故に重量に比例するのか．そこで次の法則性があると仮定する．

　　　「**形質量間**には**調和性**がある」

今見たように，維管束数が重量成長量や水の移動量に比例している．そのとき，個々の移管束はその直径が違っており，葉の維管束の集合が大きくなるにつれて，直径の大きな維管束も多くなるが，それにもかかわらず単純にその数だけで全体の機能量を表してよいのは何故であろうか．このような例は幾らでもある．

　植物では常に不等，不同なものの集合の成員数を取り扱っている．すなわち，生成時期，老若，大きさ，機能量などの違った集合，例えば茎数，穂数，葉面積など，断りもなく一まとめにした数として取り扱ってきているが，そのようにしてよいという保証は何も無いのに，それらの数値を用いて立派に諸法則を打ち立てることができる．それは何故か説明は難しいが，どのような集合を作ってもその平均的形質値が等しければ，あるいは実用的な近似性をもって平均値が等しければ，このような集合では数量が諸形質量に比例する．このような場合に形質が**量子化**されたと本著では説明する．

　次には，糖はどのように維管束中で移動するのか検討する．

† 図2−179　テンサイ：葉柄中の^{14}Cの移動速度　†

　$^{14}CO_2$を供与して光合成を行わせた後，0.006molのATP溶液に葉身を浸し

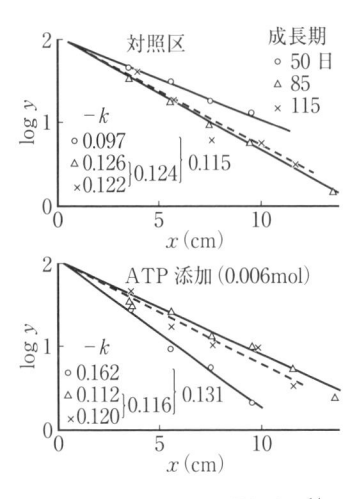

てATPを浸透させた．ATP（有機化合物）＝エネルギー源の添加をして，光合成生産物が葉鞘維管束中で移動する速度を調べたもので，濃度が $\dfrac{\text{ガイガー計数}}{\text{乾物重}}$ で表されている．まず，崩壊式が予想されるので作図すると，葉柄入口（葉身との境）における濃度が推定できるので，濃度をそれに対する％で表して対照区，ATP添加区別に示すと図のとおりである．

成長50日目ではATP添加によってkの値が変わり，kの値が他の場合と著しく違っており，今その理由の説明ができないので，成長50日目を除外する．この実験が20℃で行われたとして，温度が一定であればkの値は常に一定と考えられるから，成長85日目，115日目の平均を取れば，ATP添加によってkの値は変化していない．そこで，4個のkの平均を用いると，式は，

$$\log y = 2 - 0.12x$$

初濃度の50％になる距離xを求めると，

$$1.699 = 2 - 0.12x, \quad x = \dfrac{2.51\text{cm}}{35\text{min}}$$

仮にこれを維管束中の平均移動距離とすると，経過時間は35min = 2100sであるから，

$$\overline{V} = 2.51\text{cm} \div 2100 = 12.0 \times 10^{-4}\text{cm/s}$$

図2-179 テンサイ：葉柄中の^{14}Cの移動速度

この速度はスクロース，グルコースの単分子の水中の並進速度（表2-5により，それぞれ27.5, 30.6×10^{-4}/s）とは一致しない．そこで図2-161を見れば，冬植物3種の20℃における原形質流動速度の平均は0.57cm/s÷450（顕微鏡の倍率）= 12.7×10^{-4}cm/sでこの値と一致するから，維管束中で移動する糖は原形質流動に乗って移動していると見るべきである．

次に，ATP添加の影響を調べてみよう．

① ATPを添加しても葉柄中の^{14}Cの移動速度の平均は変化しないが，何故

表2-9　テンサイ：カウント数/新鮮重g（35分間）

項目	成長期					
	50日		85日		115日	
	対照区	ATP区	対照区	ATP区	対照区	ATP区
葉身	121,579	131,695	248,157	224,088	96,037	108,581
葉柄入口	940	19,000	8,300	10,000	220	430
入口/葉身比	0.00773	0.144	0.0334	0.0446	0.00229	0.00396
	1	18.6	1	1.34	1	1.73

であろうか．ATPが添加された部位は葉身であって葉柄ではないから，葉柄中の移動には関係が無い．言うまでもなく，葉とは関係無く葉柄中にもATPは生成されて存在する．

②それなら，葉身の中で何が起こっているのであろうか．ATPのエネルギー源はグルコースまたはスクロースである．故に，ATPを添加すれば基質の消耗量はそれだけ少なくなり，結果として糖の残存量はATP不添加の場合よりも多くなるであろう．今，ATP添加によって移動用以外の呼吸エネルギーのすべてが節約されたと仮定する．温度や$V_θ$式が不明であるから，仮に図2-86に示したイネの暗中における移動用エネルギーを除いたエネルギーの割合=0.35を借用し，この量が節約されたと見積れば，糖の残存量の$\frac{添加区}{不添加区}$の比は，
$$y = \frac{1}{1-0.35} = 1.54$$

表2-9で，成長50日目を除くと，葉柄入口における濃度の平均倍率は$\frac{1.34+1.73}{2}=1.54$で，上の数値と一致する．これから推察されることは，葉柄入口における濃度の高まりはATP添加によって移動速度が速くなった結果ではなく，葉身における濃度の高まりを反映したものであろう．

10.12　根からの物質の吸収・移動

† 図2-180　イオンの吸収　†

この資料には各種のイオンの吸収の理論が紹介されているが，その中でデータのはっきりしている若干例を取り出して検討してみよう．

《図2-180A：コムギの根におけるKCNによる吸収阻害》

KCNは呼吸阻害剤である．一方，物質吸収には呼吸エネルギーを必要とするから，KCNによる吸収阻害量と呼吸阻害量とは比例するはずである．図によると，大体そのようになっているが，呼吸量の変化に大きなばらつきが見える．図の2直線は平行に引いてある．

《図2-180B：オオムギの切断根における[K]$_{環境}$と[K]$_{吸収}$との関係》

密度(1)式である．資料ではMichaelis-Menten式で考えられている．密度(1)式である事を確かめるためにエンバクの根についても調べてある．ただし，この場合の環境の[K]量の所はKClと読み替えなければならない．

さて，密度(1)式である事には問題が無い．問題は[K]$_{環境}$が小さいときと大きいときで勾配kの同じ2直線が現れている点である．その理由はよくわからないが，資料の説明によると，細胞にある細胞膜と液胞膜（tonoplast）の二つの違った抵抗が現れているということである．もし，そうであるなら，図中に縦線で示したものが両膜の抵抗差である．エンバクの根でも同様の現象が起きているが，図では低濃度の所が省略されており，飽和したvの大きさだけが横線で示されている．そのほか，多くの植物に広くこの現象が観察されているとのことであるから，これはごく一般的現象なのであろう．

ここで，再び密度(1)式の説明をしておく．吸収膜には原子，分子，イオンなどを通す微細な通路がある．実験中はこの微細孔の数密度は一定である．今，溶質がここを通過しようとすれば，通過できる分子

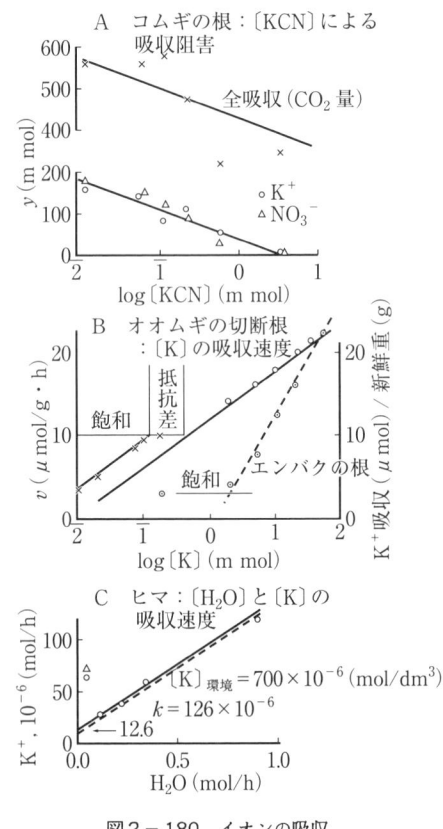

図2-180 イオンの吸収

（原子, イオン）はこの微細孔とちょうど衝突した分子に限られる．その衝突の機会は密度（1）式に表されている．故に，吸収面が葉であれ根であれ，微細孔を通過する物質がイオンであれ分子であれ，密度（1）式に従う．これから明らかなように，**生体膜**は単なるふるいと見なしているのであるが，今までのところこれに基づく説明に少しも不都合な事は起こっていない．

《図2-180C：ヒマにおけるH_2Oと［K］の吸収速度》

ファイトトロン（環境制御装置の一種）で相対湿度を変化させ，蒸発量を変化させたときH_2Oと［K］の移動量の関係は，図のとおりに直線式である．資料にある図ではH_2O量はgで表されているが，分子の動きを見るために，モル表示に改められている．図によると，水量＝0のとき約$14\,\mu$ molの［K］が吸収されている．

さて，［K］は溶液として吸収されているかのように見えるが，果たしてそうであろうか．それは簡単に確かめることができる．

溶液（環境）：モル比 $\dfrac{[K]}{H_2O} = \dfrac{700\times 10^{-6}}{55.6} = 12.6\times 10^{-6}$

移動（吸収）：モル比 $\dfrac{[K]}{H_2O} = k = 126\times 10^{-6}$

よって，［K］はH_2Oよりも10倍速く吸収されている．これによって，［K］は溶液として吸収されているのではないことは明らかである．それではこの10倍とは何であろうか．蒸散ないしは水流＝0でも吸収が行われている．これは，今まで調べてきた現象と同じで原形質流動によって吸収されるものであり，水流とは何の関係も無い．ここで考えなければならない事は，体内に吸収された［A］（原子を表す）は水流となって移動するという事である．故に，原形質流動によって吸収された量は水流量に比例して移動するから，膜面の内側は常に［A］は持ち去られており，その量に比例して溶液中の［A］が膜の外側へ移動してきて，膜の通過速度は膜の内外における［A］の密度差＝濃度差に比例する．よって，次式が得られる．

$[K]_{吸収} = (C + k\log[K]_{環境})[H_2O]_{蒸散}$　　（1）

そうすると，水量＝0における吸収量は12.6でなければならない．それは図中破線で示してあるような直線でなければならないという事である．実験誤差を考えれば破線のとおりに直線を引いてもおかしくないであろう．すな

わち，上式は成り立っている．

そうすると，この式に温度条件を入れると，土中，水中から［A］を吸収するメカニズムのすべてを記述する重要な式になる事がわかる．通常遭遇する温度条件 $\theta < \theta_{\text{opt}}$ の領域では原形質流動エネルギーは $e^{k\theta}$ である（図2－155，156，161）から，式（1）は次のように書くことができる．

$$[A]_{吸収} = e^{k\theta}(C_A + k_A \log_e x_A)(C_P + k_P \log_e P) \quad (2)$$

①式の右辺は植物体 Y の成長量に比例するから，

$$[A]_{吸収} \propto Y \propto y（部分量）\quad (3)$$

②［N］を施用すると Y が大になるから，次の現象の説明が容易にできる．［N］しか施用しないのに［N］以外の［A］の吸収量が増加する事の説明は難問であったが，今は次のように説明することができる．

［N］の増加→葉緑体数の増加→ Y の増加→［A］の増加

③式（2）の右辺は蒸散（発）量を表している．蒸散量＝道管流量．故に，

$$[A]_{吸収} \propto 道管流量 \propto 蒸散量 ≒ 蒸発量 \quad (4)$$

一般に，土中，水中の［A］の濃度は極めて低いが，蒸散流を利用する事によって吸収速度が水流速度まで高められ，一方，$H_2O_気$ を体外へ排水する事によって，体内の［A］の濃度が高まる．故に，一言で言い表せば，

「道管は太陽エネルギーを利用する吸い上げ濃縮器官である．」

④以上によって，物質の吸収，移動にはすべてエネルギーを必要とするという説において，

(1) 非光合成系物質は道管流に乗って移動する．
　a．膜内面で原形質（流動）運動エネルギー＝呼吸による自由エネルギー
　b．道管や細胞の中では体水蒸発エネルギー＝光エネルギー
(2) 光合成系物質は師管流に乗って移動する．
　a．膜面では光エネルギー
　b．師管または細胞の中では呼吸による自由エネルギー
(3) 共通して，膜面までの物質分子の移動速度は分子熱運動エネルギーに比例する．
(4) 以上のように，植物成長のエネルギーはすべて太陽エネルギーである．

10. 物質の流れと光合成，エネルギーの流れ　（209）

　以上の説明はこれまでの各章で紹介された，色々な場面における諸現象すべてを合理的に説明するから，成長用物質の吸収＝成長量のすべてを表しているのである．このようにして，**物質吸収・移動理論**がいかに簡明化されたか明らかである．次に1例を示す．

† 図2-181 イネ：冷害と[A]の吸収 †

　1941年に東北地方に出現した冷害時に，青森，岩手，宮城の3県から被害株を集めて不稔％とわらの含有する[A]％との関係が調べられた．品種による差は認められないと言っているので，すべての材料の平均値を求める．不稔％はごく大まかな表示で，0～10，10～30，30～50，50～70，70～90のように表されているので，その中央値をもって不稔％とする．しかし，今必要なのは稔％である．

　さて，次の仮説をおく．低温によってわらに存在する[A]量は穂に移行できなかった残留量であるから，わら中の含有率と子実中の含有率とは比例する．よって，

　　子実の含有[A] ∝ わらの[A]％ × 稔％

一方，花数は一定であるから，稔％は子実収量である．故に，

　　$\log [A]_{子実} \propto \log(子実重) \propto \log(稔\%)$

図Aにその結果が示されている．原子種によって勾配の大きさが違っている．

　　[K] ≒ [Si] ＞ [Ca] ≒ [P] ＞ [N]

図Bには[N]％と稔％との関係が示されており，[N]％が高いほど稔％は低い．これは，経験的にも知られている．

　図Cには低温遭遇直前の[N]％と稔％との関係を示す．北海道十勝地方で1965年に出現した不稔％から稔％を求めて計算したものである．

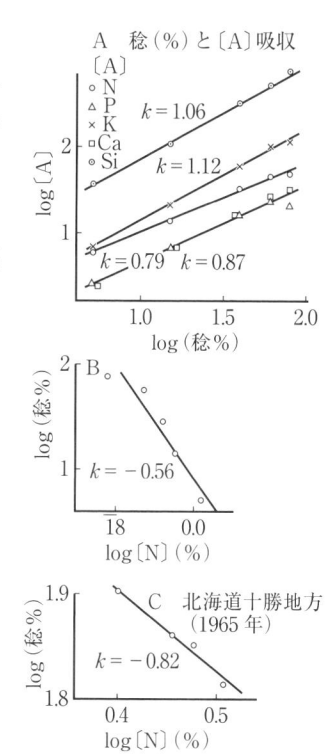

図2-181 イネ：冷害と[A]の吸収

10.13 まとめ

　本節では，成長は成長用物質の集積を指しているから，成長速度とは成長用物質の移動速度のことである．移動速度に関係する事項として，物質移動空間，物質分子の移動速度，移動のためのエネルギーについて検討された．

　1) 溶質分子の水中移動速度と球としたときの半径が調べられた．生体膜は完全な半透膜ではなく，分子量の小さい分子（イオン）は透過（吸収）できる．成長用物質の吸収には吸収量に比例する呼吸エネルギーが必要である．後出4) に示すとおり，この呼吸は原形質流動のための自由エネルギー生成反応である．

　2) 浸透圧現象のメカニズムが検討され，浸透圧式として次式が得られ，van't Hoffの式が簡明化された．

$$P = 22.4 \times \frac{T}{273}M, \quad P：浸透圧 \text{atm}, \quad T：絶対温度, \quad M：体積モル濃度$$

$H_2O_気$ は 20℃で水に 10^{-3} mol/l = 0.018g/l 溶解している．

　3) $H_2O_液$ が植物体内で上昇するメカニズムとして維管束の不連続性の仮説が示された．植物体内における水溶液の上昇は太陽エネルギーによって起こっている．

　4) 細胞質運動，いわゆる原形質流動にはエネルギーが必要である．イネでは原形質流動における θ_0, θ_{opt}, θ_{00} は成長温度速度式（V_θ式）のそれに等しく，原形質流動のエネルギーは呼吸エネルギーに比例する．

　5) CO_2 1分子と $H_2O_液$ 4分子の集合モデルによって CO_2 合成のメカニズムが探求され，平均光子エネルギー $(\bar{E}_p)$ = 56kcal/mol, 光子要求数 = 1 が得られた．また，光合成の最初の生成物を CH_2O（ホルムアルデヒド）とする仮説が示された．検討の結果，炭酸同化反応における明反応式は次のように提示された．

$$CO_2 + 4H_2O + \bar{E}_p (56\text{kcal}) \rightarrow CH_2O + O_2 + 3H_2O$$

　6) グルコース，$(CH_2O)_6$ の分解反応ではグルコース→ATPの自由エネルギー生成率（呼吸率）は0.38であり，これから推定すると，CH_2O→糖の縮合重合にはグルコースの自由エネルギー量に対してかなり大きな割合のエネ

ギーが使われる.

$(CH_2O)_6$を輸送するために行う呼吸によって生成されるCO_2は光合成中は葉緑体へ回送されて光合成に使われるから,CO_2の生成と消費は相殺されて,光合成中は見えない.

7) 蒸散は植物体水の蒸発であり,次の関係が成り立つ.

CO_2光合成速度∝気孔の水蒸発速度∝気孔開度∝孔辺細胞における浸透圧∝$\log P$

8) 葉の水分含量と光合成量との間に比例関係がある.

9) 蒸散の積算量はS成長速度式に従って増加する.要水量の値から自由エネルギー獲得率を算出すると,1％前後に過ぎない.

植物では植物体の冷却のために水蒸発がなされており,光エネルギーの大部分がそのために消費されている.

10) 維管束数の成長が調べられ,重量成長量∝水蒸散量∝維管束数の関係が認められた.ここで重量と数が比例することから,仮説として「形質量間の調和性」が示された.

糖は維管束中では原形質流動に乗って移動することが確かめられた.

11) 成長用物質の吸収理論が以下のように簡明化された.

①成長用物質は分子であれイオンであれ密度(1)式に従って吸収される.

②成長用物質の吸収,同化量はすべて成長全量(個体重)に比例する.故に[N]だけを施肥しても同時に施用していない[A]までも吸収される.

③個体の成長にはエネルギーを使う.故に[A]の吸収にもエネルギーを使うが,そのエネルギーは原形質(細胞質)運動エネルギーである.

④一旦体内に吸収された[A]は水溶液となって移動する.故に,

[A]∝Y∝蒸散量∝$\log P$(光エネルギー)

⑤上記④の法則により[A]はS成長速度式に従って増加する.

⑥吸収された[A]の体内における分布＝分配は部分重を用いる限りすべてべき関数式に従う.

⑦物質の吸収,移動には必ずエネルギーを必要とする.そのエネルギーは自然においてはすべて太陽エネルギーに依存している.

11. 反　復

11.1　連作による収量の低下

　農業では毎年同じ場所に植物が繰り返して栽培されており，同種の植物の場合には連作と言い，時には収量が減少することがある．これを**連作障害**とか嫌地（いやぢ）などと言う．以下に幾つかの例で繰り返し（**反復**）の影響を調べてみよう．

† 　図2－182　エンドウ：連作による子実収量の漸減と木灰施用の効果　†

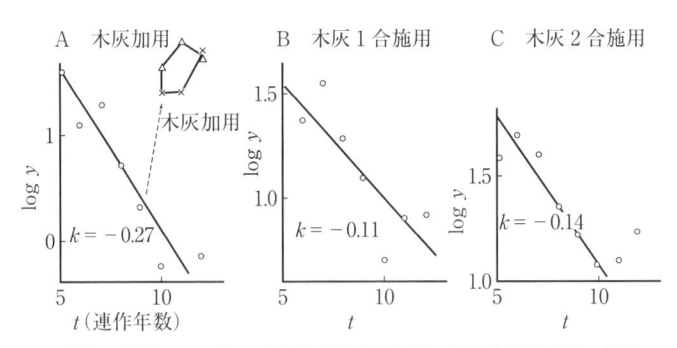

図2－182　エンドウ：連作による子実収量の漸減と木灰施用の効果

　マメ科には嫌地植物とされているものが多い．図に示すように子実収量は崩壊（時間）式に従って減少している．図Cでは収量は回復しかかっているように見えるが，ばらつきもあって確かな事は言えない．木灰施用区は勾配が明らかに小さいが，木灰施用量との関係は明らかでない．木灰の施用が減収を少なくする事は$t=9$のときに加用すると収量が完全に回復している事から明らかである（図A）．

　故に，この場合には連作によって木灰成分の欠乏が起こったのが減収の原因だと考えてよさそうである．

† 　図2－183　カーネーション：肥料の連用と切り花数の低下　†

　NPKの比が15－15－15のIB肥料を連用したとき花数が漸減した．崩壊

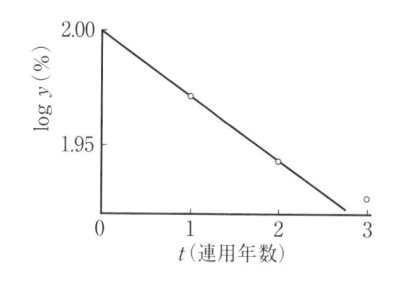

図2-183 カーネーション：肥料の連用と切り花数の低下

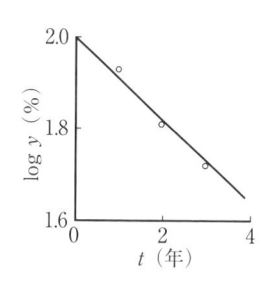

図2-184 数種の植物の平均収量：連作による収量低下

（時間）式に従う．資料によると，pHが高くなり，Ca, Mgが減少するからであるという．

† 図2-184 数種の植物の平均収量：連作による収量低下 †

畑作物の連用のデータは変動が大きいので，平均値を用いる．データは陸稲とサツマイモ：農事試(1963)，ダイズ：北海道農試(1964)，ラッカセイ：千葉農試(1964)である．ただし，ダイズの2年目の収量が114％となっているので除外してある．図のように崩壊（時間）式に従って漸減している．

† 図2-185 3種の植物：開墾後の収量の低下 †

Algeriaにおける実験である．図Aでは施肥の有無は不明であるが，多分，施肥はしていないであろう．そうであるなら，これは，いわゆる地力の低下速度を見ているのである．子実重の低下は崩壊（時間）式のようである．図Bにはより良い適合例が示されている．一定量の施肥を続けると収量は高く，一定となっている．この場合の収量低下は連作障害と言うべきではない．

さて，連作の実験例は決して少ないとは言えないが，実験年数が短いこと，特に畑植物では雨量の変動に収量が大きく左右される事などによって信頼性の高い資料は意

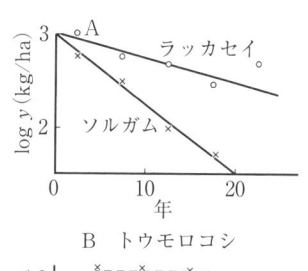

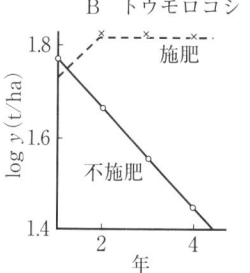

図2-185 3種の植物：開墾後の収量の低下

(214) 2章 植物の成長現象の解析

外に少ない．連作障害説には色々あり，大別すると①有害物質の集積，②成長用物質の欠乏，③地中に居る線虫などの有害生物の増加などがある．植物の種類によっては**仲間排斥**や**他種排斥**などの現象があり，そのためにある種の物質を排出している場合すら知られている．一方，畑土を湛水して還元状態にすると，多くの場合に連作障害が解消する事も知られている．一般的に連作障害には一つの定説はない．原因は複数あるのであろうが，収量低下の様子は現象としては至って簡単なようである．

11.2 自殖による収量の低下

† 図2−186 トウモロコシ：自殖回数（世代）と収量低下（Jones） †

高等植物には自家受粉をするものと他家受粉をするものとがある．トウモロコシは他家受粉をする植物であって，自家受粉＝**自殖**を続けてゆくと子実重量が低下する植物としてよく知られている．今，30世代にわたってそれを調べたデータがある．3系統の平均値を用いると崩壊（時間）式が適用される．y_{min} があるかどうか不明であるが，y_{min} としてもおかしくない程の収量，20％の所に仮の横破線を引いておいた．

† 図2−187 イネ：F_1の子実収量 †

イネは典型的な自殖植物である．図によると3年で y_{min}，すなわち元に帰っている．故に，F_1 の多収性は2代しか続いていないが，とにかく他家受精によって増収することがある事は確かなようである．

さて，自殖による減収の様子は植物の種類によって違うと言われている．他花受精，他家受精の植物でも自殖によって減収しないものがあるとのことである．また，自家受精植物では自殖によって減収は起こっていないとされ

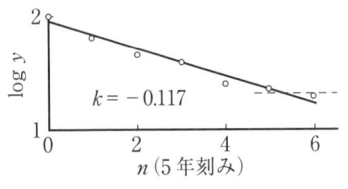

図2−186 トウモロコシ：自殖回数（世代）と収量低下（Jones）

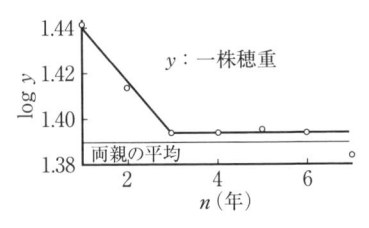

図2−187 イネ：F_1の子実収量

ているが, 他家受精を強制すると増収する例も今見たとおりである.

自殖による収量その他の形質量の低下を逆にたどれば, 自殖しないとき, すなわち他殖すれば形質量は大となる. この現象を**ヘテロシス**(heterosis), **雑種強勢**(hybrid vigor) などと言う.

何故, 雑種であることが形質量を多くするのであろうか. 諸説があるが, 現在ほぼ定説となっているのは, ①対立遺伝子の相互作用, ②優れた形質が優性であるときに両親からきた遺伝子が共存すること, すなわち倍化すること, などによって説明しているものである.

以上の論議によれば, すべての高等植物で他殖の方が成長量が大とならなければならない. それなら, 自殖植物では自殖を続けても減収しないのは何故であろうか. 多分こうである. y_{min} の大きさが自殖植物では大きく, 他殖植物では小さいと考えればよいであろう. トウモロコシでは y_{min} の存在がわからないほど y_{min} が小さいらしく, イネではすぐ元に戻るほど y_{min} が大きい.

11.3 まとめ

1) 連作による収量の低下は崩壊 (時間) 式に従う.

2) 自殖による収量の低下は崩壊 (時間) 式に従う. 自殖を続けると減収する他殖植物とそれほど減収しない自殖植物があるが, y_{min} の大きさが自殖植物 > 他殖植物であるからであろう.

12. 寿 命

12.1 寿命の分布

種子が発芽しなくなるまでの時間, 生存期間を仮に種子の**寿命**と呼ぶ. 寿命の長さは植物の種類によって非常に違いがある. 寿命は種子生成, 保存などの環境によっても大きく変動する. これには温度や湿度が関係している. 一方, 休眠性の強い種子や種皮が吸水しない「硬実」は容易に発芽しないが, これは寿命が長いと見られないこともない. 実際の場面では病虫害の有無,

多少なども種子の寿命に影響している．

† 図2－188 高等植物：種子の寿命 †

資料は，飼料用種子20種類の風乾種子を紙袋に入れて室内に保存しておき，経時的に発芽率（y）が低下してゆく様子を調べたものである．発芽率の高低の代表的な4種を選んで図Aに示した．このとき，$t=0$における発芽率は不明で，100％と仮定しているようであるが，経験的に言って，そのように仮定することはできない．従って，1年目における発芽率の低下が時間の経過だけによるものかどうか不確かである．この内，硬実性のアルファルファだけが特異的な形をしているのでこれを除くと，残りの19種類では変化は相似的である．そこで，1年目の数値を初年目の数値100％と見なして全種類の平均値を求める．その結果が図Bに示してある．

一般に，1個の種子重は大順，S分布式（1）e^{-kx}型の分布をしている（2章4）．x（級）が大になるほど一粒重は軽くなり，不完全粒が増加し，その極値は完全不稔粒である．そのような種子は発芽能力が低く，死にやすいことは経験的に見て，ほぼ確かなことである．ただし，この資料の種子は風選などによって選別されたものであろう．

それはさておき，種子重と寿命とは比例するという仮定をおくことができる．そうすると，種子の**寿命分布**は種子重と同じ大順，e^{-kx}型であろうが，C図にそれが示されている．

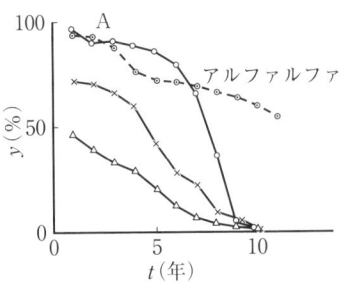

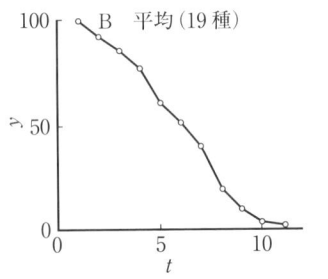

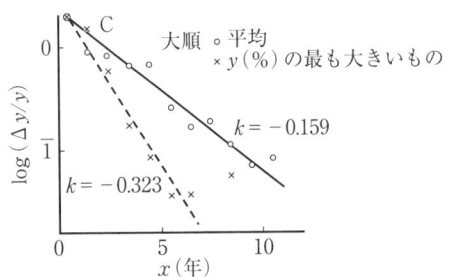

図2－188 高等植物：種子の寿命

12.2 遺伝子の休眠―覚醒仮説

単離細胞を継代培養したときの細胞の数量成長を考える．継代数を N，数量を Y とする．$N_{max} = Y_{max}$ に達した細胞は成長を停止し，やがては死ぬというのが一般的法則である．しかし，ある原因によって，集合中の一部の細胞が再生し，成長を再開することがある．このような現象は決して珍しいことではない．生物体の細胞はすべて同一量の遺伝子を持っているにもかかわらず，成長時期によって特定の遺伝子が活動しないで不活性化している．これを簡単に「遺伝子の休眠」と呼んでおく．この休眠性が無いならば器官，組織などの分化は起こり得ない．

単細胞分裂菌には，このメカニズムが備わっていないから，どれ程細胞が集まっても器官等を形成することができないと考える．高等植物では，この休眠性が周期的に起こり，あるいは特定の遺伝子が周期的に覚醒する．細胞内小器官，葉，茎，節などの出現は，その典型的現象である．これは，休眠と覚醒が交互に起こっている証拠であろう．

休眠を支配するには，遺伝子の不活性化を支配する遺伝子が存在しなければならない．メンデル遺伝学における優性・劣性の法則は，このような遺伝子の存在を仮定しなければ説明し得ないのではないか．周期的現象を説明するためには，他方で覚醒をつかさどる遺伝子が存在しなければならない．故に，**遺伝子の休眠―覚醒仮説**に到達する．

ここで，休眠―覚醒性が絶対不可逆ではないと仮定すると，植物の挿し木のように葉，節などから完全植物が再生するし，カルス（calus）培養でその中にある細胞が可逆反応を起こせば挿し木と同様に完全植物体が再現するであろう．故に，遺伝子の集合中には休眠―覚醒遺伝子が存在すると仮定する．

12.3 生物の保存：寿命の延長

近年，種子，精子，時には組織片などの長期間保存，あるいは延命の方法が発見され，実用化されている．そこで，その事について若干触れておこう．

まず，本著では生命現象を次のように考えている．

「生命は原子，分子の集合が持つ属性である」

この属性とは，例えば O_2 と H_2 が結合して出現する H_2O の性質を指す．O_2 と H_2 の性質をどんなに調べても H_2O の性質は出てこないが，そのような性質を指している．

この原子，分子の集合の主な担い手は遺伝子の集合＝ゲノムであるが，自己成長が起こるためには，これを取り囲む膜がなければならない．この膜を含めると，生命の単位は細胞ということになる．すなわち，

「生命の最小単位は細胞である」

この定義は最も広く受け入れられているものであるが，このように定義すると，細胞を分解して，これこそ生命であるというようなものを取り出す事ができるであろうかという疑問を打ち消すことができない．

既に見てきたように，運動している生命現象は熱力学的現象として捕えられているが，動かない細胞を見ただけでは，これが生きているか否かはわからない．これが動いたとき生きている，ないしは生命があると認識する．故に，生と死とを分けているものは何かという問題は細胞を始動させるものは何かという問題に帰結するが，それは現在も全くわかっていない．

延命方法には2通りがある．寿命が長いという事は反応速度が遅いという事であり，それには①低温，②乾燥，③休眠が関係している．乾燥は反応が水中で起きている事に関係する．全く水が無ければ反応が進まない事は明らかである．休眠は，硬実では吸水不能によるが，一般には種皮の酸素の吸収阻害などによるようである．古代ハスの種子の長寿命には休眠が関与していたであろう．

また，生物が示す現象にはすべてエネルギーが必要である．エネルギーには，①気温，水温によって得られる熱エネルギー，②呼吸(1)式，③呼吸(2)式の3種がある．呼吸エネルギーは生物の主要な構成物質である呼吸基質を分解，崩壊させる事によって生成される．

故に，成長はすべて温度依存の反応であるが，成長期間の長さが寿命であるから結局，寿命の長短は温度依存性の問題である．この事から，寿命は温度が高いほど短く，温度が低いほど長いという関係があることがわかる．

そこで，呼吸について考える．

①成長中の呼吸は呼吸 (2) 式で，$\theta\,e^{k\theta} = Te^{-A/RT}$ である．そこで，温度 θ_0 以下になると呼吸 (2) 式＝0となり，この生物は死ぬ．何故なら，成長の条件は呼吸 (2) 式であって，$\theta < 0$ において呼吸＝0，自由エネルギー＝0となるからである．それ故，成長中の生物，今は植物を考えているが延命の方法は温度を高い方から θ_0 に近付けてゆき，成長速度を0に近付ける事である．結果として成長期間は長くなり，寿命は長くなる．一般的には，この現象を生育の遅延と言っている．

②次に $y_{\max}$，$N_{\max}$ に達した生物を考える．これは完全に呼吸 (1) 式になっているから，成長用物質の流入に関係する θ は消えて，$e^{k\theta}$ だけが残っている．故に，温度が θ_0 以下になっても死ぬことはない．そして，呼吸 (1) 式＝$e^{-A/RT}$ であって，低温の領域に大きく，$T = 0K$（$-273℃$）まで拡大され，その時の呼吸≒0，分子運動≒0の状態まで達し得る．この時，寿命≒∞である．

実例としては，ある種の胞子，種子，休眠芽などは成長中の成体と比べると低温，乾燥に対して強い．これを，耐寒性，耐乾性が強いと言う．ヘリウム（沸点 $-278.9℃$）にも耐える生物が有るとのことである．この内，休眠芽や種子は実は成長を停止した**休眠**成体である．種子の胚には子葉や数枚の葉が生成されていて，成体である．

種子の重量成長はS成長で $y_{\max}$ に達した後に休眠に入ったのである．故に，耐寒性を高める条件は，次のとおりである．

①$y_{\max}$（$N_{\max}$）に達している．呼吸は呼吸 (1) 式である．

②休眠している．体内の物理化学的反応はほとんど停止している．**休眠**とは成長用物質の流入が不要となり，呼吸 (2) 式→呼吸 (1) 式の変化をしているという事である．

③乾燥している．物理化学的反応は H_2O が無いと起こり得ない．

種子の乾燥が良いと保存寿命が非常に長くなる事はわかっており，種子の貯蔵技術の一つとして確立されている．反対に乾燥が悪いと種子の寿命が短くなる事は古くから知られている．なお，普通に生きているものを乾燥する事は不可能であるから，条件③は条件②を前提としている．

12.4 超長寿の植物

　近年，数百〜数千年齢の樹木の発見が続いている．何故このように長寿であり得るのか．

　①孤立木である．集合を成している樹木では，優性種が y_{max} ＝極相（climax）の時期を過ぎると，死が始まって新しい種類と交替するようである．これを**遷移**と言う．原生林と呼ばれている森林はあちこちに在るようであるが，地球の歴史から見ればごく最近の事で，やはり交替したある世代を仮にそう呼んでいるに過ぎない．多くの超長寿樹木は孤立している．

　②孤立個体でもS成長をしているはずであるから y_{max}，t_m があり，それ以後は崩壊するが，e^{-kt} の k の値は小さいはずで，ゆっくり死に近付いてゆくであろう．なお，吸水速度と体成長との関係からも y_{max} が存在する事は間違いないと思われる．

　③体の大部分は死んでいて，生きている部分は比較的少ない．極相から通覧すると，時間とともに細胞の集合は小さくなってゆくように見える．少なくとも数百〜数千年も成長した割には質量が小さい．特に，不活性化した木部が大部分で，活性部分は少なくなっている．

　④樹木は，挿し木でもわかるように，体の一部分を植え継ぎしてゆけば，寿命は永久に続く．故に，体の一部が死んでも，それよりも小さい他の部分から芽が出れば，これは一種の挿し木のようなものであるから，成長は引き続いてゆく．**ひこばえ**と呼ばれるのがこれである．このように見てくると，地下からの成長用物質の通路＝維管束の寿命が個体の寿命を決定する事になる．この維管束は体の中では最も非生物的な器官，組織であり，その寿命は長寿であろうと考えられる．ひこばえからは新しい根が出るから，老木の若返りに役立つ．

12.5 まとめ

1) 高等植物の種子の寿命の分布は，種子重の分布と同様に，大順，S 分布 (1) 式 e^{-kx} 型である．

2) 単離細胞の継代培養における老化過程や挿し木による再生，カルス培養などの現象を通じて，細胞増殖中の「遺伝子の休眠―覚醒仮説」が提出された（3章13参照）．

3) 細胞等の低温保存について検討され，まず，活動中の寿命と不活動中の寿命とは別のものであると定義され，保存寿命は呼吸 (1) 式に完全に依存するものであるとされた．その結果，低（冷）温保存が可能な条件として，① $y_{\max}$ に達している単細胞や多細胞体，②休眠中，③乾燥が挙げられた．

4) 孤立した永年植物には若返りの機能があり得るので，非常に長寿であり得ると推察された．この場合でも，集合すると崩壊死が起こる．

3章　成長現象の関数化の効用

この章では成長現象の関数化によって解明された新知見の事例を幾つか列挙しておく．

1．植物界における競争説の否定

これは1章1.4の分配式に関する議論である．

競争 (competition) 説は生物を通じて論じられているものであるが，今は植物に限定して考える．競争は異種間だけでなく同種間，さらに単一品種の集合の中でも起こっていると考えられることが多い．本著では競争説は採らない．その理由は，環境量の分配は物理的法則，すなわち密度にかかわる関数式の一つである分配式に従っているからである．また，成長速度の速いものと遅いものを混植すれば速いものの方が成長量が大きくなるのは当然で，その量は測定できるもので，特殊な競争力というような概念を導入する必要は全くない．

すなわち，集合における相互作用は環境量の配分という，単なる物理現象である．故に，生物特有な現象とする観念的で，しかも極めて根強い競争説は控え目に見ても植物界では排除される．

2．形質変異への正規分布式適用に対する疑問

2章4.3で記述したように，植物の集合では知られている限り**正規分布**をしている例は無く．植物の集合に正規分布式を適用することに疑問を抱いた．しかもその項で検討したように，植物の集合にはS分布式の4型のいずれかが適合することが明らかであり，正規分布に基礎を置いた諸理論は再構築を迫られることになるであろう．これに関連して一事例を取り上げる．

† 図3-1 コムギ｜野生カラスムギ：コムギの子実収量の減少 †

カナダで行われた実験で，前作に施肥したあと地と不施肥のあと地でコムギが栽培された．コムギの減収量は図のように，施肥あと地，不施肥あと地とも密度(2)式に従う．表3-1にある「計算値」は図の直線から読み取った子実収量である．表には実際の各区の子実収量と正規分布式から判定した有意差がa～jの記号で示されている．

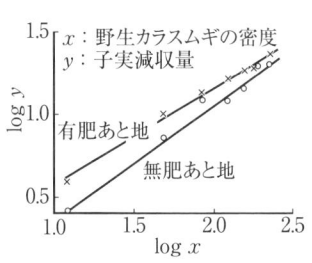

図3-1 コムギ｜野生カラスムギ：コムギの子実収量の減少

この判定にどのような意味があるのであろうか．密度(2)式が適合することがわかり，計算値が得られることで実験結果は十分に解析されたことになると思われるが，どうであろうか．

表3-1 コムギの子実収量

密度 x	有肥あと地			無肥あと地		
	計算値 y	実収量 y:kg	判定	計算値 y	実収量 y:kg	判定
0	44.9	44.9	a	44.2	44.2	ab
12	42.3	42.3	abc	39.9	39.3	bcd
48	38.2	37.7	cde	34.9	34.2	def
84	34.7	32.5	efg	31.0	31.1	fg
120	32.0	32.9	efg	28.3	27.9	ghi
156	29.4	30.5	fgh	26.0	25.6	hij
191	27.1	25.5	hi	23.3	24.9	ij
227	24.9	25.2	i	20.8	20.9	i

注1) 収量は3年間の平均値．
2) 判定の同符号は5％水準で有意差無し．

3．イネの成長温度速度式 (V_θ) の作成

2章6.1でイネの**成長温度速度式**を求めたが，その内容を要約して示す．
　温度とイネの発芽速度，幼芽伸長速度，出葉速度のデータを用いて，成長開始温度$\theta_0 = 8.5$℃，高温で成長が停止する温度$\theta_{00} = 46.5$℃を決めて求めた

V_θ 式 (早見図：図 2 - 73) は,

$$V_\theta = 0.0263\,\theta\,(1 - 10^{1.480(0.0263\theta-1)}), \quad \theta : イネの生物温度 (温度 - 8.5℃)$$

この式にはグルコースの生成速度とその呼吸分解速度とが組み込まれている．

4. イネの障害型冷害のメカニズムの解明

これは 2 章 6 の呼吸温度に関連した反応の問題である．ここで取り上げる**障害型冷害**はイネの幼穂の形成中ないしは成長中の花粉が低温によって機能を失う**低気温障害**の現象である．これは外観上不稔粒として観察され，障害の程度は不稔％で表示されることが普通であり，障害不稔と呼ばれている．

穂の成長中の違った時期に 17℃，6 日間の低温処理を行ったときに出現した不稔％を調べたデータがある (水稲栽培の理論と実際，農業技術協会)．出穂前 20〜14 日の 6 日間の処理から不稔が出現し，減数分裂期を中心に不稔が多発生した．

さて，低温によって不稔が発生するのは成長用物質の輸送量が低温によって低下するからだと考えられる．成長用物質の輸送量は呼吸量に比例するから低温になると輸送量が小さくなることは明らかであるが，何故に 17℃ という高い温度で障害が起こるのか．研究の結果では，花粉形成の障害が起こることによるが，通常の体細胞であれば 8.5℃ が低温限界であるのに，17℃ は余りにも高すぎる．以下，そのメカニズムを考えてみる．

イネの低温感受性の最も高い時期は出穂の 10〜11 日前を中心とする数日間で，佐竹徹夫ら (1970) によって花粉母細胞の減数分裂期の 1〜1.5 日後に経過する四分子期〜小胞子期が感受性の最も高い時期であることが突き止められた．これは，酒井寛一 (1937) の，花粉母細胞の 2 回の分裂が乱されて多核性の異常花粉が生じるという観察と符合する．

問題は不稔発生の限界気温であり，施肥などの栽培条件によっても影響されるが，耐冷性の強い品種では平均気温 15〜17℃ くらい，弱い品種では 17〜19℃ くらいで，平均的には 17℃ 前後だと言われる．

2章6.1で記載されたイネの成長温度速度式 V_0 を見ると，θ_0（体細胞の0度），すなわち8.5℃においても $10^{-1.480}$ mol のグルコースの分解呼吸が行われている．花粉母細胞の分裂では一挙に2回の分裂が起こるので，体細胞の分裂の場合よりも大きいエネルギーが必要である．この2回の分裂は連続して起こり，あたかも1個の細胞が4分裂するかのようであるから，この現象には倍化（1）式を適用する必要があり，次式が成り立つであろう．

$$10^{1.480(0.0263\theta_0-1)} = 2(1+\log 2) \times 10^{-1.480}, \quad \theta_0：花粉母細胞の分裂開始温度（℃）$$

これから求められる θ_0 が花粉母細胞1個が花粉4分子に分裂する反応の完結に必要な最小エネルギーを生成する温度である．

この式から対数を用いて θ_0（花粉の0度）を求めると，

θ_0（花粉）＝ 10.7（生物温度）＝ 10.7 + 8.5 = 19.2 ≒ 19℃

つまり，ちょうど障害不稔を起こさない限界温度は約19℃である．今，日平均気温は日最高気温より5℃ほど低いとすれば，日平均気温17℃の日は日中の数時間を除けば19℃以下で経過することが多いと思われ，得られた値は実態とほぼ符合するとしてよいであろう．

このように，花粉形成の4分子期では低温による成長用物質の輸送量の低下が花粉形成の障害を引き起こすと推定された．上記の酒井寛一の観察で見られた多核性の異常花粉は成長用物質の不足によって正常に4分子に分裂できなかった事を如実に示すものである．

上記のメカニズムを補強する事例として，北海道で冷害年に多照地帯では不稔が少ないことがあった．しかし，データとしては手元にないので，ここに花粉形成期の少照による成長用物質の供給不足が不稔を発生させたと認められた事例を示す．

† 図3-2 出穂前20日間における連続9日または10日間の日射量と稔実歩合との相関関係 †

1980年には四国地域でも夏の異常気象によってイネは障害を受けたが，編著者も参加して栽培試験成績を解析した結果，出穂11日前を中心とした9日または10日間の日射量が少ない場合に稔実％が明らかに低下した［金忠男ら，

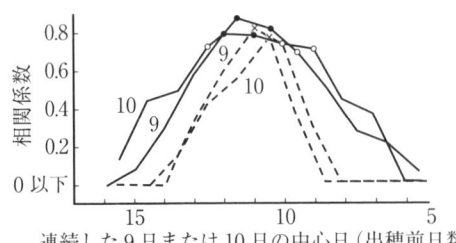

図3-2 出穂前20日間における連続9日または10日間の日射量と稔実歩合との相関関係
注) 図中の数字は連続日数. 2試験の結果をそれぞれ実線, 破線で示した (○または×, ●はそれぞれ5%, 1%水準で有意).

日本作物学会紀事51 (2)].

イネの**障害型冷害**(花粉形成期における低温障害)のメカニズムは上述のように解明されたが, その回避対策となる成長用物質の補給方法の開発が水稲栽培技術研究における今後の課題の一つになると思われる. この面では生育調節剤の開発が期待されるが, これは分子量の小さい成長用物質を冷害危険期にいかにしてイネに吸収させるかという課題であり, 供給方法としては除草剤の発泡剤の形に思い当たるであろう.

5. 高水温における溶存酸素量の推定

2章7.3で記述したように, 蒸気圧と溶存酸素量(mol)との間に関係式が得られている.

$P = 10^3 m$ (25.9℃), P: 気圧 atm, m: 酸素の mol 数

大気中のO_2密度を21%とすれば, この分圧は0.21atmである. これを上式に代入すれば,

$m = 0.21 \times 10^{-3}$ mol (1)

25.9℃における理想気体の体積 $= 22.4 \times \dfrac{298.9}{273} = 24.53\, l$/mol. 故に, 酸素 $= 24.53 \times 0.21 \times 10^{-3} = 5.15$ ml/l である.

水中溶存酸素量はおおよそこのくらいの大きさだと推定できる(図2-90Bでは5.74ml/l). ただし, 実験式(1)からは温度との関係がわからない. そこで, 図2-90Bで用いたデータによって改めて高水温域における溶存酸素濃度の推定が可能か検討してみよう.

ここでエントロピー式を適用する. 今, 空気中の気体O_2が水中に閉じ込められるのはエクトロピーが増加する事と見なせば, エントロピーはそれに負

5. 高水温における溶存酸素量の推定

の符号を付けたものであるから，水中溶存酸素濃度をyで表すと，次式が成り立つ．

$$-\log y = C - \frac{KA}{RT} \quad (2)$$

上式を次のように書く方が都合がよい．

$$\log y = C + \frac{KA}{RT} \quad (3), \quad C は改められた．$$

この式は$\log y \propto \frac{1}{T}$の関係がある事を示している．0～30℃のデータにこの式を適用して図3-3Aに示す．式(3)は成り立っている．図によって，

$$\log y = -1.708 + 738 \times \frac{1}{T} \quad (4)$$

これに0～100℃の温度を入れると図Bのようになる．温度域が0～40℃くらいなら$\frac{1}{T} \propto -\theta$の関係があるから，近似式として次式が利用できる．

$$y = Ce^{-k\theta} \quad (5)$$

図2-90Cでは飽和酸素量はこの式で表されているが，これでは100℃までの飽和酸素量を求めることができない．よく実験で無酸素水の代用として煮沸水を用いるが，その場合どのくらい酸素が溶存しているか示している事例は見られない（図Bでは1.9ml/l）．それは，水中溶存量の温度式がわかっていないからであると推察する．今はその温度式が明らかになった．

図Bに見られるように，水には酸素が溶解しにくいので，水は酸素のキャリアとしての効率は良くない．そこで，動物の血液では酸素の供給はヘモグロビンの酸素脱着作用に依存しているのである．

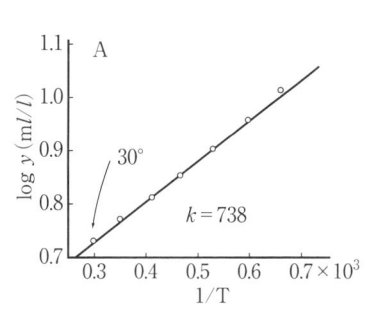

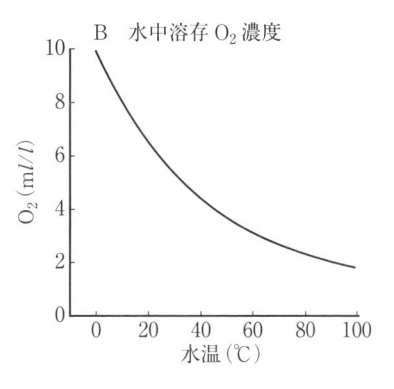

図3-3 高水温における水中溶存O_2濃度

6. 不接触測定法の提案

2章8.2で空間にある物質量と光との関係が明らかにされた．そのことによって，光を物差しに用いれば空間中の物質量や植物成長量を測定することができる．これは，植物体を抜き取ったり植物体に直接触れたりしないで済むので**不接触**（untouched）**測定法**であり，調査の標本誤差を小さくする効果がある．その方法として次のようなものがある．

1) 不透光率を用いてS成長速度が測定できる（図2－99参照）．
2) 反射光，透光などの量から植物の集合の成長量を知ることができる（図2－105参照）．
3) 水の透明度を用いて水中の物質量を測定することができる．例として水の透明度と水中に浮遊しているクロレラの存在量との関係を調べたデータを示す．

† 図3－4 クロレラの存在量（太平洋黒潮地域） †

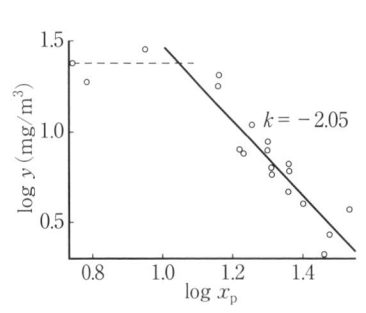

図3－4 クロレラの存在量（太平洋黒潮地域）

水の透明度は一般には**Sechi**（セッキ）の**白板**と言われる直径20～30cmの円板を水中に沈めてゆき，それがやっと認められる距離をmで表すことになっている．水中の懸濁物量で表せば懸濁度（turgity）である．この例でクロレラの採取の具体的な方法は今は不明である．

関数式がべき関数になることの説明は省略するが，図のように水の透明度とクロレラの存在量との関係は次式で表された．

$\log y = -2.05 \log x_p$，y：クロレラの存在量（mg/m³），x_p：透明度（m）

ただし，左端の2点は飛び離れている．$\log x_p = 1.05$，x_p：11mよりも浅い所ではyは一定であるのではないか．この深さまでは常に水の撹拌が起こっている層だと考えられるからである．

4) 蒸散量（2章10.8）からS成長速度を測定することができる．

5) 環境特に照度と蒸散量との関係から根の水吸収力＝根の活力を測定することができる．蒸散量∝気孔開度の関係があるが，気孔開度の測定は誤差が大きいと思われるので，蒸散量が適しているであろう．土中にある根の活力を測定することは極めて難しいので，この方法は優れた不接触測定法である．殊に水稲は湛水土壌の還元条件下で根腐れを起こしていることが多く，フェーン現象下では青枯れ症状が発生することさえある．従って，根の活力診断は水稲作では大切な事項であるので，その簡易測定法の開発は重要である．

7. 短波光線の害に関する標的理論の誤り

短波光線の作用については2章8.3で記述した．短波光線の害の出現については一般に標的理論で説明されている．本著では微生物は取り扱わないことにしているが，短波光線の害出現のメカニズムを解明するために専門書で標的理論の説明に使用している微生物のデータを取り扱うことにする．

ここで標的理論の解説をしようとするものではないが，その理論によると，無害量yは次式に従う．

$\log y = C - kP$, P：投与量

ところが，本著では密度（1）式を使用している．すなわち，

$y' = C + k \log P$, y'：有害量

この式を無害量（y）に書き換えると，

$y = y_0 - y' = y_0 - (C + k \log P) = C' - k \log P$

この式と標的理論の式とは，yとPを置き換えると同じ式になるから，両式は逆関数の関係にある．そこで，次図でその説明をしておく．

† 図3-5 短波光線による害出現の標的理論 †

大腸菌にバクテリオファージ（殺菌素，bacteriophage）のT_7を感染させると，時間が経つにつれてファージは増殖する．そこで，経過時間と紫外線量を変えて，ファージを殺す．このとき，なお感染能力を持つファージの数をSとすると，図Aのようになっている．この図の特徴は直線にならずに湾曲部

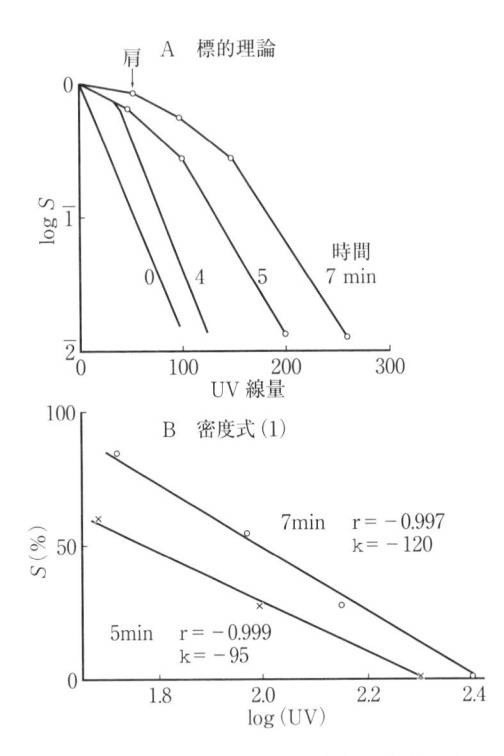

図3-5 短波光線による害出現の標的理論

分があることで，これは「肩がある」と言われている．

さて，図Aは観測点がプロットされていない滑らかな曲線であるが，これから経過時間5 min区と7 min区について図の○点により数値を読み取り，密度 (1) 式を用いて作図すると図Bのとおりになる．この図では直線になって「肩」は現れない．つまり，このデータは密度 (1) 式に適合する反応であるとするのが妥当である．

なお，標的理論では**突然変異**が起こるのは光線によって細胞中に二次電子が発生し，それが標的 (taget) を害すると一般的に解説されている．もしそうであるなら，密度 (1) 式から次式が成り立つはずである．

二次電子数 $\propto C + k \log P$

従って，突然変異率は次のようになるはずである．

突然変異率 $\propto \log$ (二次電子数) $\propto \log (C + \log P)$

実際には突然変異率は前記 y' の式に従い，上記のようにならないから，二次電子説は誤りである．光線は標的を直接に照射，すなわち直撃し，その衝撃の確率が等しいというのが密度 (1) 式の適用できる根拠である．

さらに付言すると，光線によって障害が起こるという事は，その物質が破壊される事であるから，始点における光エネルギーはちょうどその物質が持っている結合エネルギーに等しい．例えば，葉緑体はエネルギーの高い短波光線で破壊されて突然変異を起こすが，低エネルギーの長波光線，すなわち

可視光線は破壊力が無く光合成エネルギーとして植物に利用される．これに対して，標的理論の図では「肩」がある．つまり直線の傾きがUV線量の少ない所では小さいけれども，少ない線量でもそれなりに破壊が起こる事を示している．これに対して，図Bの密度 (1) 式によると，5 min区では $S = 218 - 95 \log(UV)$，7 min区では $S = 290 - 120 \log(UV)$ が得られ，計算上5 min区ではUV線量18，7 min区ではUV線量38で初めて破壊が起こる事になる．

従って，標的理論に基づいている現在の放射線害量などは再検討の要があるのではないであろうか．

8．光合成速度の昼寝現象の要因解明

2章9.6で調べた事であるが，重要な問題であるので，結論についてここでも論議する．

図2-135（イネ：時刻別光合成速度）の A_3 図で見られたように，昼ころ光合成速度の飽和現象が現れたかのように見えることがあり，これが**昼寝現象**と呼ばれることがある．これには成長の最適温度（33.5℃）以上の温度が影響している場合がある．また，環境中の CO_2 濃度がその場所の光合成によって低下し，さらにそのために成長の最適温度も3℃ほど低下することが影響している場合もある．これは，森林，草原，畑，水田地帯などの広範囲に葉緑体量が存在する場合に限られると思われる．しかし，わが国の内陸部では次の図3-6，7のように夏には地表の大気中 CO_2 濃度が低下し，大気圏全体の CO_2 濃度も低下するから，環境中の CO_2 濃度の低下によって「昼寝」が現れる事はあり得るであろう．

† 図3-6　気温と地表近くの大気中 CO_2 濃度の季節的変動　†
† 図3-7　高度と大気中 CO_2 濃度との関係　†

大気中の CO_2 の存在量は地球の持つ平均的な CO_2 量と観測地の土中，水中から発生する CO_2 量から成り立っている．その季節的変動を見ると，1年の内，4月ころを最大とし8月を最小とする変動を示すが，これは1月ころを最低とし8月を最高として季節的に変動する温度による熱膨張作用と6〜7月こ

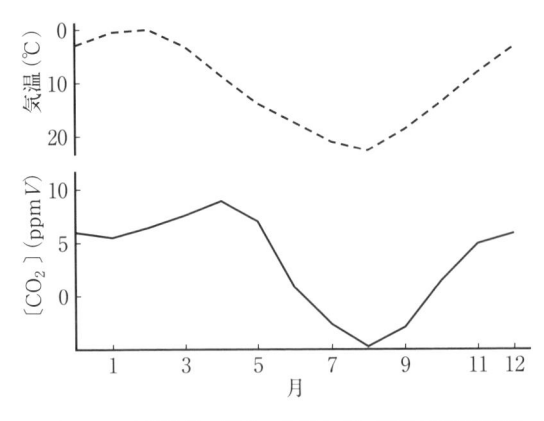

図3-6　気温と地表近くの大気中 CO_2 濃度の季節的変動
（資料）気温：大船渡測候所，19年間平均値（東洋経済新報社，1983），CO_2 濃度：三陸町綾里，6年間平均（気象庁，異常気象レポート'94，1994）

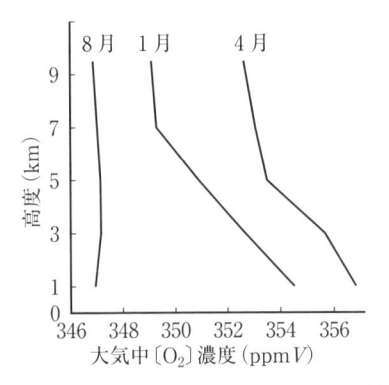

図3-7　高度と大気中 CO_2 濃度との関係
（資料）青木周司：天気41（1994）

ろ最高になる生物的発生との，減少と増加の差を示すものである．生物的発生は主としてバクテリア等の微生物の呼吸によるもので，その呼吸源は有機物であってその量は有限である．この CO_2 の生物的発生量は呼吸 CO_2 量と光合成 CO_2 量の差であり，共に温度に大きく影響されている．なお，光合成と密接な関係のある蒸散でも昼寝現象のあることは2章10.8で見たとおりである．

近年，CO_2 の大気中濃度の増加が地球温暖化の一要因ではないかとして関心が持たれているが，地表近くの CO_2 濃度の低下が主因となって光合成速度に起こる昼寝現象は大気中 CO_2 濃度の変動の一側面として注目される．

9．浸透圧式の簡明化

2章10.3の検討で，浸透圧現象のメカニズムと**浸透圧式**が簡明化されたが，その内容を要約して示す．

浸透圧式は幾つか知られているが，わが国では次の van't Hoff（ファントホッフ）式がよく使われている．

$\Pi = Cs\,RT$, Π：浸透圧, Cs：質量モル濃度　mol/kg, R：気体定数, T：絶対温度

今，van't Hoffの見方にならって，浸透圧は溶質の熱運動分子が容器に衝突する圧力であると見なすと，以下のような関係が成り立つ．

1atmの大気圧の下での理想気体について考えると，体積モル濃度1molの溶液の容積は1lであり，大気圧と釣り合って1atmであるが，溶質分子が気体分子となると，1molの溶質は273 K（0℃）で22.4lに膨張し，圧力は22.4atmとなる．そこで，1molの水溶液と純水とが接しその間を完全半透膜で仕切ると，純水の水は膜を通って水溶液の方へ移動（浸透）するが，そのときに生じる圧力は22.4 atmであり，これを浸透圧と言う．

次に，容積は絶対温度に比例して大となるから，圧力も絶対温度に比例して大となり，また，圧力は溶質分子数すなわち体積モル濃度に比例して大となるので，次式が得られる．

$$P = \left(22.4 \times \frac{T}{273}\right) M$$

P：浸透圧 atm, T：絶対温度 K, M：体積モル濃度（粒子として）mol/l

ここで体積モル濃度（粒子として）と記載した意味は，NaClではNaCl → Na$^+$ + Cl$^-$ の式から，粒子とするとNaClの1分子は2粒子となるという事である．

この式は気体定数を含まない式であるから，浸透圧のメカニズムと浸透圧式が簡明化されたと言える．

10．光子要求数＝1という新説

2章10.6.2）で提出された光合成の熱力学にかかわる新説について，光合成実験のデータを用いて検討する．

吸収された光子数に対する合成されたCO_2の分子数の比を**量子収率**，その逆数を**光子要求数**と言う．このとき，吸収された光子数であって照射された光子数ではない事に注意する必要がある．よく知られているのは**Warburgの4光子説**であるが，それ以上という説もあり，現在では8～10光子

という説が定着しているようである．この種の実験には弱光を使わなければならないと言われているが，強光を使ったマクロの光合成実験から光子要求数が求められないものかどうか，以下に検討してみよう．

既に見てきたように，平均光合成能力＝重量成長速度はS成長速度式 $\frac{1}{y} \cdot \frac{dy}{dt} = Ke^{-kt}$ に従って時間とともに減少する（図2－138参照）．この現象は光子の作用力が低下することから起こるのではなく，体中を移動する CO_2 量が少なくなるから起こるのである．従って，成長時期が遅くなれば，幾らでも光子の効率は低下する．例えば，この種の実験によく使われるクロレラも培養時間が経つと**光合成能力**は低下してゆく（次図C）．従って，CO_2 の体内への流入速度が全く抑制されない時の光子要求数を求めなければ，正しい光子要求数は求められない事がわかるであろう．それは時間＝0のときの値を求める事である．

† 図3－8　ダイズ：光子の量子収率を求める　†

今，ここに用いる資料ではダイズの3葉期と6葉期の2回に照度を変えて光合成速度が測定されている．当然，観測時期の温度が同じではなく，恐らく6葉期に温度が高かったであろう．資料の図は滑らかな曲線で示されており，

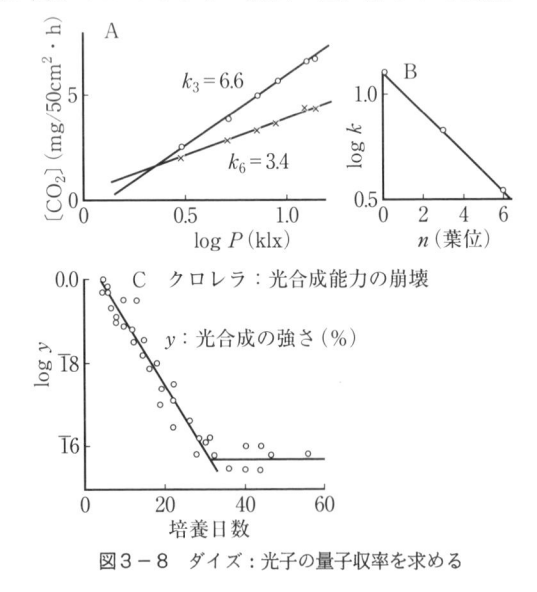

図3－8　ダイズ：光子の量子収率を求める

観測点はプロットされていない．これから数値を読み取り，$\log P$に換えてプロットすると図Aのようになった．式は，

3葉期：$y_3 = -0.7 + 6.6 \log p$

6葉期：$y_6 = 0.4 + 3.4 \log p$

次に，葉数nと時間tとの間に直線関係があるとする．すなわち，

$n \propto t$

光合成能力は崩壊（時間）式に従って崩壊するから，

$k = e^{-k_1 t} = e^{-k_2 n}$

対数式に変換すると，

$\log_e k = \log_e k_0^{-k_2 n}$，$k_0 : n = 0$のときの$k$の値

この関係は図Bに示されている．今，求めようとしているのはk_0である．図から，

$k_0 = 12.6$（単位はCO_2mg/50cm^2・h/klx）

さて，図Aから，k_0のとき，

$y = C + k_0 \log P = C + k_0 \times 2.303 \log_e P$

$\dfrac{dy}{dP} = k_0 \times 2.303 \dfrac{1}{P}$，$P$の単位：klx

上記のk_0の単位からわかるように，$2.303 k_0$は$P = 1$klxのときの光合成量である．

次に，klxとcalとの関係は，わが国では100klx $= 1.3$cal/cm^2/minが採用されている．一方，平均1molの光子のカロリーは2章10.6の検証によって56kcalである．

以上によって，以下の計算をする．CO_2の分子量$= 44$g，mg/g $= 1/10^3$であるから，

CO_2 (mol) $= \dfrac{k_0 \times 2.303 \times \text{mg}}{44\text{g} \times 50\text{cm}^2 \times 60\text{min}} = \dfrac{12.6 \times 2.303}{(44 \times 10^3) \times 50\text{cm}^2 \times 60\text{min}} = 2.198 \times 10^{-7}$ mol/cm^2・min

P (mol) $= \dfrac{1\text{klxのcal数}}{\text{平均1molの光子のカロリー}} = \dfrac{1.3 \times 10^{-2}}{56 \times 10^3} = 2.321 \times 10^{-7}$ mol

故に，

光子要求数 $= \dfrac{P}{CO_2} = \dfrac{2.321}{2.198} = 1.056 \fallingdotseq 1$

よって，光子要求数 $= 1$

この事は，2章10.6.2) でも光合成の熱力学の面から論議，検証されている．

この種の実験にはよくクロレラが使われるので，光合成能力の崩壊例を図Cに紹介しておく．ただし，図ではある時期以後一定となっている．培養法など詳しい事はわからないので，その理由は説明できない．それはさておき，Warburg その他の人々がクロレラを用いたとき，どのような能力を持ったものを用いたかが問題である．1個のクロレラでも分裂の初期と後期とでは光合成能力に数倍の差があることを考慮することなく，Warburg が光子要求数について4か8以上かと Emerson と激しく論争したが，これは全く不毛の論争であったと言うべきであろう．

なお，この種の実験にはごく弱い光を用いなければならないとする説は打破されたと言えよう．

11. 光合成のメカニズムの新説

2章10.6で提出した**光合成のメカニズム**の新説を要約して示す．

(1) CO_2 1molの光合成に必要な光エネルギー（E_p）を1光子，56 kcal, 20℃とする．すなわち光子要求数=1（上記10参照）．その波長は緑色のほぼ中央に当たるもので $\bar{E}_p$ と表す．

(2) 光合成の明反応式は，

$$CO_2 + 4H_2O + \bar{E}_p \rightarrow CH_2O + O_2 + 3H_2O$$

光合成の最初の生成物（炭水化物）を CHO（ホルムアルデヒド，formaldehyde）とする．

(3) 上の反応式では1molの CO_2 の光合成に4molの水が必要であり，内1molは生成物に取り入れられる事を示している．しかし，光合成には地中からの水分（養分を含む）の吸収・移動と葉の水冷のための蒸散に多量の水が必要であり，その量は通常この式の H_2O 量の4～5倍くらいであろう．従って光合成に要する水の95％前後は蒸発散（地表からの蒸発を含めて）に使われている．

また，**光子のエネルギー変換率**は30％ぐらいと推定されるが，炭水化物として生成される自由エネルギーは吸収された太陽光（照射量よりはるか

に少ない)のわずか1%程度に過ぎず，吸収されたエネルギーは大部分上記の葉の冷却に使われている．

12．物質の吸収・移動の新理論

2章10.12で簡明化された**物質の吸収・移動理論**を要約して示す．

植物成長に必要な物質の吸収・移動にはすべてエネルギーが必要であり，それはすべて太陽光のエネルギー（E）である．物質の吸収・移動には非光合成系と光合成系の二つがあるので，分けて記述する．

（1）非光合成系物質は道管流に乗って移動する．そのEは，a.物質の吸収部位である根端細胞膜の内側では原形質（流動）運動E＝呼吸による自由E．b.道管や細胞の中では体水蒸発E＝光E．

（2）光合成系物質は師管流に乗って移動する．そのEは，a.物質の吸収部位である気孔などの細胞膜面では光E．b.師管または細胞の中では呼吸による自由E．

（3）二つの系で共通して，膜面までの物質分子の移動速度は分子熱運動Eに比例する．

13．ヒイラギの老木の葉

本章の最後に加えるこの項は科学的な論ではなく，「角がとれる」という慣用句にまつわる編著者の空想である．

人は年を取って以前と違って円満になると，「角がとれる」と言われる．この句はヒイラギ（モクセイ科モクセイ属）の老木の葉が，若木の葉と違って同科同属のキンモクセイなどと同様に，丸くて（全縁）とげ（歯牙）の無いことに由来するという．

よく知られているように，若木の葉は硬くて，縁に少数のとげがあり，葉の形も丸くない．ところが，老木の根元から芽が出てくると，その幼木（ひこばえ）の葉は老木のような葉ではなく，元どおりとげのある葉である．

ひこばえは，2章12.2に記述されているように，根が出れば老木の若返りに役立つ．問題は，若木の葉にあるとげが老木の葉で無くなるメカニズムである．空想すると，2章12.2の**遺伝子の休眠―覚醒仮説**に行き当たる．老木ではとげを形成する遺伝子が休眠しているのではないだろうかと……．

初めてヒイラギの老木とそのひこばえを見たのは昔話「分福茶釜」の舞台，茂林寺（群馬県館林市）であった．

終章　成長関数式とその普遍性

1. 成長関数式の種類

　成長という量的変化現象は生物を特徴付けている大きな性質であるが，その量的変化がどのように起こっているのかを明らかにしようとして本編著の原著での探求が始められた．このとき，成長量は成長用物質（栄養，成分）の流入（吸収）速度によって決定されるとすれば，それは物理化学的反応として捕えることができるであろうという前提を置いてみる．ここで，細胞や植物体内で起こっている反応はすべて暗箱（black box）に閉じ込めておいて，物質の入出だけに注目する．流入物質は途中で化学変化を起こしており，それによってエネルギーの変化が起こっているから，物質流の変化とともに，エネルギー量の変化を見なければならない．

　このように，成長をマクロ的に見ると，成長という現象は指数関数，対数関数，べき（冪，累乗）関数の僅か3種類の関数で表され，その種類はおおよそ表に示すようなものである．その数は今のところ30くらいで，これを多いと言うべきかどうか受け取り方は人さまざまであるが，いずれにしても生物の成長を説明する長々しい説明は非常に簡明化されたと言えるであろう．

　さて，表は起こっている反応の種類をただ羅列したに過ぎない．植物の種類を定めて成長の全域にわたって並べ変えれば，成長の姿はもっとはっきりするであろうが，今はそれができない．

　なお，表中に全生物という記載のあるのは原著では動物を含めて検討しているからである．

2. 成長関数式の普遍性

　植物の種類は非常に多いが，本著で取り扱った種類数は極めて少ない．この少数例でも，成長法則は植物の種類に関係なく共通の法則によって貫かれている事がわかる．もし，これをもって全植物に拡大するなら，全植物は普遍的法則によって成長しているという大きな法則に到達する．それは次のような理由による．

　本著において前提とした基本的法則は，①分子運動の法則，②熱力学の法則，③確率の法則，④その他の物理化学的法則などで，生物とは関係のない法則ばかりである．従って，これから導き出された成長の法則は生物の種類とは関係が無い．この事があるから，本著で得られた諸法則は全植物に拡張して適用され得るのである．

　一般に植物の専門家は「いかに差が有るか」という点に関心を向けており，品種間差，種間差を論じた報告は数えきれないほど多くある．これに反して本著では，種類によって「いかに差が無いか」を見る立場をとっており，そこから普遍的法則が得られたのであるから，「いかに差が有るか」という場合も普遍的法則に従っていなければならない．その意味は，例えば品種の収量を比較するには成長期間，植物高，耐病虫性，倒伏性などを調べ，それが同じ物の中でしか単純な比較はできないという事である．

　さて，法則性は予想も可能にする．定性論はいかに詳細であっても予想に役立てることができない．今は現場技師（field worker）は法則に則して栽培者に対応できる可能性が生まれた．本著の目的の一つは実はこの点にあったのである．

　本著の原著者が農業技術研究者として出合った資料は一年生の高等植物の中の，限られた種類の農業植物に関するものが主であった．しかも，最も豊富な資料のある植物でさえデータは断片的で，同一種の植物を一貫して調べたものは無い．そのようなばらばらの資料を集めて，一つの統一した見方ないしは法則を求めることは容易なことではない．と同時に，大きな誤認を犯

2. 成長関数式の普遍性

終-1 成長に関する反応式

反応式名	式	備考
密度 (1) 式	$y = C + k\log x$	単一集合，対数式
倍加式	$y_n = (1 + \log n)\, y_1$	単一集合，n：倍数
密度と反応速度	$v = k\log x$	単一集合，$\bar{v} = 1/t$ とおける．
密度 (2) 式	$\log y = C + k\log x$	単一集合，べき関数
密度 (3) 式	$\log (y_2/y_1) = C + k\log (x_2/x_1)$	2種混合集合，分配式
単純飽和式	$y = y_\infty\, (1 - e^{-kt})$	
成長速度式	$dy/dt = Kye^{-kt}$	
対数飽和式	$\log y = \log y_\infty\, (1 - e^{-kt})$	S成長速度式，エクトロピー量
飽和式の近似式	$1 - e^{-k_1 x} \fallingdotseq k_2 \log x$	
〃	$1 - C/x \fallingdotseq k\log x$	
分布式	$dy = Kye^{-kx}dx$	
〃	$dy = Kye^{-kx^2}dx$	未知 ⎫ S分布式
〃	$y = \int ye^{-kx}dx$	⎬
〃	$y = \int ye^{-kx^2}dx$	⎭
崩壊式，時間	$y = y_0 e^{-kt}$	
〃 距離	$y = y_0 e^{-kx}$	⎫ エクトロピー量
〃 面積	$y = y_0 e^{-kx^2}$	⎭
飽和式，時間	$y = y_\infty\, (1 - e^{-kt})$	⎫ エントロピー量
〃 距離	$y = y_\infty\, (1 - e^{-kx})$	⎭
〃 面積	$y = y_\infty\, (1 - e^{-kx^2})$	エクトロピー量
温度，成長速度式	$V_\theta = Ka\theta\, (1 - e^{k(a\theta - 1)})$	Arrhenius式
呼吸 (1) 式	$r = e^{k\theta}$ または $e^{-A/RT}$	
呼吸 (2) 式	$r = \theta e^{k\theta}$ または $Te^{-A/RT}$	
エントロピー量の差異（増加量）	$\Delta S = -kA/RT$	$k =$ Boltzmann 定数，A：活性化エネルギー
光合成速度式	$y = C + k\log P$	密度 (1) 式
〃	$y_{\theta,p} = V_\theta/\theta\, (C + k\log P)$	広葉緑地帯，高等植物，自然環境下，高等植物
一般成長速度式	$1/y\, (dy/dt) = y_{\theta,p}\, (\Pi\, k_1\log x_1)$ $(\Pi\, x_j^{kj})\, e^{-kt}$	
成長時間と成長量	$Y\, (= M) = kT$	全生物
	$\log Y = k\log T$	高等植物，自然環境下
質量と寿命	$M = kT$	全生物
機能の低下	$f = f_{\max}e^{-kt}$	多細胞体，老化過程

している危険があることを覚悟しておかなければならない．

　本著の至る所で仮定，推理，想像はおろか空想まで披露されている．全く独断と偏見に満ちていると言わざるを得ない．しかし，新しい見解が常にそうであるように，幾度かふるいに掛けられて真に近いものが残ってゆくもので，その間は相対的真に過ぎないのである．その意味で，本著は将来発展すると思われる生物物理学の揺籃時代の段階に在ると言えるであろう．今後の，

きたんない批判によって本著の内容が改良され，充実したものに成長してゆくことを期待する．

　なお，本著は植物の成長関数式の基礎編に相当するものである．本著の原著には応用編に相当する栽培植物の器官の成長，栽培植物における寄生と共生，化学物質，土・水・乾燥，気象について検討した内容が含まれているので，これらの課題について研究を進める場合には原著が出発点になるであろう．

索　引

ア行

アクトミオシン　177
Arrhenius 式　29,30,87
イオンの吸収　205
維管束の不連続性　176
一次反応速度式（化学の）　13
遺伝子の休眠－覚醒仮説　217,238
ATP　193,204
エクトロピー　33
S 成長速度式　16,54,109
S 分布(1)式　24,61
S 分布(2)式　24,61
NAR（純同化速度，率）　157
LAI（葉面積指数）　111,155
エンタルピー（正味の有効自由エネルギー）　90,183
エントロピー　32,89
O_2（酸素）補償点　139
折れ曲がり　38

カ行

拡散　52,165
花成素（フロリゲン）　119,121
活性化エネルギー　29,32,87,89,90
感温性（出穂の）　127
環境変異（彷徨変異）　23
感光性（光周率，日長反応）　118,127
気孔開度　194
気体定数　29,30,89
帰納法　25
逆数式（密度の）　34
Q_{10}　87
休眠　64,219
競争説　222
グルコース　28
形質量間の調和性　161,203
結合エネルギー　27,89
原形質流動（細胞質運動）　85,161,177,178
高温致死温度　27
光合成阻害　158
光合成速度　131,143
光合成反応の飽和　191
光合成能力　234
光合成のメカニズム　236
光合成の明反応式　191
光子　12
光子のエネルギー獲得率　202
光子のエネルギー変換率　236
光子要求数（要求量子数）　233
光周率（感光性，日長反応）　118,127

合成(縮合重合, 生成) 192
合成(縮合重合, 生成)エネルギー
    28,101,192
酵素 42,91
互換性(2つの形質の) 13,51,55
呼吸エネルギー 101
呼吸(1)式 30,89,98
呼吸(2)式 31,89,98
呼吸率 28,30
根粒菌 9

サ行

栽植(播種)様式 44
最適温度 27,84,94,95
最適照度(水中の) 139
細胞質運動(原形質流動)
    85,161,177,178
雑種強勢(ヘテロシス) 215
散光 132
酸素の光合成減速作用 138
酸素(O_2)補償点 139
CO_2(炭酸)飽和点 134
CO_2(炭酸)補償点 130
C_3植物, C_4植物 201
師管流 174
自己間引き 38
自殖 214
指数関数 12,19
始点 19,24
自由エネルギー 28,89,168

集合 5
出穂期一定型 118
出穂まで日数一定型 118
寿命 102,215
寿命分布 216
縮合重合(合成, 生成) 192
縮合重合(合成, 生成)エネルギー
    28,101,192
純同化速度(率)(NAR) 157
障害型冷害(幼穂の低気温障害)
    224,226
蒸散 194
蒸発熱量 90
小順 25
正味の有効自由エネルギー(エンタル
    ピー) 90,183
正味の光合成量 129,193
植物高 108,177
浸透圧 170,171
浸透圧式 171,232
水中溶存酸素濃度(量) 103,226
Stokesの法則 165
正規分布 23,72,222
生産構造図 111,112
生成(合成, 縮合重合) 192
生成(合成, 縮合重合)エネルギー
    28,101,192
成熟までの日数 76
生体膜 166,207

成長温度速度式　29,83,141,223
成長開始温度　29,90
成長停止温度　29
生物温度　29
生物検定　159
積算温度　97
Sechi(セッキ)の白板　228
遷移　220
全重　36
選択的吸収　170
相互作用　5

タ行

体重の$\frac{2}{3}$乗法則(呼吸量の)　31
体積モル濃度　171
大順　25
体水蒸発比　183
対数関数　12
対数飽和式　19
他種排斥　214
短日処理　118
炭酸(CO_2)飽和点　134
炭酸(CO_2)補償点　130
単純飽和式(崩壊量の)　15
短波光線　115,229
低温限界温度(発芽開始温度)
　　27,84,85
低気温障害(出穂期の)(障害型冷害)
　　92,224
定常流　53

転化エネルギー　101
転化率　100
道管流　174
登熟期間　82
度数(頻度)　23
突然変異(率)　115,230

ナ行

仲間排斥　214
二項分布式　23,69
2種混合集合　47,152
日長反応(感光性,光周率)　118,127
熱運動エネルギー　27

ハ行

倍加(1)式　8,9
倍加(2)式　10,49
播種(栽植)様式　44
発芽開始温度(低温限界温度)
　　27,84,85
van't Hoff式　170
反復　212
光　12
光呼吸　130
光飽和点　134
光補償点　143,183,193
ひこばえ　220,237
標的理論　229
昼寝現象(光合成の)　143,231
昼寝現象(蒸散の)　195
頻度(度数)　23

索 引

Fechnerの法則 106
物質吸収・移動理論 209,237
物質の輸送 161,193
物流速度 161
不接触測定法 228
部分重 36
フロリゲン（花成素） 119,121
分散 23
分子運動エネルギー 27
分配式〔密度(3)式〕 11
平均光子エネルギー 185
ベキ関数 10,54,74,76,114
ヘテロシス（雑種強勢） 215
変異，分布 23
Henryの法則 104
ポアソン分布式 23,69
崩壊（距離）式 12
崩壊（時間）式 13
（崩壊量）単純飽和式 15
彷徨変異（環境変異） 23
放射線 115
ボルツマン定数 28,32,162
Boltzmann原理（エントロピーの） 32
ホルムアルデヒド説 28,191
ホルモース反応 191

マ 行

水の上昇理論 175
密度(1)式 7,36,41
密度(2)式 10
密度(3)式（分配式） 11,50
Michaelis－Menten式（M－M式） 42
門司式 113
籾/わら比 78

ヤ 行

有効積算気温 97
輸送エネルギー 28,101
要求量子数（光子要求数） 233
幼穂の低気温障害（障害型冷害） 224,226
要水量 188,197
葉面積指数（LAI） 111,155
葉緑体 27,128,138,184,185

ラ 行

Lambert－Beerの法則（L－B式） 12,53,114
量子化 40,203
量子収率 233
連作障害 212
ロジスティック曲線 60

ワ 行

Warburgの4光子説 233

JCOPY <（社）出版者著作権管理機構 委託出版物>		
2010	2010年5月31日　第1版発行	

植物物理学の基礎

著作者　片岡　孝義

発行者　株式会社　養賢堂
代表者　及川　清

印刷者　株式会社　真興社
責任者　福田真太郎

〒113-0033　東京都文京区本郷5丁目30番15号
発行所　株式会社 養賢堂
TEL 東京(03) 3814-0911　振替00120-7-25700
FAX 東京(03) 3812-2615
URL http://www.yokendo.co.jp/

定価3150円（本体3000円 税5%）
©著作権所有
著者との申し合せにより検印省略

ISBN978-4-8425-0472-8　C3061

PRINTED IN JAPAN　　製本所　株式会社三水舎

本書の無断複写は著作権法上での例外を除き禁じられています。複写される場合は、そのつど事前に、（社）出版者著作権管理機構（電話 03-3513-6969、FAX 03-3513-6979、e-mail:info@jcopy.or.jp）の許諾を得てください。